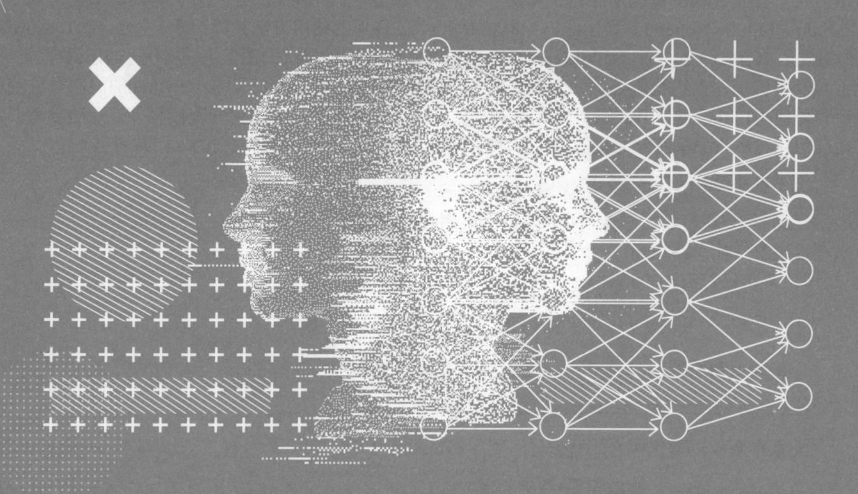

机器学习 · 深度学习

图像识别

从基础到案例实战

[日] 川岛贤——著

杨鹏——译

中国水利水电出版社

www.waterpub.com.cn

· 北京 ·

内 容 提 要

《机器学习•深度学习图像识别从基础到案例实战》一书用大量的图形图像，结合Python代码介绍了人工智能领域图像识别的相关知识。全书共3部分，其中第1部分介绍了基础知识及相关工具如Python、Jupyter Nobebook和NumPy、Matplotlib等软件库的使用方法；第2部分主要借助TensorFlow、PyTorch、Keras、Chainer、scikit-learn等工具实现了16个不同层次的图像识别案例，如Iris数据集分类、手写数字识别、人物检测等，助力提升读者实战水平；第3部分介绍了基于Python的面向对象编程知识和如何用Python建立Web服务器。本书浅显易懂，特别适合作为大中专院校相关专业的参考书，也适合想通过Python系统学习机器学习和深度学习、用Python进行图像识别的入门参考书。

图书在版编目（CIP）数据

机器学习•深度学习图像识别从基础到案例实战 / (日) 川岛贤著 ; 杨鹏译. -- 北京 : 中国水利水电出版社, 2022.6

ISBN 978-7-5170-9936-9

Ⅰ. ①机… Ⅱ. ①川… ②杨… Ⅲ. ①机器学习 Ⅳ. ①TP181

中国版本图书馆CIP数据核字(2021)第185260号

北京市版权局著作权合同登记号　图字:01-2021-4775

今すぐ試したい！機械学習•深層学習（ディープラーニング）画像認識プログラミングレシピ
IMASUGU TAMESHITAI! KIKAI GAKUSHU•SHINSO GAKUSHU (DEEP LEARNING) GAZO NINSHIKI PROGRAMMING RECIPE by Ken Kawashima

Original Japanese edition published in Japan in 2019 by Shuwa System Co., Ltd.

This Simplified Chinese edition is published by arrangement with
Shuwa System Co., Ltd, Tokyo in care of Tuttle-Mori Agency, Inc., Tokyo
through Copyright Agency of China, Beijing

书　名	机器学习•深度学习图像识别从基础到案例实战 JIQI XUEXI·SHENDU XUEXI TUXIANG SHIBIE CONG JICHU DAO ANLI SHIZHAN
作　者	[日]川岛贤　著
译　者	杨鹏　译
出版发行	中国水利水电出版社 （北京市海淀区玉渊潭南路1号D座 100038） 网址：www.waterpub.com.cn E-mail：zhiboshangshu@163.com 电话：(010) 62572966-2205/2266/2201（营销中心）
经　销	北京科水图书销售有限公司 电话：(010) 68545874、63202643 全国各地新华书店和相关出版物销售网点
排　版	北京智博尚书文化传媒有限公司
印　刷	北京富博印刷有限公司
规　格	148mm×210mm　32开本　14印张　549千字
版　次	2022年6月第1版　2022年6月第1次印刷
印　数	0001—3000册
定　价	108.00元

前 言

今天，在我们的日常生活中，除了已经被广泛应用于智能手机的人脸识别、照片的自动分类、工厂生产线上的不良部件检测、农业上的水果采收机器人、蔬菜和水果分类设备、医疗领域的疾病早期检测，还有很多人工智能也已经逐步进入实用阶段，如自动驾驶技术、AI语音助手和Apple的Siri、Amazon Alexa、Google Assistant等。

今后，人工智能技术的基础知识也将会成为一种基本修养，如机器学习、深度学习的知识。

不过，人工智能和机器学习的涉及领域很广，内容多种多样，如自然语言处理、语音识别、图像识别等。可能有很多人会犹豫从哪里学起。

本书将重点介绍人脸识别和自动驾驶领域中最重要的图像识别技术。

机器学习和深度学习给人的印象是高难度的数学要求，但本书没有出现晦涩难懂的解说，也没有出现复杂的数学公式。

本书致力于简单易懂，并大量利用照片和图像，尽可能地对机器学习、深度学习所需要的概念、术语和关键词进行全面讲解。另外，通过实际动手操作本书案例中的Python程序和代码，有助于快速掌握机器学习和深度学习的基本概念和关键术语。

本书从机器学习和深度学习中常用的经典Python库到使用每个深度学习框架的代码，都尽力进行全面的讲解。

读者可根据下面“本书资源下载方式”所述下载源代码，通过这些源代码，读者可以即刻确认程序的运行情况，并有效地进行学习。有关如何运行源代码的信息，请参阅“关于本书的运行环境”。

不论是新手工程师、文科出身还是编程爱好者，笔者都希望本书能作为一本入门书籍，让读者掌握机器学习和深度学习的概要。

川岛贤

关于本书的运行环境

关于Python版本

Python是一种非常流行的编程语言，本书是以Python 3版本为基础编写的，所编写的程序默认在Python 3运行。

鉴于机器学习和深度学习的研究正在蓬勃发展，特别是深度学习的新技术持续被开发和不断更新，深度学习相关的工具和框架也在频繁升级。所以请注意，本书中所述的安装和操作方法可能会发生变化。

有关构建Python环境的信息，请参阅2.1节来准备Python运行时的环境。2.4节介绍了Python的一些重要概念和基本用法。

关于操作环境的确认

本书的操作环境如下：

- PC端为macOS，采用Jupyter Notebook。
- 采用Google的Colaboratory。
- Raspberry Pi 3 Model B+。

本书资源下载方式

本书中所介绍的示例文件，可通过下面的方式下载：

（1）扫描右侧的二维码，或在微信公众号中直接搜索“人人都是程序猿”，关注后输入txshibie并发送到公众号后台，即可获取资源下载链接。

（2）将链接复制到计算机浏览器的地址中，按Enter键即可下载资源。注意，在手机中不能下载，只能通过计算机浏览器下载。

下载的资源包括以下内容。本书介绍了如何使用这些文件。

▼ 资源目录

```
Colaboratory
docker-python3-flask-ml-app
python
scripts
```

Jupyter Notebook格式的源代码可以在PC环境中运行，也可以将其导入Google Colaboratory运行。

如果有Raspberry Pi，则可以在Raspberry Pi上运行它。有关设置的说明，请参阅2.1节。

某些Python程序仅适用于Raspberry Pi，它存储在python文件夹中。有关源代码和数据的详细说明以及如何使用它们，请参阅第4章和第5章中的代码。

有关配置Jupyter Notebook的信息，请参阅2.2节。

您也可以将本书中的Jupyter Notebook格式文件导入Colaboratory中使用，请参阅2.3节。本书中的代码主要使用Google Colaboratory，特别是模型训练部分。

致谢及联系方式

本书作者、译者、编辑及所有出版人员虽力求完美，但因时间有限，谬误和疏漏之处在所难免，请读者不吝指正，多多包涵。

如果您对本书有什么意见或建议，请直接将信息反馈到2096558364@QQ.com邮箱，我们将根据你的意见或建议及时做出调整。

祝您学习愉快，一切顺利!

编　者

目 录

第1部分 人工智能、机器学习、深度学习的基础知识

第2部分 16个练习带你玩转机器学习

第3部分 基于Python的面向对象编程和用Python建立Web服务器

第1部分

人工智能、机器学习、深度学习的基础知识

One

Number Chapter

第1章

Title

人工智能、机器学习、深度学习的基础

本书将使用Google的Colaboratory和小型计算机Raspberry Pi(树莓派)介绍机器学习和深度学习的编程体验代码，作为前提知识，我们将从基础和背景来解释到底什么是人工智能，机器学习和深度学习之间到底是什么关系。

我认为，在机器学习和深度学习中，如果把重要的概念和关键词集中在这里讲解，不仅会有助于第2部分涉及的实验演习，也会有助于今后对机器学习和深度学习的深入理解。

特别是在机器学习、人工神经网络和深度学习中，我们要关注机器的“学习”具体是怎么回事，需要让大家先理解它的概念。下面按照人工智能→机器学习→人工神经网络→深度学习的顺序进行讲解。

1.1 人工智能概述

光是人工智能这个词，就能让人感受到梦想和未来。最近，这个“梦想”正在迅速成为“现实”，一部分已经深入我们的生活成为了“现实”。

目前，与人工智能相关的新闻和报道也越来越多，机器人、自动驾驶等也变得越来越普及。这是一个曾经一度降温而又迅速沸腾的领域。我们目睹着它的突飞猛进，人工智能相关行业正在活跃发展。

为了理解本书中介绍的代码，为了把握人工智能领域的全貌，我想在弄清人工智能及其发展阶段和与当今最先进的深度学习部分的关系的同时，对人工智能技术进行概括解释说明。

▶ 1.1.1 人工智能发展史

人工智能（AI, Artificial Intelligence）虽然没有一个固定的定义，但可以认为是一个研究“用什么样的算法准备什么样的数据，才能用计算机实现人类的智能能力（语言、认知、推理等）”的领域。

用于机器翻译的自然语言处理（NLP, Natural Language Processing）、用于自动驾驶的图像识别、用于语音输入的语音识别等技术都是人工智能研究的成果。

人工智能不是这几年兴起的学科，而是一门有着悠久历史的学科。在这个时间轴上，人工智能是第一个出现的词，在概念上也是具有广泛意义的词语。

要理解人工智能今天的发展，需要讲一点历史的故事。沿着历史轨迹，机器学习、人工神经网络和随后的深度学习将依次出现。其发展阶段总结如图1-1-1所示。

在图1-1-1中，人工智能一词的诞生可以追溯到20世纪50年代。紧接着是第1次AI热潮，经过20世纪70年代的停滞期后迎来第2次AI热潮，并一直发展到今天。进入2000年，开始了第3次AI热潮，确立了今天人工智能的发展方向，即深度学习。

尤其是IBM的AI“沃森”在问答节目中获胜，Alpha Go战胜顶尖棋手，这让人工智能再次受到世人的关注。

▼图1-1-1 人工智能发展史

1950年	诞生	人工智能（AI）语言的诞生
1960年	第1次AI热潮	早期人工智能
1970年	停滞期	AI之冬
1980年	第2次AI热潮	机器学习:专家系统商用化
1990年	机器学习成长期	人工神经网络的开发
2000年	第3次AI热潮	深度学习的出现
2010年	实用	备受关注并正在实用化

2018年12月6日在开始撰写本书时，Google旗下DeepMind公司开发的AlphaZero，在没有数据的情况下只通过规则的强化学习，就打败了国际象棋、象棋、围棋等各领域的世界最强棋手，AI已经达到了惊人的智能水平。

未来人工智能领域的进步会越来越快。各产业也将引入人工智能最新技术成果，受益于此，我们的工作方式、生活方式将发生重大变革。

如图1-1-2所示，人工智能、机器学习、人工神经网络和深度学习的概念将是一个兼收并蓄的全新概念。下面依次看一下历史各阶段人工智能的代表性实现手法。

▼图1-1-2 人工智能、机器学习、人工神经网络和深度学习的关系

▶1.1.2 人工智能简介

早期有代表性的人工智能的实现是基于规则的。要让计算机像人工智能一样

工作，就必须事先研究它的课题对象，并提前准备好解决这个课题的规则。

如图1–1–3所示，对于苹果的图像，根据事先的规则进行判断，如果把握“圆形”“红色”这样的特征，苹果的识别就成功了。

然后，当给出绿苹果时，这种识别是不成功的。现在，将追加规则，如“圆形、红色或绿色”。

但是，全面覆盖所有模式是有局限性的，基于规则实现的系统在这里存在局限性。人类也不能从这个规则的制定中解放出来（图1–1–3中的“模型”可以理解为“规则的集合”）。

▼图1–1–3 传统上基于规则的人工智能学习概念图

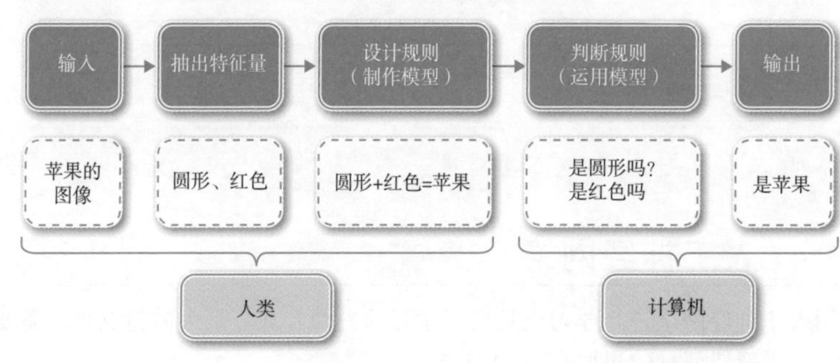

▶ 1.1.3 机器学习

机器学习会准备一个数据集，直到人类提取特征量为止。在机器学习中，“数据集”是特定任务的“学习”所需的标准化、格式化数据的集合。接下来机器会对特征量进行“学习”。学习后，会自动创建用于判断的“模型”（“模型”也称为分类器，详情将在下一节中说明）。经过“模型”验证，可以实际使用该“模型”来判定未知数据。

这是一个识别与图1–1–3相同的苹果的问题，但这次准备了大量的苹果特征。将苹果的颜色、重量、大小（尺寸、体积）等特征数值化，通过机器学习找出它们的关联性（见图1–1–4）。本书将在第2部分（见4.3节）中通过分类进行这种机器学习。同理，即使是胡萝卜，根据特征也可以进行进一步的分类。在机器学习中，不需要建立规则库，这样就减少了人类所做的工作量。

但是，提取和准备特征量的任务仍然必须由人类来完成。即使识别苹果很容易，收集特征量让机器学习识别猫和狗也仍是一个相当大的工作量。而且识别猫和狗与识别苹果相比，准备什么作为特征量也是个问题。

▼图1-1-4　机器学习的概念图

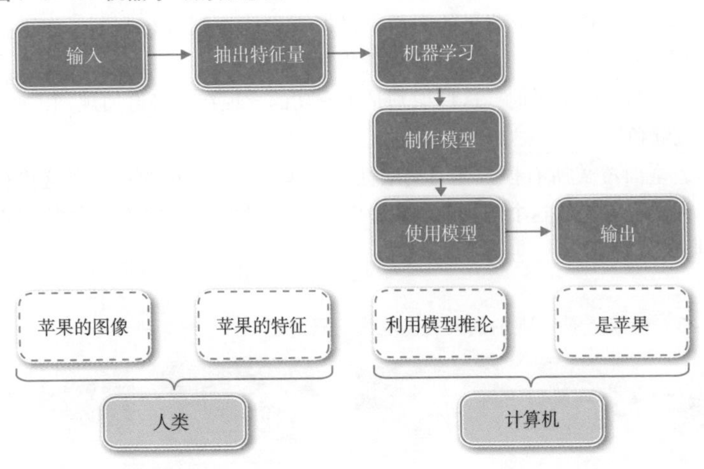

▶ 1.1.4 人工神经网络

使用人工神经网络进行学习也是机器学习的一种方式。最大的特点是不需要人工就可以实现特征量的提取(见图1-1-5)。

▼图1-1-5　人工神经网络学习的概念图

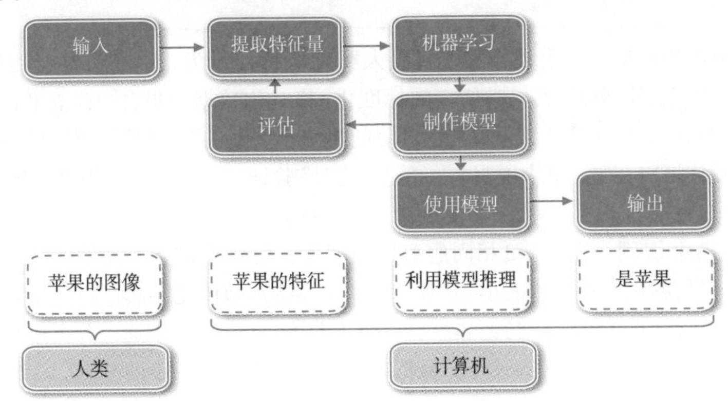

一开始，我们不知道某事物有什么特征，计算机当然也不知道。但是可以用大量的数据重复循环，将学习结果和实际正确答案相对比，通过反复重新学习以反馈和反映更正确的结果，最终找到一个特征值。

使用人工神经网络的方法，特征量的提取也交给了计算机，人类只要准备学习所需的数据就可以了。识别狗和猫的课题也可以不考虑提取什么样的特征量。通过人工神经网络的学习过程，可以自动找到最能表达是猫还是狗的“特征”（当然精度不是100%）。

在本书中，为了方便起见，用于机器学习的“人工神经网络”有时也被简短描述为“神经网络”。

▶ 1.1.5 深度学习

深度学习（Deep Learning）的原理基本上与人工神经网络相同，尝试通过叠加多层人工神经网络来提高学习精度。多层人工神经网络结构如图1-1-6所示。

深度学习增加了人工神经网络的层数，会导致更复杂的计算和庞大的计算量，但可以因此提取到更多的“特征”，从而提高精度。利用它，人类需要准备的只有两件事，一个是用于学习和训练的大量数据，另一个是强大的计算仪器。

▼图1-1-6 深度学习的概念图

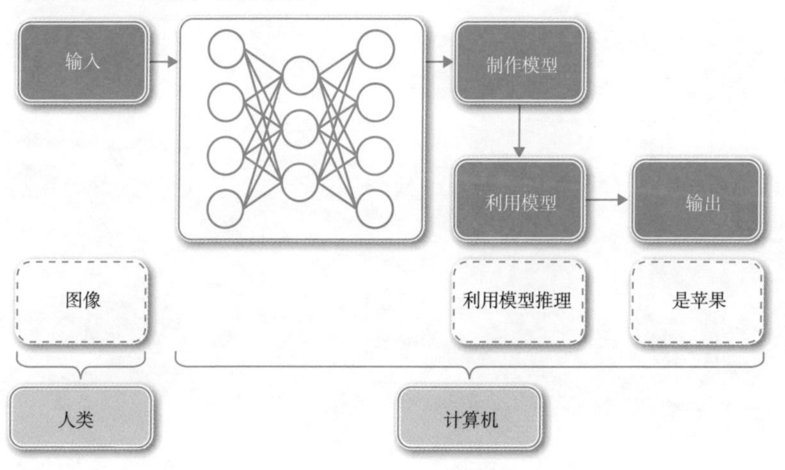

▶ 1.1.6 受关注的原因

机器学习和深度学习的一些概念和算法早在20世纪90年代就被提出，但是到现在它还能够继续推出新的成果并引起人们的关注，可以说下面两个因素起到了很大的作用。

- 数据量：随着互联网的发展，收集到的图像数据量的增加。
- 计算能力的提高：GPU等的性能的提高。

在这样的背景下，机器学习和深度学习实现了飞跃式的提高，出色的学习效率和准确性再次引起了人们的关注。

图1-1-6显示人类负责的领域正在缩小，计算机负责的领域正在扩大，从特征量提取到创建学习模型。深度学习算法的发展和计算机的计算能力的提高，改善了学习的识别精度。

1.2节将进一步深入了解机器学习和深度学习。

1.2 机器学习概述

本节将介绍与机器学习相关的重要概念和关键词。

如1.2节所述，机器学习中也包含深度学习，其中出现的重要术语和思想也是以理解深度学习为前提的，所以一定要掌握深度学习的基础。

机器学习其实是一种已经被广泛使用的技术。最早出现并得到广泛应用的机器学习案例就是“垃圾邮件过滤器”。时至今日，有些项目挑战的并不是更深层的学习，而是找到更适合用机器学习作为解决途径的“方法”。

下面来看看机器学习的概念。

▶ 1.2.1 机器学习简介

机器学习是人工智能的一个领域。同样，深度学习是机器学习的一种方式，机器学习的一些重要概念和思路对深度学习的理解很有帮助，所以一定要在这里研究透彻。

机器学习（ML，Machine Learning）是一种编程方法，它允许计算机从数据中学习，而无须人类进行显式编程。

虽然这是一个抽象的表达，但在机器学习中，创建分类器（Classifier）是目标之一。如图1-2-1所示，如果你给我看一张苹果或橘子的照片，我会辨别它是苹果还是橘子（即“分类”）。在机器学习中，制造这个“分类器”的不是人，而是计算机学习得来的。

长期以来，在人工智能的研究中，一直采用基于规则的方法，其中最重要的处理是由人类负责的。人类无法自动创建分类器。而在机器学习中，可以让计算机尽可能地代替人类的工作。

例如，假设建立一个基于规则系统的识别手写的日文字符“あ”和“い”的课题。人类努力提取了某人（暂且叫他A）的书写特征（在哪里起笔、转弯习惯、弯曲程度、笔画倾斜度等），汇总起来以规则的形式编程识别，这还是可以实现的。但是，即使同样还是A这个人，不同时间书写“あ”和“い”时，其轨迹也会有一点点变化，而且为了设定一个标准值来实现通用化，再找来其他人（如B和C）的手写文字也都必须同样对应的时候，就必须对规则进行改写和追加，并且每当这种识别对象增加时，都需要对此规则库进行追加修改。可以想象，应对和维护如此庞大的系统是很不现实的。

▼图1-2-1 分类器：识别为苹果①或橘子②

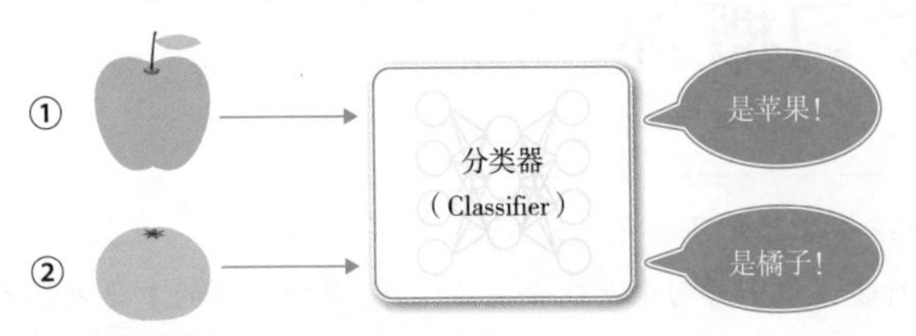

这些困难的课题成为了机器学习擅长的领域。如上所述，通过学习来训练分类器，可以对输入的照片进行高精度的分类。

▶ 1.2.2 机器学习的类型（分类）

机器学习的类型主要有3种（见图1-2-2）。

- 有监督学习（Supervised Learning）
- 无监督学习（Unsupervised Learning）
- 强化学习（Reinforcement Learning）

▼图1-2-2 机器学习的分类

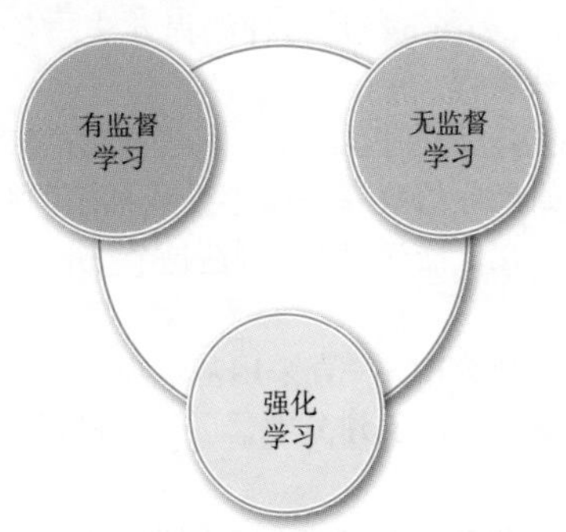

除此之外，还有各种机器学习类型，如半监督学习（Semi Supervised Learning）、批量学习（Batch Learning）、在线学习（Online Learning）、基于实例的学习（Instance-Based Learning）、基于模型的学习（Model-Based Learning）。

本书以有监督学习和无监督学习为中心进行讲解。这些分类并不是排他性的，可以搭配使用。

下面来看看它们各自的特点。

▶ 1.2.3 有监督学习

机器学习中所说的“监督”是伴随着数据的一个正确答案标签（见图1-2-3）。本书大部分都是有监督学习的内容。

▼图1-2-3 有监督学习的“监督”就像数据的标签

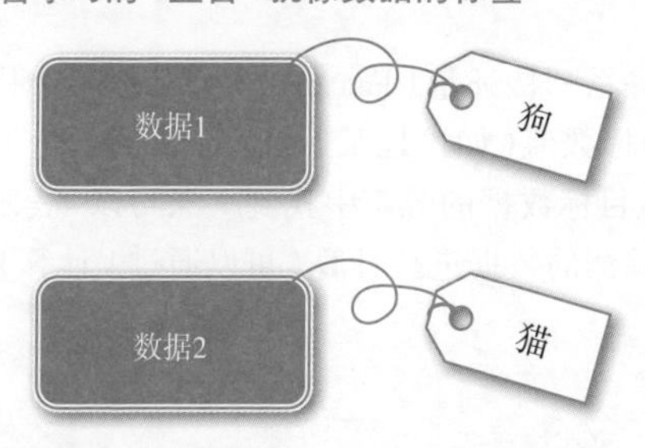

例如，如果是狗或猫的照片数据，那照片上就是猫或狗的标签。另外，如果是手写的数字数据，该数据所代表的数字是7，那么“监督”就是7这个标签。在有监督的机器学习中训练分类器时，这个标签是很必要的。

如图1-2-4所示，为了方便起见，将同一标签的照片数据放在同一文件夹中，而该文件夹的名称就是标签。

▼图1-2-4 有监督学习标签文件夹

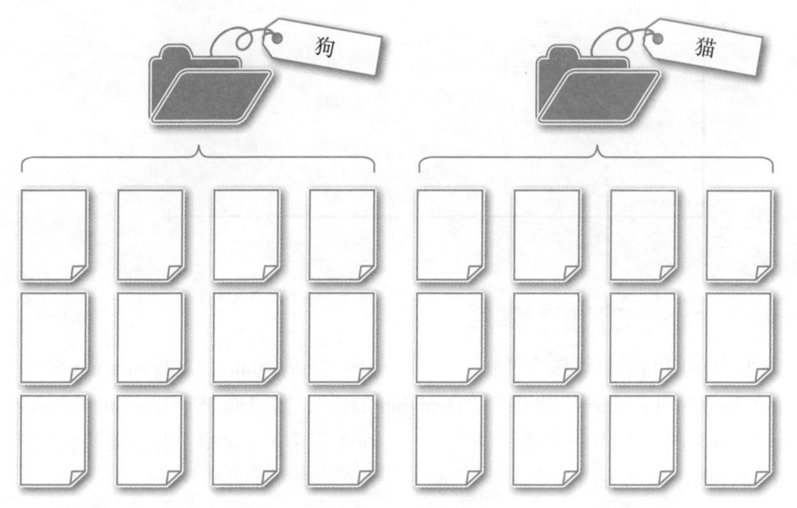

接下来，看看有监督学习要做什么，能做什么。

1. 有监督学习的用途

- 分类（Classification）

上面提到的垃圾邮件过滤器称为“分类”。处理的结果分为两类，即是否为垃圾邮件。观察苹果或橘子的照片，判断是哪一个，这也是分类。例如，苹果分类成“0”，橘子分类成“1”。

- 回归（Regression）

通过分析对象的一系列特征量（Feature）（如某地某个住宅的房龄、位置、房价）来预测出其他目标数值（如该地某个二手公寓的租金），这称为回归。如图1-2-5所示，可以从目标数据的分布中找到一条可以“表示”该数据的直线，并使用该直线对想要预测的数据进行计算（可以通过X计算Y，也可以通过Y计算X）。

▼图1-2-5　线性回归示例

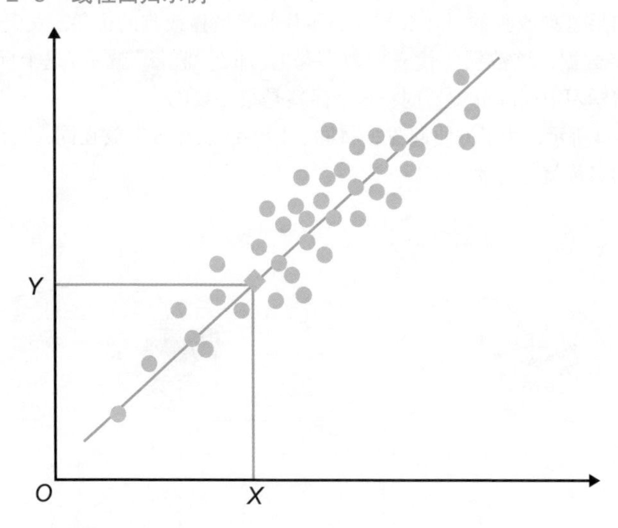

2. 有监督学习的重要算法

有监督学习的重要算法有逻辑回归（Logistic Regression）、支持向量机（SVM，Support Vector Machine）、决策树（Decision Tree）、随机森林（Random Forest）。其中，SVM是机器学习的重要算法之一，将在本书第4章介绍。有关支持向量机（SVM）的说明，请参阅4.3节。

▶ 1.2.4 无监督学习

无监督学习与有监督学习形成鲜明对比，它没有正确的可参照标签。

例如，一个相册里面有很多猫狗，而至于某张照片是猫还是狗，却没有已备好的标签。无监督学习的目的就是从这些数据中发现规律性和可参考的模型。

下面来看看无监督学习要做什么、能做什么。

1. 无监督学习的用途

• 聚类（Clustering）

聚类是通过数据的属性找出成组的趋势，如图1-2-6所示。

▼图1-2-6 聚类

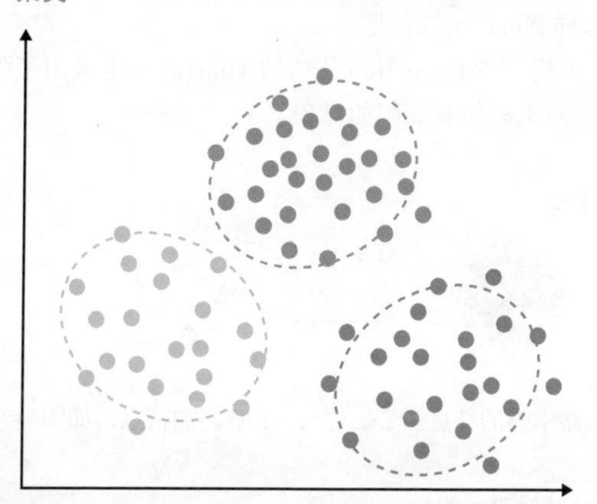

如果用人眼观察图1-2-6，会发现可以把数据分成3组，虽然在通常情况下，不能在平面上这样表示，但是，计算机可以在非二维环境中执行聚类操作。

• 可视化（Visualization）和降维（Dimension Reduction）

降维通常被用作无监督学习的预处理。

• 相关规则学习

学习从大量数据中找到相关性。例如，可以学习并发现“从超市购买商品A的顾客倾向于购买商品B”的相关性。

• 异常检测（Anomaly Detection）

异常检测就是检测异常数据。异常是相对于正常使用的数据而言的，要检测出异常，首先要掌握正常数据的模式。在无监督学习中，可以在掌握正常数据的“特征”等基础上，参考其“正常特征”，将严重“背离”的数据检测为“异常数据”。

2. 无监督学习的重要算法

有许多算法被归类为无监督学习，其中常用的优秀降维算法就是主成分分析（PCA，Principal Component Analysis）。当特征量较多时，用对特征量的压缩来作为监督学习的预处理。在本书中，PCA会时常出现（见4.3节和4.4节）。

▶ 1.2.5 强化学习

强化学习是最近备受关注的机器学习之一（见图1–2–7）。强化学习没有“监督”。将代理器放置在一个环境中，代理器可以进行行为选择（这里的“代理器”只需想象为自动进行输入、输出等行为的软件即可）。对于代理器选择的行为，从其环境中给予“报酬”的加减。代理器会在整个学习过程中朝着最能获得“报酬”的方向调整。这样就可以解决问题。

例如，在1.1节中提到的DeepMind公司的AlphaZero也采用了强化学习。强化学习多是应用于类似象棋等有规则的对象。

▼图1–2–7　强化学习

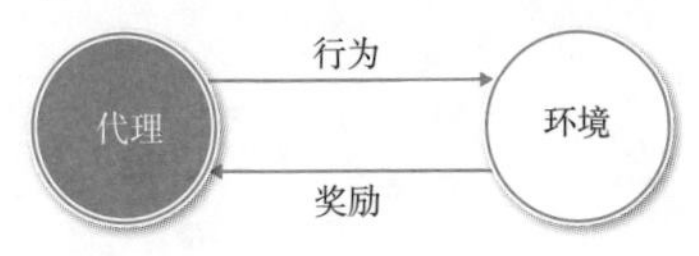

上面讲了3种机器学习的特点。现在对比一下它们的特点，如图1–2–8所示。

▼图1–2–8　三种机器学习的比较

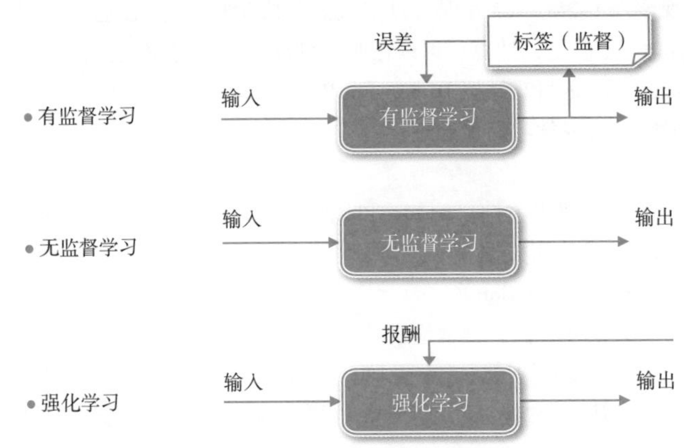

▶1.2.6 用于机器学习的数据

数据对于机器学习是非常重要的。

不论是机器学习，还是深度学习，没有数据，什么都做不了。准备数据也是数据科学家工作的重要组成部分。据悉，数据科学家80%的工作都花在准备机器学习数据上。

1. 数据的重要性

为机器学习准备的学习数据（即训练数据）的质量对学习结果有很大影响。大多数机器学习算法通常不能正常工作，除非给出大量数据。要实现准确的图像识别和语音识别，需要数以千计、万计的学习数据。最近已开发出仅用较少的学习数据也能达到较高识别率的算法。

2. 学习数据和验证数据

在机器学习中，准备验证数据来验证学习结果也是非常重要的。一般来说，通常方法是在准备的数据集的基础上，将学习数据设定为其中的80%，将剩余的20%作为验证数据（见图1-2-9）。当然并不是必须按这个比率划分。不过，学习数据越少，结果就一定越差。

▼图1-2-9 学习数据和验证数据

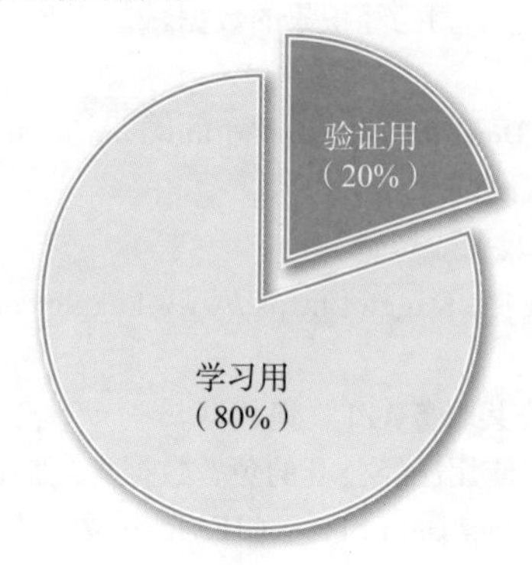

不仅是机器学习，深度学习也用同样的方法将数据分为学习数据和验证数据。有的框架还准备了自动划分的功能。具体示例在第4章和第5章中进行说明。

3. 过度学习

过度学习（Over Fitting）是指对学习数据特有的特征进行过度学习，导致实际预测数据的准确率降低。为了防止过度学习，有一种方法叫作Dropout(丢弃)。

通过在神经网络中设置Dropout层(可称为丢弃层)，可以通过随机断开全连接层的一组节点和输出层之间的部分连接来防止过度学习。

4. 维度诅咒

并不是机器学习的数据维度越多越好。这里说的维度是指数据的特征量。如果数据是表格格式的，则对表格中的一列进行成像可能会更容易。例如，如果是汽车的数据，制造商、生产日期、行驶里程、重量、排量、使用年限等特征量，可以认为是数据的一个“维度”。维度诅咒(Curse of Dimensionality)是指如果数据的维数过大，可以用该数据表示的组合就会飞跃性地增多，结果就得不到充分的学习结果。

如果不注意维度诅咒，不仅会产生无用的计算，还会导致得不到有效的学习结果。因为学习没有关系的特征量本来就没有意义，所以需要在学习前仔细考虑数据的特征量，进行降维。

5. 获取数据

为机器学习准备数据有时会出乎意料地困难。作为参考，可以尝试以下方法。

- 自己制作数据

如果是出于兴趣爱好和研究，数据可以自制。当然这需要时间。如果是公司业务用，可以利用现在自己公司已经积累的数据。

- 互联网获取

例如，Google Image Download(https://github.com/hardikvasa/google-images-download)等途径，也可以试试。

- 利用公开的数据(收费或免费)

使用竞赛网站的数据，Kaggle(https://www.kaggle.com/)和Signate(https://signate.jp/)都很有名。

另一种方法是使用公共服务API收集数据。

本书中的许多案例都使用已经公开的免费数据集，如scikit-learn的手写数字数据集、鸢尾花数据集(Iris Data Set)、CIFAR-10数据集和MNIST手写数字数据集，都是很经典的。

下面来看看监督学习的工作流程。

▶1.2.7 机器学习(有监督学习)的流程

机器学习(有监督学习)的一个非常简化的流程如图1-2-10所示。可以大致分为学习阶段和评估/应用阶段。

▼图1-2-10 机器学习(有监督学习)流程

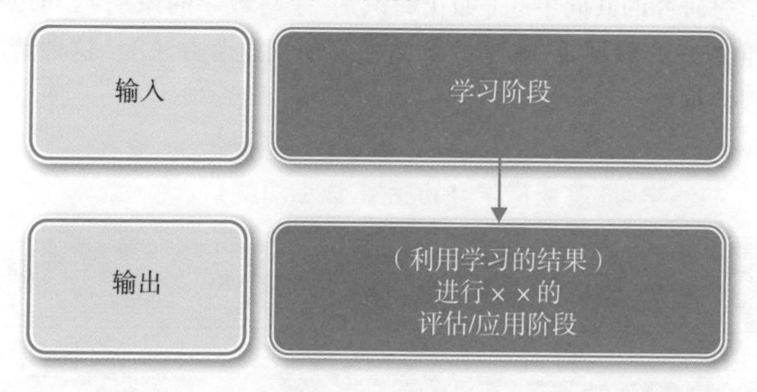

学习阶段(Learning Phase)允许机器学习大量数据，从而生成已学习的模型。

在评估/应用阶段中，机器将对完成的学习模型进行分类。例如，如果是人脸识别，就会定位人脸，然后从输入的照片或视频中找到这个人脸。对于手写字符，则是一个实际识别手写字符并对其进行预处理的阶段。

当然，实际上需要更复杂的过程和程序。下面来看一个更详细的操作。

1. 课题的定义

首先从定义任务开始。

● 任务的定义

我们必须明确想要实现什么，需要让机器学习什么。如果是研究项目，必须考虑项目结束的判定标准。如果是公司的计划任务，不把它定义清楚，明确需要解决什么挑战以及最终想要达成什么结果，就很有可能失败。

● 定义数据

为了明确上述课题需要什么样的数据，结合必要的数据、数据标签以及最终的评价方法也要一起考虑。

2. 准备数据

如上所述，机器学习中的数据具有非常重要的意义。如图1-2-11所示，创建数据集并对数据进行收集和预处理整形。

● 自己收集和创建数据

在个人的课题中，如果是自己独立研究开发，就需要自己制作学习用的数据集。

收集学习数据并提取学习数据的特征。在机器学习中，提取和维护用于实现有效学习的特征量称为特征量工程。这个阶段最花时间。在图像识别领域，可能需要准备数以万计的照片数据，处理和标记大量数据需要大量的处理时间。

- 利用别人准备的数据

如果是学习研究的共同主题（如花的识别、手写数字的识别），可以充分利用其他人预先准备好的数据集（本书的案例主要使用这个方法）。这种情况下通常不需要预处理数据。

▼图1-2-11　机器学习（有监督学习）流程的详细图解

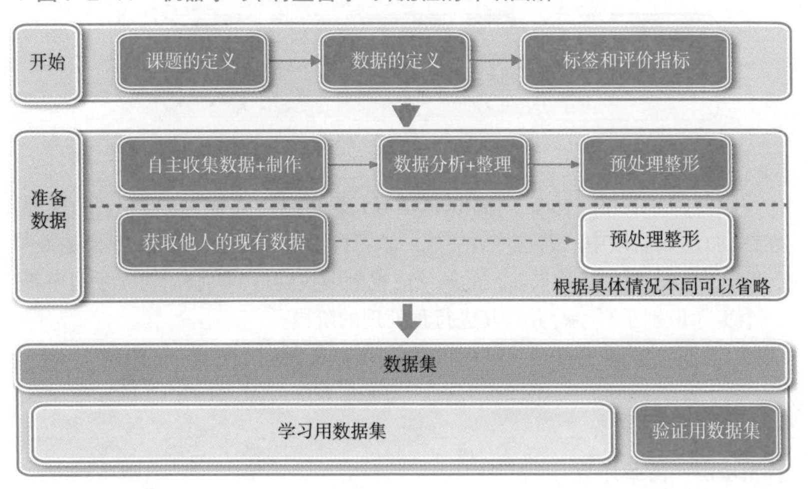

3. 学习阶段

在学习阶段，通过学习算法学习数据（见图1-2-12）。机器学习和深度学习的大部分理论都集中在这里。

4. 验证和评估阶段

在评估中，使用模型来预测和评估在学习阶段学习的结果（见图1-2-10所示的“输入”中的“学习阶段”）。

▼图1-2-12　学习阶段和应用阶段

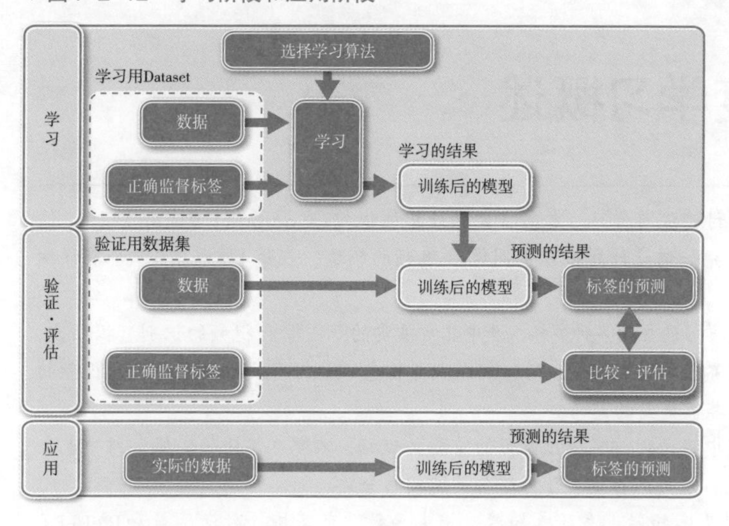

5. 应用阶段

在本书中，Raspberry Pi主要是利用学习过的模型进行应用。

在学习阶段，本书中的部分内容还需要PC和云环境。

图1-2-13所示的机器学习流程适用于所有未来的操作。理解了这幅图，在尝试今后的操作时，就会知道“现在是哪个阶段，在做什么”，从而避免困惑，工作就会顺利进行。

▼图1-2-13　每个阶段的执行位置

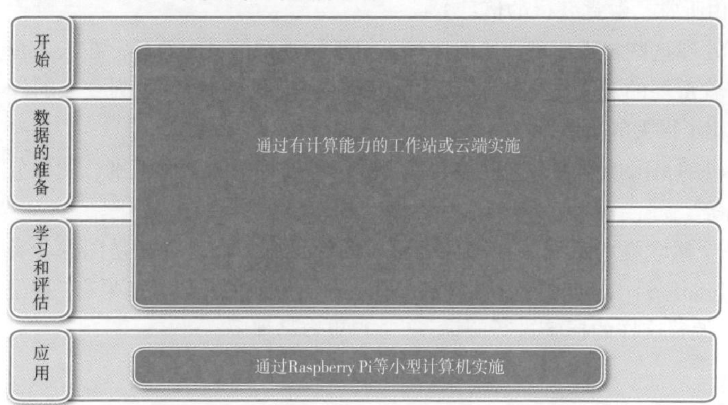

截至目前，我们一直都在谈论机器学习。下面将介绍深度学习的基本概念和术语。

1.3 深度学习概述

本节讨论深度学习。本书将聚焦计算机视觉(Computer Vision)领域，这是一个研究如何让计算机识别图像和视频的领域，在第4章和第5章会有详细介绍。

深度学习的应用多种多样，其中非常重要的是图像和视频的识别。据研究，人类从外界获取的信息中，约90%是视觉信息。如何有效地处理图像和视频的信息具有非常重要的意义。

本节中将出现许多深度学习的重要关键词，在第2部分的实操演练中也会反复出现。请务必在这里了解这些关键词的含义。

特别是感知器、多层感知器、损失函数、交叉熵、激活函数和ReLU函数，这些概念的意义请务必烂熟于心。

当然，在进行以实际操作为主的第2部分的练习时，也可以通过重读本节来加深理解。

▶ 1.3.1 视觉信息的重要性

我们从外界获得的信息中，约90%是通过眼睛获得的所谓的“视觉信息”(除此之外，还有由听觉、触觉获得的信息)。

大脑如何处理这些视觉信息，如何让计算机模拟视觉信息的处理，在人工智能的研究中有着重要的意义。生物学神经元(脑神经细胞)的研究也为今天的深度学习成果做出了很大的贡献。

接下来要讲的是深度学习，它的核心是视觉信息处理中的图像识别、图像分类、物体检测等。

先谈论一个概念性的话题，在图像处理、图像识别方面，特别是图像分类(Image Classification)中，如图1-3-1所示，看某一图像或照片时，如果有“那是××”的标签，带着这样的标签进行阅读，会觉得更容易理解。

▼图1-3-1 图像分类

▶ 1.3.2 从生物学神经元到人工神经元

深度学习在人工智能研究领域的大发展，得益于它的“最小单位”——人工神经元。人工神经元是受到生物学神经元的启发而设计出来的。从生物学神经元到人工神经元，标志着一个新时代的开始，虽然人工神经元的研究仅仅是在最近的10年里才有成果的。

1. 生物学神经元是什么

生物学神经元是大家熟知的脑神经细胞（也称为活体神经元，简称为神经元）。如果要简单地展示一下神经元，则如图1-3-2所示。树突与其他神经细胞复杂地交织在一起，形成大脑中的神经细胞网络。

▼图1-3-2 脑细胞概念图

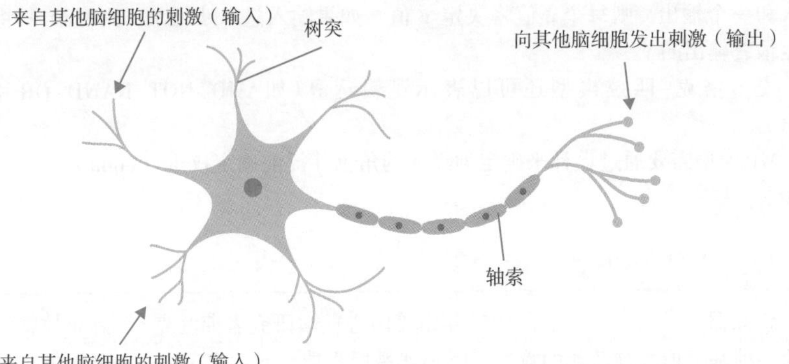

受到来自其他脑细胞的刺激，这种刺激通过树突传播（输出）到下一个脑细胞。人类的脑细胞发挥作用，认识事物、了解情况、做各种各样的日常活动都是脑细胞工作的结果。

要实现学习的功能，就必须模仿这个机制。所以发明了一种形式神经元。

2. 生物学神经元的模型化

神经生理学家沃伦·麦卡洛克和数学家沃尔特·匹兹的麦卡洛克-匹兹模型（McCulloch-Pitts Model，简称MP模型）是在生物学神经元的基础上发明的。它也被称为形式神经元。

形式神经元非常简单，可以直接在数学层面上表达神经元的运动。既然能用数学表达，也能很容易用计算机模拟运行（见图1-3-3）。

▼图1-3-3　神经元概念图

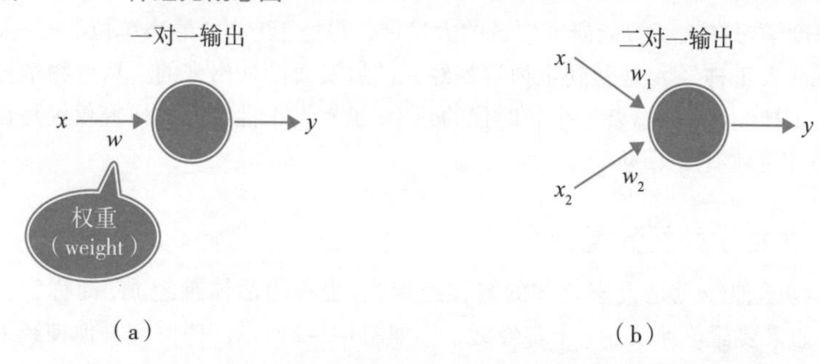

图1-3-3中输入可以是一个、两个或多个（图中的圆圈代表神经元）。

如图1-3-3（a）所示，如果输入和输出是一对一的，则输出将由w确定，如果$x=1$，$w=0.5$（w 是权重），则$y=0.5$。相反，如图1-3-3（b）所示，如果有两个输入和一个输出，则每个w值将决定 y 值。如果输入进一步增加，则每个 w 将决定最终输出的 y。

麦卡洛克-匹兹模型还可以表示逻辑运算（如AND、NOT、NAND、OR和XOR）。

MP模型需要通过设计来确定神经元的角色并提前确定权重（weight）。

▶ 1.3.3 感知器

感知器（Perceptron）是在1957年由美国心理学研究者弗兰克·罗森布拉特发明的一种基于形式神经元的算法。感知器是形式神经元的实现方式，并与人工神经网络一起，构成了深度学习的起源和基础。

感知器是一种结构，它接受某种输入，并对其作出反应，产生某种输出。不过，在这里权重 w 并不是由人事先决定的，而是结合学习结果和教师数据，反馈其误差来更新权重 w 的机制。

感知器的学习如图1-3-4所示。每个输入 x 乘以对应的权重w，乘积的总和为感知器的输入。

▼图1-3-4　感知器的学习

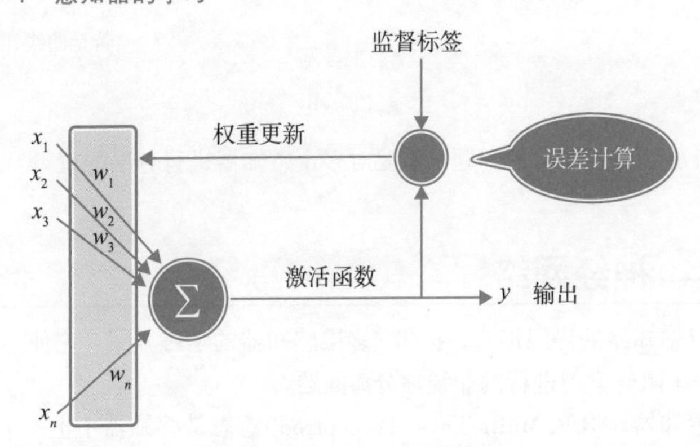

然后通过激活函数（Activation Function）确定输出。这时并没有结束，而是将输出与监督标签进行比较。通过反馈调整每个权重w，以便在接近监督标签时保持权重w不变，而在远离监督标签时大幅调整权重w。处理反复进行多次，这个过程叫作“学习”。

那么，如何确定每个输入的权重？

首先，权重w是一个随机值。在学习之后，权重w将被自动调整为一个权重数组，以提供一个高概率的正确答案。当完成学习时，可以使用这个权重数组对未知数据进行“识别”和“分类”。

关于激活函数，以后再详细说明。

感知器的学习算法现在可以自动调整参数并获得权重。在机器学习方面给予了重要的创新。然而，这种技术仅限于线性可分离的任务。

所谓线性可分离，若以二维数据图像为例，是指可以通过一条直线把分布在平面上的数据分离为两组数据，如果不能通过一条直线将两组数据分离，则为线性不可分（见图1-3-5）。

▼图1-3-5 "线性不可分"的图例

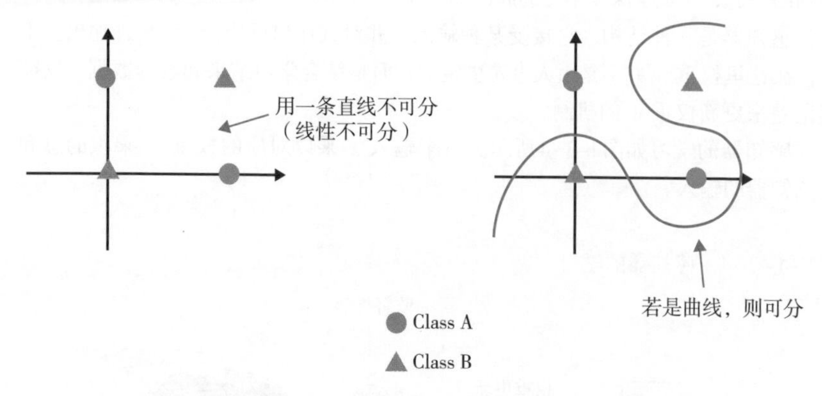

为了解决线性不可分的问题，需要对多个感知器进行分层配置。

▶ 1.3.4 神经网络

为对应感知器的界限形式，提出了多层感知器的学习方案。它使感知器更加灵活，解决了阻碍学习进行的非线性分离问题。

多层感知器（MLP, Multi-Layer Perceptron）意思是感知器不止一个，而是使用多个感知器来创建感知器的"层"。

典型的多层感知器配置是3层结构，即输入层、中间层和输出层。这种结构是由神经元组成的网络结构，也称为神经网络（见图1-3-6）。

▼图1-3-6 多层感知器

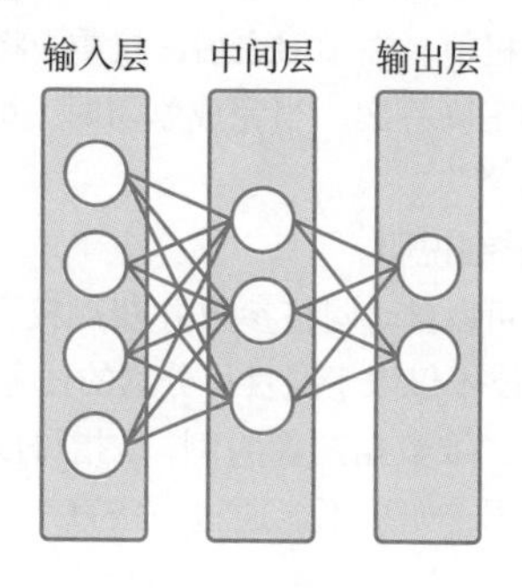

这是一个分层放置感知器并将给定值传输到输入层的网络。因此，该网络被称为前馈网络（Feed Forward Network）或正向传播网络。

图1-3-6中的圆圈代表的就是感知器。

1. 激活函数

如图1-3-4所示，x_n与w_n(n=1,2,⋯)乘积的总和为输出，但是输出使用激活函数来实现。激活函数有若干类型（见图1-3-7～图1-3-9）。

▼图1-3-7　步进函数

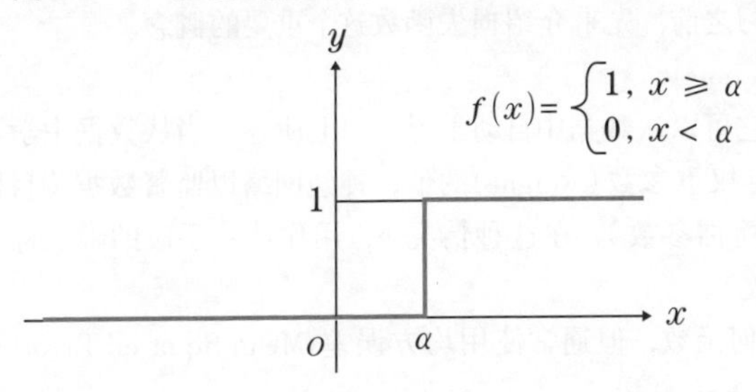

▼图1-3-8　Sigmoid函数

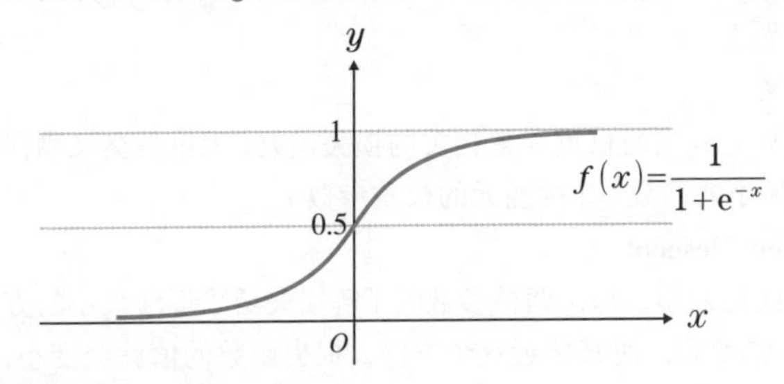

▼图1-3-9　ReLU函数

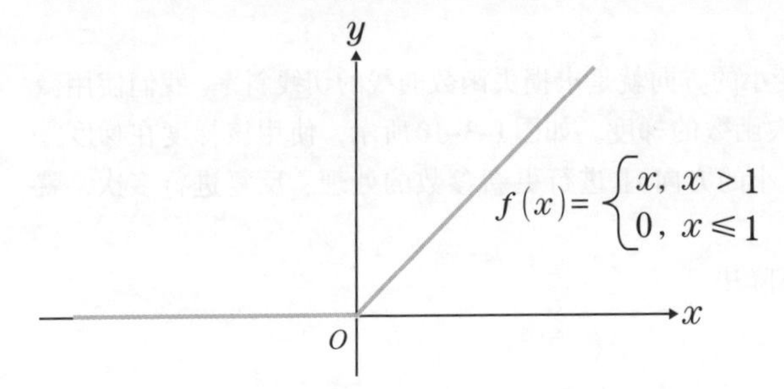

神经网络中经常使用Sigmoid函数作为激活函数，而深度学习中经常使用ReLU函数（Rectified Linear Unit）。

Sigmoid函数很容易发生梯度消失（Vanishing Gradient）。如果使用Sigmoid函数作为激活函数，则梯度的最大值仅为0.25。在多层感知器网络中，梯度值越来越小，层数每增加一层，梯度值就会呈指数级减小。在几十层、几百层的情况下，输出几乎接近于零。这被称为梯度消失，这就是使用Sigmoid激活函数很难实现深度神经网络（深度可达几十层、上百层）的原因。

2. 神经网络的学习

在解释神经网络的学习之前，先来介绍损失函数这个重要的概念。

● 损失函数（Loss Function）

神经网络的特点在于它可以从数据中自动学习。如上所述，当从数据中学习时，为了从数据中自动确定权重参数（weight）的值，神经网络以监督数据为目标搜索最佳权重参数（以下简称参数）。在这种情况下，用作计算手段的函数称为损失函数（也称为代价函数）。

损失函数可以使用任何函数，但通常使用均方误差(Mean Squared Error)和交叉熵误差（Cross Entropy Error）。

Chainer、PyTorch、Keras和TensorFlow提供了许多其他损失函数（如交叉熵函数通常用于多类分类问题）。

● 神经网络学习的意义

神经网络学习的意义就是找出与权重参数相关的损失函数（无论是交叉熵误差还是平方和误差）的值最小的参数（如神经元的权重参数）。

● 梯度下降法（Gradient Descent）

为了使损失函数尽可能地减小，每次调整参数时了解损失函数逐渐减小的方向十分重要。如果反复调整参数，使其接近这个方向，损失函数的值就会变小，最终应该会达到最小值。

如何才能知道损失函数变小的方向？请记住微分的概念，微分就是求目标函数曲线的切线斜率。

寻找损失函数逐渐变小的方向就是求损失函数曲线的切线斜率。我们使用微分这种数学手段计算损失函数的梯度。如图1-3-10所示，使用该梯度在梯度方向（损失函数的值逐渐变小的方向）上进行更新参数的处理。反复进行多次，就可以逐渐接近最佳参数。

这种方法称为梯度下降法。

▼图1-3-10 梯度下降法寻找最小值

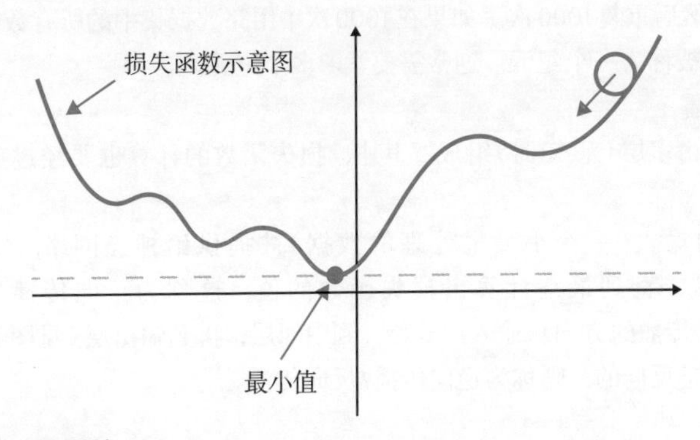

• 小批量训练

如上所述，当神经网络通过梯度下降法搜索损失函数的最小值时，不是逐个使用数据来更新参数，而是从数据集中随机提取数据以提高效率，并将数据集中输入至多个数据集（见图1-3-11）。多组数据称为小批量。使用在小批量数据中计算的平均梯度值，在每个小批量中更新参数。

这种方法称为小批量学习或小批量训练。在第4章和第5章中也用这种方法进行学习。

▼图1-3-11 小型批处理和批处理大小

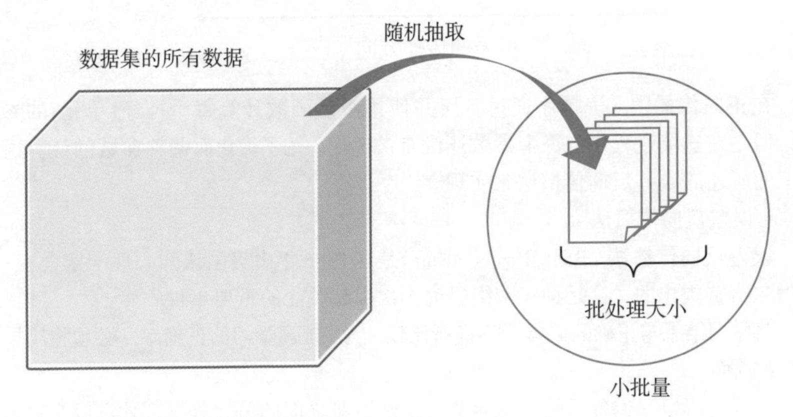

• 纪元（Epoch）

从整个数据集中随机抽取多个数据，分成小批进行学习、组合学习数据，就像使用数据集中的所有数据一样。直到数据集中的所有数据都被使用时，所需间单位称为纪元。例如，一个数据集中有10000个数据，从10000个数据中随机抽取10个数据，10个数据集组成一个小型批处理，10为批量大小。按每10个批量进行学习，然后重复1000次。如果在1000次中用完数据集中的所有数据，那么1000次的学习被称为一个纪元。通常需要学习多个纪元。

• 正向传播

神经网络由多层（感知器）组成。其中，损失函数的计算也要经过多个步骤完成。

一个新的输入（一个小型批处理的数据）被提供给神经网络，然后依次传递到输出端，直到最终计算出损失函数的值，这称为正向传播（Forward Propagation）。传播的方向从输入层开始，到中间层，再到输出层（见图1-3-12）。如果传播方向是反向的，则称为逆向传播/反向传播。

▼图1-3-12　正向传播

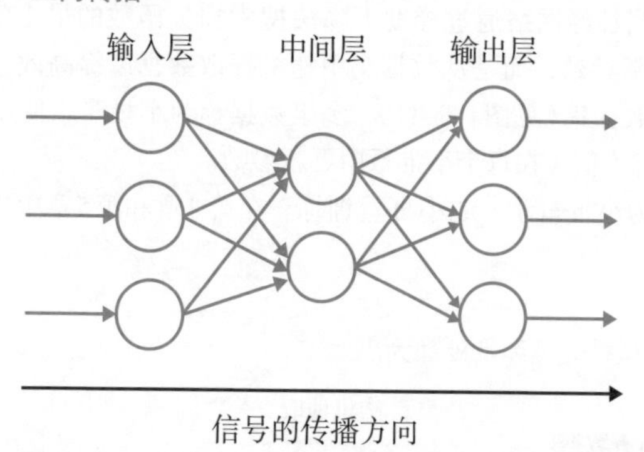

在正向传播中，按顺序通过各层并使用激活函数计算每个神经(单元)的参数，但是在这个过程中，每个参数还没有被优化。为了优化而调整参数的计算通过下面所述的误差反向传播法来实现。

• 误差反向传播法

误差反向传播法（Back Propagation）是在1986年由美国认知心理学家大卫·拉梅尔哈特提出的。这是神经网络研究再次引起关注的重要事件。

将学习结果与正确的监督标签进行比较，为了提高学习的正确率，必须将结果反馈到前面。

这样就可以知道各层的损失函数与正确答案之间的偏差程度，才可以向着正确答案进行调整。这种方法称为误差反向传播法。上述梯度降低法可以用数值微分的方法计算，但大型神经网络存在耗时的问题。与此相比，误差反向传播法可以利用微分法的链式法则（Chain Rule）有效地计算梯度。目前它已经成为神经网络学习中常用的方法。

• 学习率

在误差反向传播过程中，需要计算每个神经元参数中的损失函数梯度，并确定在一次学习中要更新多少参数（更新量）。这个更新量叫作学习率（Learn Rate）（见图1-3-13）。

▼图1-3-13 学习率

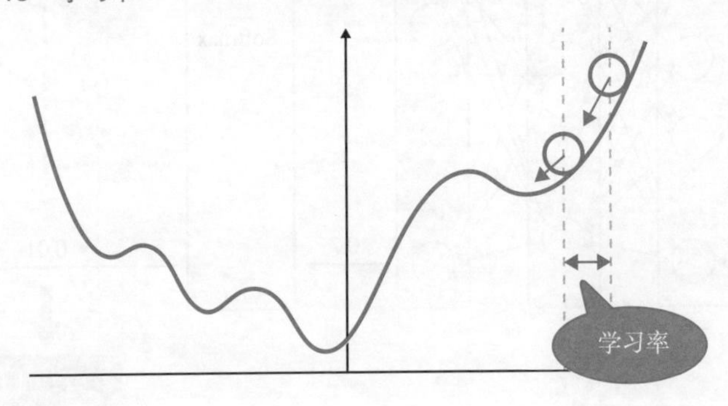

• 神经网络优化

如果用误差反向传播法计算了梯度，接下来就要考虑更新各个参数的方案。误差反向传播法是一种计算手段，神经网络的优化（Optimization）是指为了让神经网络进行有效的学习，如何战略性地更新学习率的算法。

这种优化算法（Optimizer）作为优化程序在许多深度学习框架中得到实现。Chainer、PyTorch、Keras和TensorFlow提供了多种优化算法。常用的优化算法有随机梯度下降法（SDG，Stochastic Gradient Descent）、Adam和AdaGrad等，分别实施了决定学习率的"策略"。

• Softmax函数

最后说明 Softmax函数（Softmax Function）。在神经网络中，Softmax函数是输出层常用的函数（见图1-3-14），尤其是在多类分类应用中。

Softmax函数的输出可以转换为0 ~ 1的实值。利用Softmax函数的这一特性，可以将输出值表示为概率。

0.1则表示为10%；0.75则表示为75%，最后作为神经网络的输出结果，如"猫"和"狗"各自的概率是多少。本书的大多数案例就是使用Softmax函数输出学习结果。

▼图1-3-14 Softmax函数的作用

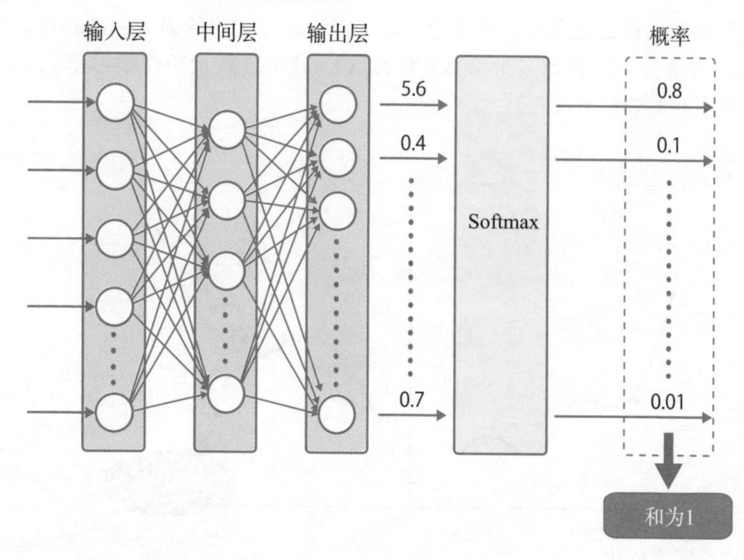

▶ 1.3.5 深度学习简介

深度学习是一种深度层次的神经网络，一般多指4层以上的神经网络。

目前，人们对深度学习的兴趣越来越高，在文字识别、人脸识别、自动驾驶、机器人视觉等各个领域都在不断实用化。最近，在关于人工智能的报道和备受关注的话题中，深度学习的出现率越来越高。

在最近几年的研究中，神经网络的层次越来越深。对于复杂的算法，甚至达到二三百层。

1. 深度学习的应用

深度学习的应用方式多种多样，今后其应用的领域也会不断扩大。现在将常用的领域简单总结如下。

- 物体检测
- 语义分割
- 图像标题生成
- 画风转换
- 图像生成
- 自动驾驶

其中，物体检测是计算机视觉(Computer Vision)应用的一个重要研究领域，是一种识别物体"类型"和"位置"的技术，也是一种在自动驾驶和机器人等领域发挥重要作用的技术。我们将在第2部分详细说明。

2. 三种典型的深度学习算法

随着深度学习的应用，在人们期待产生各种有趣的想法和创新的领域中，每天都有许多算法被开发和优化。其中最具代表性的深度学习算法有以下三种。

- 自动编码器(AE，Auto-Encoder)
- 循环神经网络(RNN，Recurrent Neural Network)
- 卷积神经网络(CNN，Convolutional Neural Network)

本书将以卷积神经网络为中心进行详细阐述，除此之外，深度学习的算法并不局限于这些，还有大量其他的算法。感兴趣的读者可以去了解深度强化学习(DQN，Deep QNetwork)和生成式对抗网络(GAN，Generative Adversarial Networks)。

▶ 1.3.6　卷积神经网络的详细说明

卷积神经网络由输入层(Input Layer)、卷积层(Convolution Layer)、池化层(Pooling Layer)、全连接层(Fully Connected Layer)和输出层(Output Layer)组成。

卷积神经网络(CNN)是非常有代表性且重要的深度学习算法之一。CNN算法(2012年的AlextNet)在机器学习领域以突出的性能打破了AI领域研究的长期停滞，并作为物体检测与识别、自动驾驶等各种应用的基础技术而备受关注。CNN算法特别适用于图像处理系统的应用。在CNN中，本书将根据至今为止所研究的内容，来解释如何学习这一点，并在此基础上进行演示。

为了说明，这次以识别日文平假名"あ"的图像为例，来介绍卷积神经网络的学习(见图1-3-15)。

▼图1-3-15　假名识别卷积神经网络的整体示意图

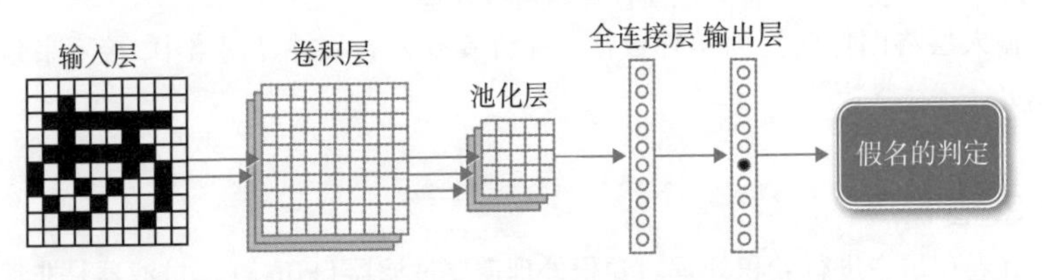

1. 输入层

假设将一个平假名图像作为输入。图像由像素组成(见图1-3-16)。实际上，彩色照片和灰度照片的数据有些复杂，这里为了简化任务，将黑色块设置为1，白色块设置为0(0就是保持空白)(图1-3-16是笔者制作的)。

▼图1-3-16　假名像素图像

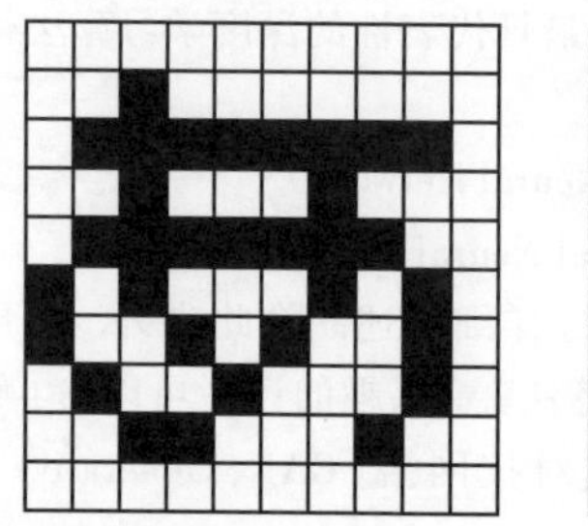

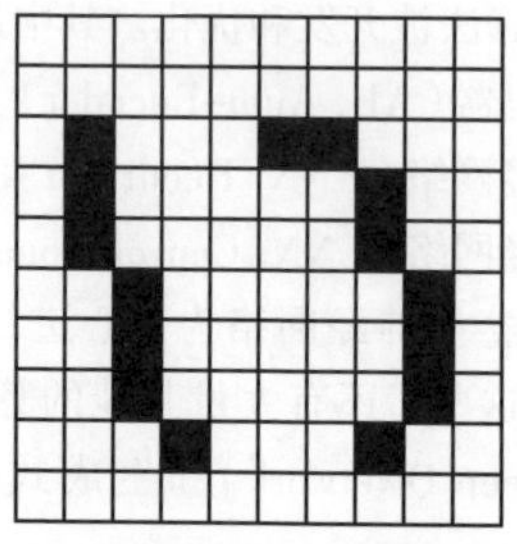

如果人类看，平假名中“あ”和“い”是简单易懂的，但是对于卷积神经网络呢?来看看它是如何进行“识别”的。

首先，用数值数据来表示这个图像，如图1-3-17所示。

▼图1-3-17　将图像转换为矩阵

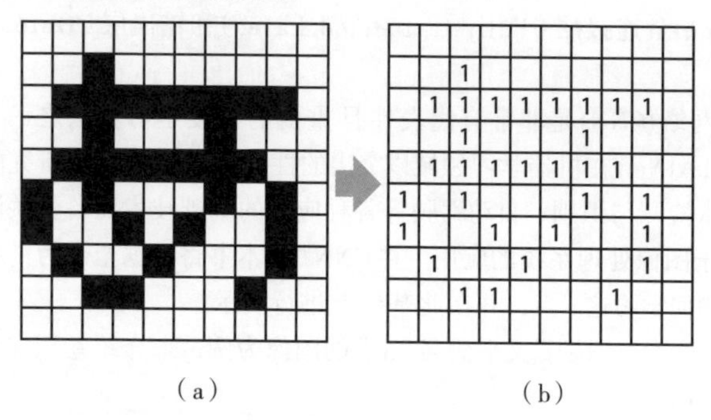

(a)　　(b)

图1-3-17(a)是长10像素、宽10像素的图像，可以用图1-3-17(b)中10×10矩阵来表示该图像，以便计算机可以处理。

输入层将图像转换为矩阵数据，并将其放入卷积神经网络中，接下来是卷积层。

2. 卷积层

在卷积层中进行卷积处理。卷积处理需要过滤器(Filter)。过滤器是非常重要的，它能从目标图像中提取特征的小图像。过滤器不止一个，通常随机准备多个（本案例的“过滤器”可理解为添加一个“滤镜”）。

例如，假设一个3×3过滤器（图像滤镜）是随机生成的，如图1-3-18所示。

▼图1-3-18 用于卷积处理的滤镜

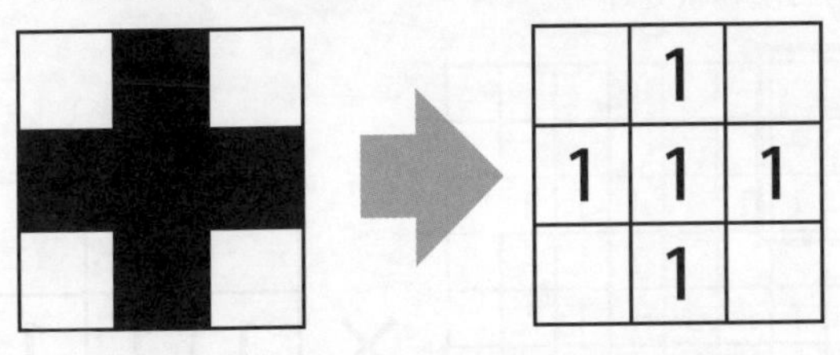

滤镜与图1-3-17（a）的左上角一致，如图1-3-18所示，对重叠的3×3像素进行数值乘法（矩阵乘法），这个乘法是卷积处理的一部分。通过乘法可以提取图像的“特征”。

▼图1-3-19 第一次卷积处理

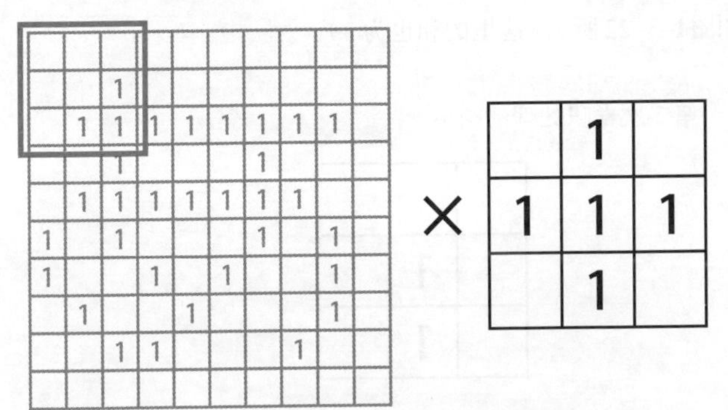

两个图像像素，这里矩阵中只有1和0，如果做乘法，其中一个为0，结果就为0，只有两者都为1时结果才为1。

如果按照图1-3-19的情况，则结果如图1-3-20所示。

▼图1-3-20 第一次卷积处理的结果

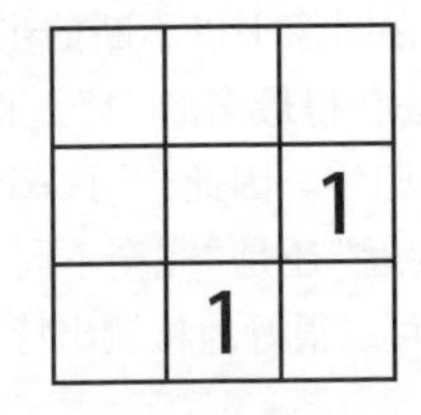

把这个加起来就是2。这个数字会在后面要讲解的特征图中使用。

接着，如图1-3-21所示，相对于“あ”的图像向右移动一个像素，进行相同的计算。

▼图1-3-21　第二次卷积处理

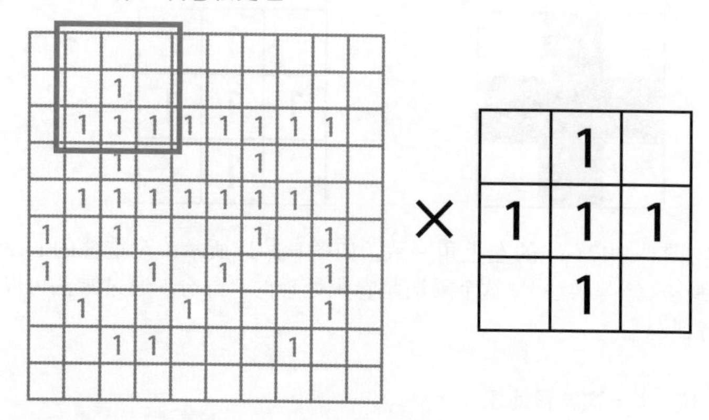

其结果如图1-3-22所示（这里的和也为2）。

▼图1-3-22　第二次卷积处理的结果

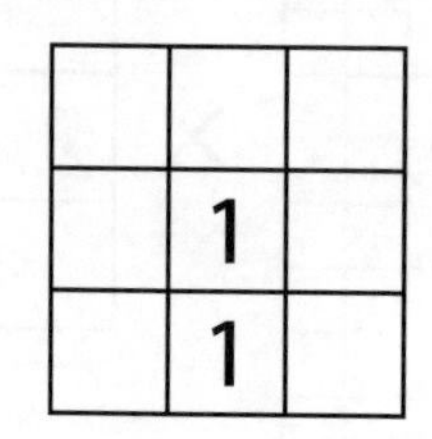

重叠的部分，通过乘法运算得到1。通过以这种方式相乘，如果两者均为1时（即本案例中图像和滤镜匹配的像素），则相乘结果为1；如果其中一个为1而另一个为0时（即本案例中图像和滤镜不一致的像素），则相乘结果为0。

如上所述，从第一次卷积处理到第二次卷积处理，横向滑动的一个像素，称为步幅（Stride）。步幅是每次移动的像素数。

虽然滤镜是随机创建的，但通过在图像上以不断的步进进行卷积，在最接近滤镜像素图案的地方，可以通过乘法获得最多的“1”。相反，与滤镜的像素图案完全不匹配的部分通过乘法则全部归零。因此，用一个数字就可以确定步进所在的位置与滤镜的像素图案是“更接近”还是“完全不同”。如果认为一个滤镜是一个“特征”，那么使用卷积处理就可以很好地检测出特征。

横向滑动完毕后，则换行，再重复同样的操作。由于篇幅的关系，这里不给出全部图解，请各位读者务必全部尝试一下。掌握这个直观形象，对深度学习的理解就会进一步加深。

接下来，挑选有特征的位置来看。如图1-3-23所示的三个区域，与过滤器相同。

计算并查看结果（三个都是相同的模式，所以统一起来计算一次）。

▼图1-3-23 基于滤镜的特征检测

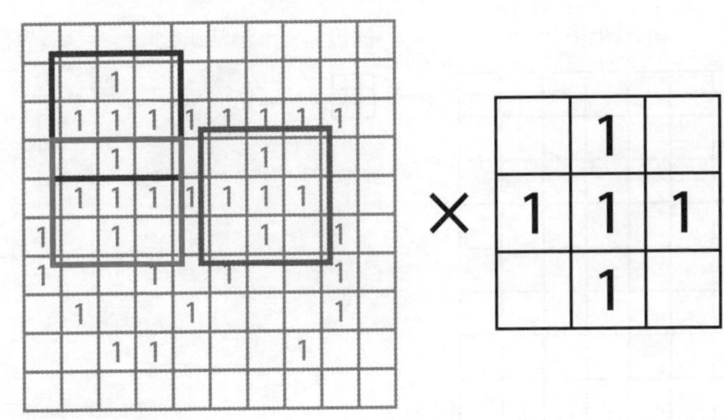

得到了同样的结果。

用矩阵表示其结果如下所示。

[[0 1 0]

[1 1 1]

[0 1 0]]

到目前为止，我们已经用图示进行说明，但实际上在计算机内部，都是用矩阵来计算的。

计算结果与过滤器的“形状”相同，其总和为5。因此，与过滤器最接近的形状（这里是重叠程度）具有最高的“分数”（计算后的总和），并且当使用过滤器将图像叠加在目标图像上时，可以“检测”和“找出”与过滤器“相似”的特征。这是一个非常有趣的地方。如果所有这些计算都完成了，就会出现一个新的8×8矩阵。

这个新矩阵也称为特征图（Feature Map）。如图1-3-24所示，通过从输入图像叠加权重过滤器，并在滑动的同时进行计算，可以获得新的特征图矩阵，这个过程叫作卷积。

特征图表示图像的每个区域与滤镜接近的程度。为了得到特征图，即使是这样一个简单的像素图像，也需要64次矩阵运算。大家也可以实际操作计算一下。

以0和1表示的图像，如果再加上表示实际颜色的像素，则每个像素的RGB值有256种模式，需要进一步增加计算量。

图1-3-24中在卷积层出现了激活函数。这次仅用0和1这种非常简单的输入和输出进行演示，但在实际应用中，输入会变得很复杂和庞大，因此可以通过在这个位置添加激活函数来更有效地提取出特征。常用的是ReLU激活函数，该层称为ReLU层（ReLU Layer）。

▼图1-3-24　创建特征图

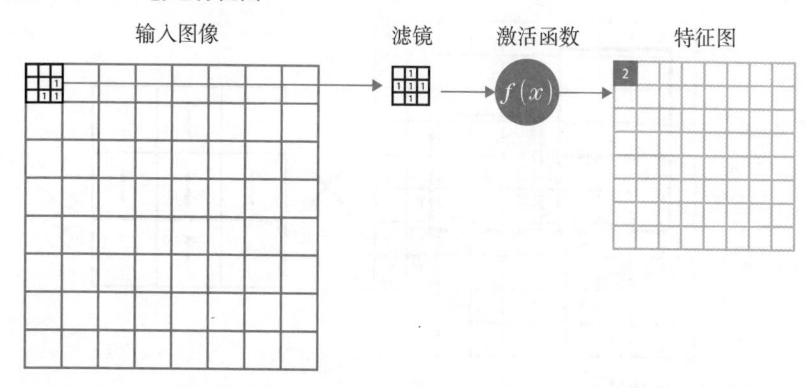

作为卷积神经网络的学习对象，就是这个“过滤器”（滤镜）。

到目前为止，我们通过示例演示已经了解了通过一个过滤器进行“学习”的过程，它通过卷积和激活函数得到一个特征图，然后还要在池化过程中被“压缩”。池化过程将在稍后介绍。

通过多个层，最后会发现这个特征有多大的概率与正确的监督标签“あ”相近。最初是随机制作的过滤器（你可以理解为过滤器的像素图案就是一个局部的特征），不知道它是否代表“あ”的特征。不过，最后会有正确的监督标签数据，所以作为反馈，这个过滤器可能具有“あ”的特征，所以给这个过滤器加权，向上调整“あ”的输出概率。这个权重weight在前面感知器的激活函数中已经说明过。可通过调整每个权重weight，来决定优先反映哪些输入。

经过多次“学习”后，将看到每个过滤器与输出之间的关系（尽管这里的示例是日文的平假名“あ”）。“记录”这种关系的是预训练模型。

可以随机创建大量过滤器，并通过卷积神经网络进行学习，以找到具有“有意义”学习对象的特征的过滤器。

3. 池化层

池化层执行池化过程。简单来说，池化就是压缩。

例如，在一个卷积过程之后，将特征图矩阵（见图1-3-25）划分为2×2个区域，并将每个区域中的最大值定义为该区域的值，称为最大池化。

然后，可以获得从图1-3-25（a）到图1-3-25（b）一样的“压缩”数组，此过程称为池化。

▼图1-3-25　最大池化

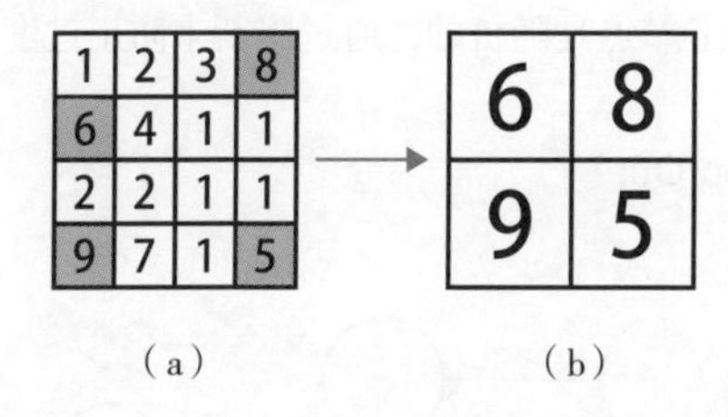

尝试使用卷积获得的阵列来模拟池化过程，而不是只使用图1-3-25中的样本阵列。

通常情况下，如图1-3-26所示的卷积层+ReLU层+池化层重复多次会变成多层，甚至可达几百层。这就是“深层”学习（深度学习）名字的由来。

▼图1-3-26　卷积神经网络处理的概念图

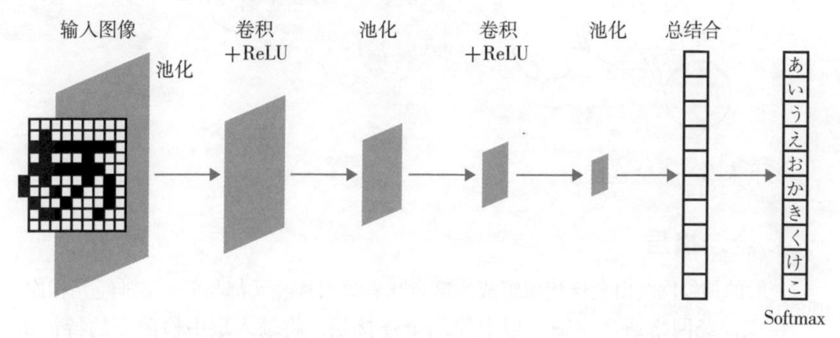

另外，这里可能会添加一个丢弃层（Drop Out层），以避免过度拟合（Over Fitting）。

丢弃层可以通过随机断开各层之间的部分连接来防止过度拟合（见图1-3-27）。

▼图1-3-27　学习不足和学习过度

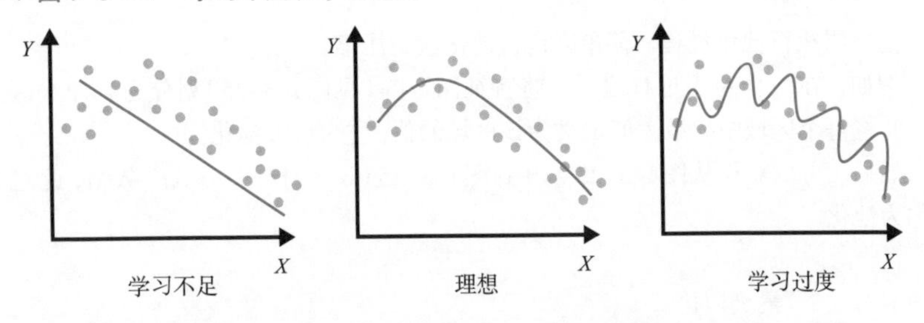

如图1-3-28所示，灰色节点是随机的，通过阻断来防止过度学习。

▼图1-3-28　丢弃(Drop Out)

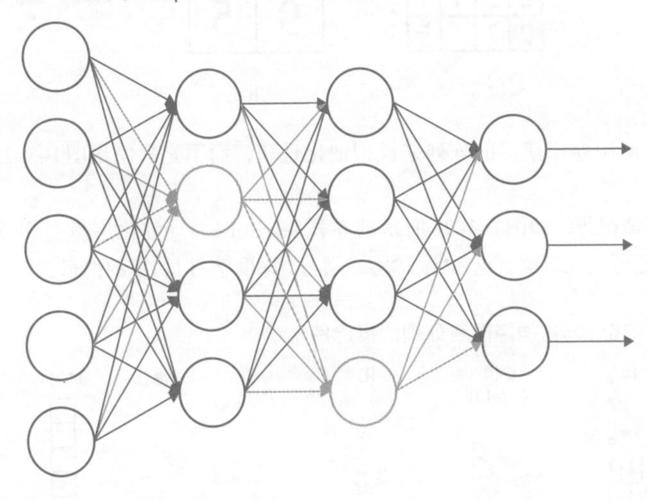

接下来看一下全连接层。

4. 全连接层

一般的神经网络由全连接层组成。这意味着每层神经元都与下一层神经元相连。

卷积神经网络通常在输入层中使用全连接层，将输入层中检测到的特征组合传递到最后一个输出层。最后一个输出层使用Softmax函数执行输出概率的转换。

到这里，我们简单地解释了卷积神经网络的原理。

▶ 1.3.7 深度学习的框架

现在，神经网络、卷积神经网络、深度学习都不需要从零开始创建。

作为未来重要的发展领域，世界各地的IT公司正在进行激烈的竞争，开发机器学习和深度学习框架，以吸引更多的研究人员和用户。其中大部分都是以开源的形式发布的，最著名的是Google开发的TensorFlow。

表1-3-1为机器学习与深度学习框架的对比。另外，在第4章中，会接触一些框架，提前体验一下它们的使用方法。

▼表1-3-1 机器学习与深度学习框架对比表

库	开发和支持	许可证	发表
TensorFlow	Google	Apache	2015年
Keras	Google等	MIT	2015年
PyTorch	Facebook	多个	2016年
Theano	2017年9月宣布不再继续开发	BSD	2007年
MXNet	Amazon	Apache	2016年
CNTX	Microsoft	MIT	2015年
DeepLearning4J	Skymind	Apache	2014年
Caffe2	Facebook	源代码已归于PyTorch BSD	2017年
Chainer	Preferred Networks	MIT	2015年

因为篇幅所限，我们不能对所有程序库的使用方法及使用该库的具体案例进行书面介绍，但是对于几个重要的深度学习框架的使用方法，请一定要通过具体案例进行尝试，并感受它们的特点。

本书深度学习部分将使用以下框架。

- TensorFlow
- Keras(TensorFlow的包装器)
- Chainer
- PyTorch

如上所述，除了在特殊研究和开发中从零开始创建自己的深度学习系统的应用之外，还很可能使用任何一种深度学习框架，需要时根据框架的使用来准备数据或构建学习模型。

▶ 1.3.8 机器学习和深度学习所需的数学

一名正式的机器学习和深度学习研究人员、开发新算法和库的工程师可能需要数学的技能。但本书是从如何利用现有的机器学习和深度学习的工具和库的角度出发的，所以只是停留在概念和思维方式的层面上。要完成本书的操作演习，即使没有深厚的数学功底，也没有太大的问题。想要更深入地挖掘和研究机器学习、深度学习原理的读者，可以自行加强一下以下数学领域的知识。

- 线性代数（矩阵运算）
- 解析学（微积分）
- 概率和统计

Python及其关键的工具和软件库

本章将概述本书的执行环境，并介绍Python的基础和必要概念，这些概念在一般编程、机器学习和深度学习方面都很有帮助。

本章描述了Python语言的基础知识(有关面向对象编程的信息，请参阅第6章)，如果读者已经熟悉Python语言，可以跳过它。

在后半部分，将讨论用于统计、数据预处理、机器学习和深度学习的工具和软件库。

读者应该掌握最起码的Python语言和Python知识以满足通过Raspberry Pi实现移动机器学习和深度学习的代码操作。

此外，在本书中，需要在PC和Raspberry Pi中完成操作，所以本章将介绍如何在PC和Raspberry Pi环境中完成Python的准备工作。

本章介绍的程序提供了Jupyter Notebook格式的文件供下载。可以在PC环境中运行，也可以在Raspberry Pi中运行。有关下载方式，请参阅2.1节。

2.1 关于本书执行环境的概述

机器学习和深度学习中常用的语言是Python。

Python中有许多用于处理数据的开源库和工具。在机器学习和深度学习领域中，Python几乎已经成为事实标准。

尽管它与人工智能无关，但它有成熟的Web应用框架，如Django、Flask等，可以轻松创建Web应用程序。在本书的第2部分中，会使用Flask（请参阅第3部分）创建手写数字识别等简易网络应用程序。

本节详细介绍了如何在PC和Raspberry Pi中安装Python。一旦基础环境具备了，就可以顺利地完成后续的学习；也可以立即开始学习Python、机器学习和深度学习（如果计算机已经完成这些配置）。

本书采用Python 3版本。

2.1.1 Python的开发环境

Python的开发环境非常丰富。PyCharm、Atom和Visual Studio代码也可以与插件结合使用，以创建一个舒适的开发环境。默认情况下，Raspberry Pi还安装了Python编辑器Thonny（见图2-1-1）。

▼图2-1-1　编辑器Thonny

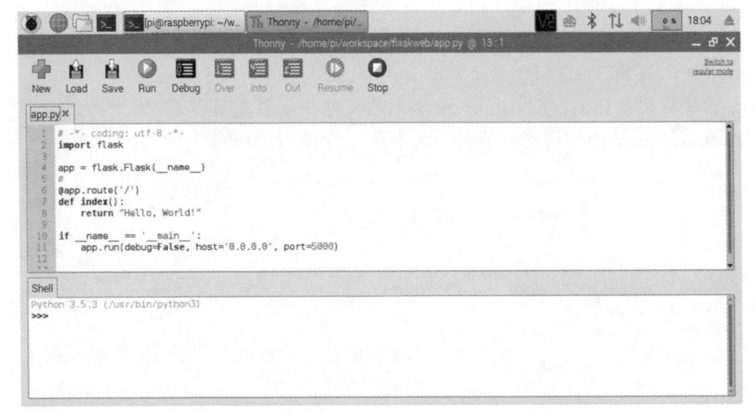

▶ 2.1.2 准备Python环境

本书中的示例程序有时会同时在PC和Raspberry Pi中运行，因此我们将介绍如何在PC和Raspberry Pi中安装Python。下面先从如何在PC中安装开始介绍。

在PC环境中安装Anaconda，以便顺利切换和管理Python环境。

在Raspberry Pi环境中，使用Python 3(运行Python程序时也以“python3yourprogram.py”的形式运行)。在此之后，将描述环境构建的细节，如所需的库。

1. 在PC上安装Python

对于PC，安装和使用Python的方法有很多种，本书使用Anaconda。

Anaconda(https://www.anaconda.com/)是一个打包软件，可实现切换和管理Python运行时环境，支持Windows、macOS和Linux等操作系统。

下一节介绍的Jupyter Notebook也可以很容易地导入。使用Python的工作者普遍使用Jupyter Notebook。

Anaconda对虚拟环境的管理很方便，在使用多个版本的软件包并行运行多个项目时非常有用(见图2-1-2)。虚拟环境的制作方法将在后面说明。

▼图2-1-2 Anaconda的多个Python系统共存

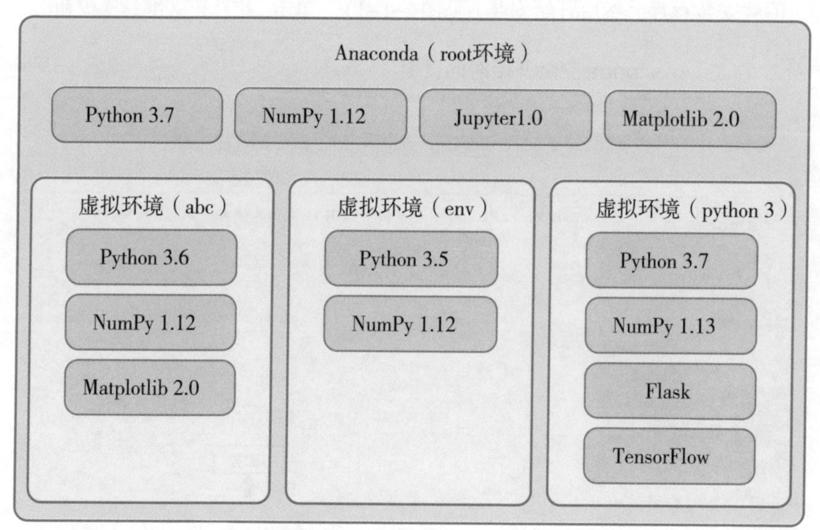

在图2-1-2中，当Anaconda安装完成时，默认情况下已经root了环境，Python立即可用。然后，可以创建所需数量的“虚拟环境(abc)”“虚拟环境(env)”“虚拟环境(python 3)”，而不会相互干扰。图2-1-2所示不同的虚拟环境可能具有不同的Python版本和库版本。

如果现在想要使用特定版本的Python、NumPy或TensorFlow进行机器学习，而现有环境正被另一个项目使用，导致无法删除或修改现有环境，在这种情况下可以创建一个新的虚拟环境，然后切换到新的虚拟环境并使用它，这样就可以在新的环境中进行新的项目，而不会影响其他项目。Anaconda就是这样做的。

2. 下载Anaconda

在Anaconda下载页面(https://www.anaconda.com/)下载Anaconda安装程序。

由于笔者使用的是macOS，所以下载安装macOS版安装程序。读者可以根据自己的PC环境，下载相应的安装程序进行安装。请注意，Raspberry Pi不支持Anaconda。Jupyter Notebook可以与Raspberry Pi一起使用。

单击Anaconda网站首页右上角的"Download(下载)"按钮，进入下载页面。或者直接转到以下URL(https://www.anaconda.com/distribution/)，然后转到下载页面。

按照本书所提供的信息，选择并下载的是Python 3.7版本的安装程序。

3. 安装Anaconda

下载安装程序，然后开始安装(见图2-1-3)。单击"続ける"(继续)按钮。

▼图2-1-3　Anaconda安装开始时的页面

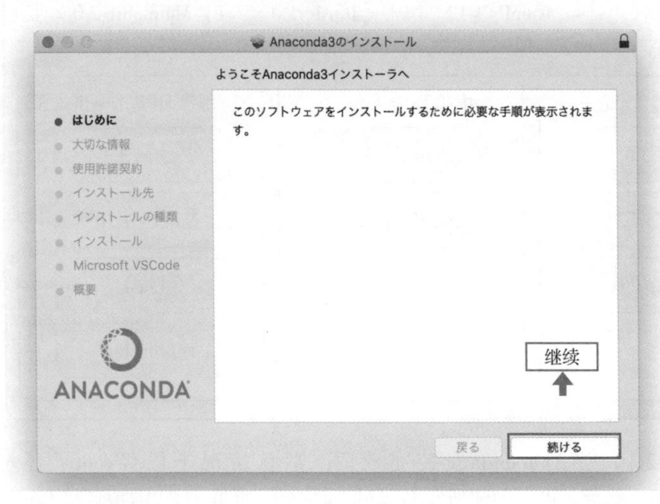

同意图2-1-4所示的使用许可协议后，继续安装。单击"続ける"(继续)按钮。

▼图2-1-4 Anaconda的使用许可协议

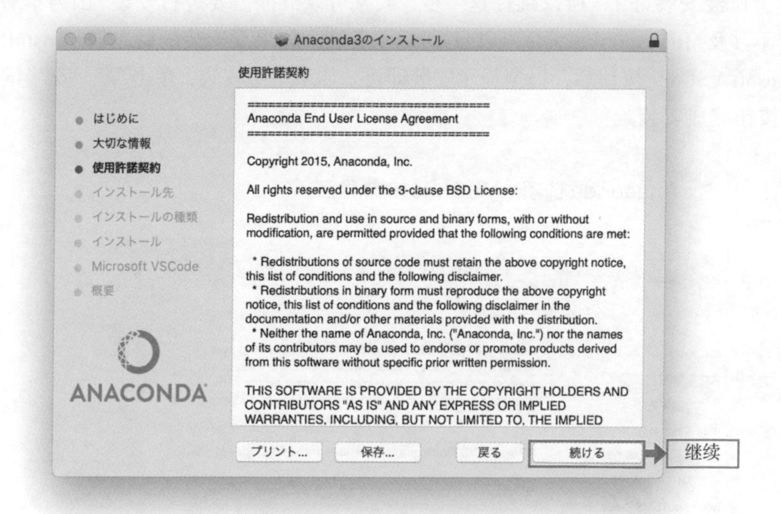

开始安装(见图2-1-5)。安装将在几分钟内完成，具体取决于用户的系统。

▼图2-1-5 Anaconda安装界面

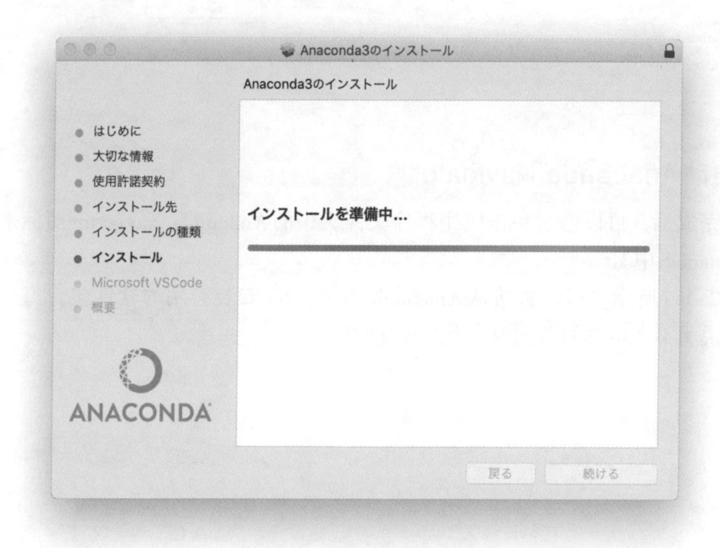

在完成之前，系统将询问是否要安装Microsoft VSCode(见图2-1-6)。这里因为笔者已经安装好了，所以跳过这一步。大家可以根据需要进行安装。因为本书内容不涉及Microsoft VSCode，所以也可以不安装。如果要安装的话，单击Install Microsoft VSCode按钮后，根据提示安装即可；如果不想安装，单击“続ける”(继续)按钮完成安装。

▼图2-1-6 Anaconda选项：VSCode安装界面

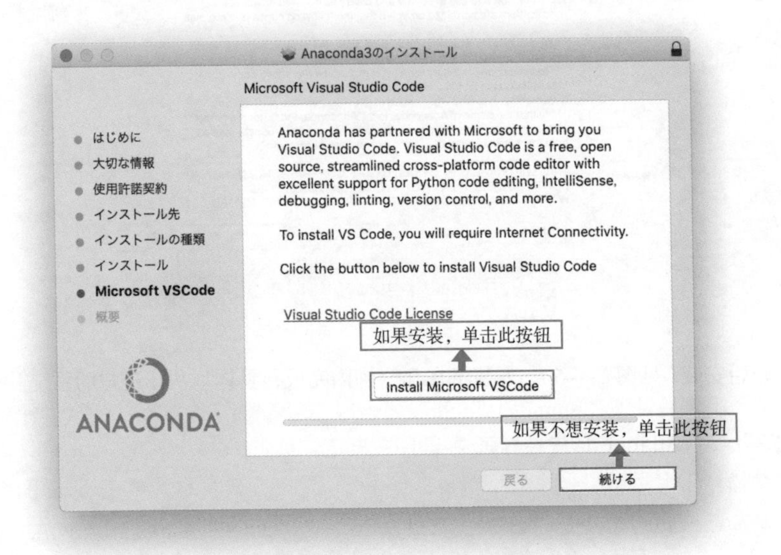

4. 启动Anaconda Navigator

安装完成后，可以通过单击应用程序文件夹中的Anaconda Navigator图标来启动(在macOS中)。

如图2-1-7所示，可以直接从Anaconda Navigator安装有用的软件包。每个包的用途说明不在本书的范围内，因此在此省略。

▼图2-1-7 Anaconda Navigator界面

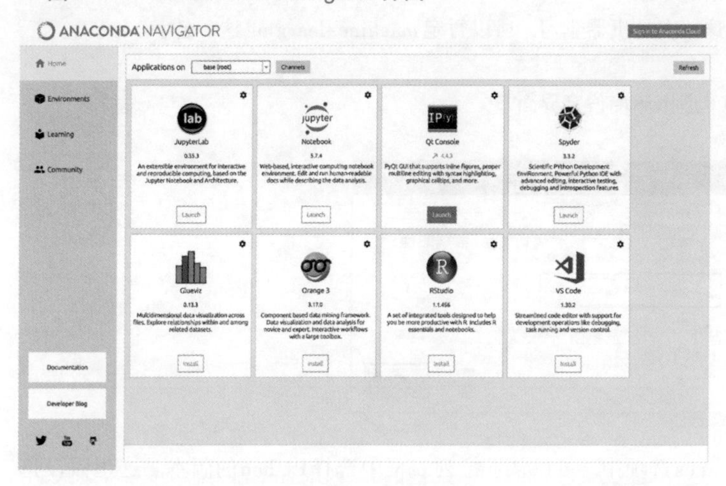

5. 使用Anaconda管理环境

然后在Anaconda中设置环境。如图2-1-8所示，单击左侧菜单中的Environments选项，将列出Anaconda管理的首选项。

▼图2-1-8 Anaconda环境管理界面

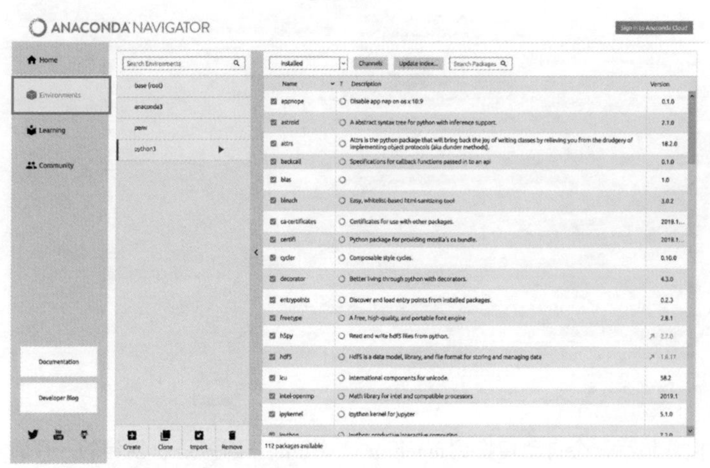

可以立即创建一个新的虚拟环境。单击图2-1-7上的Create按钮开始创建。

单击Create按钮后弹出Create new environment窗口，如图2-1-9所示。现在，在Name输入框中输入虚拟环境的名称(最好是一个易于区分和记忆的名称），可以自由设定。

例如，这一次是机器学习，所以暂定machine-learning这个名字。

▼图2-1-9　虚拟环境设定界面

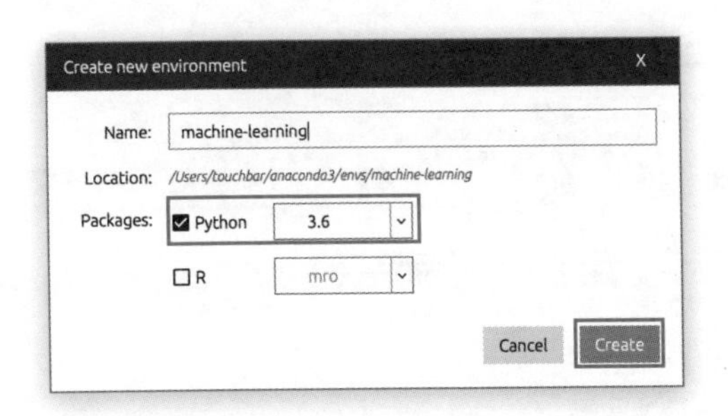

在Packages选项中，可以从下拉列表框中选择Python的版本。这里假设选择3.6。R现在不使用，所以不选中它，单击Create按钮开始创建虚拟环境(见图2-1-10)。

▼图2-1-10　Anaconda正在创建新虚拟环境

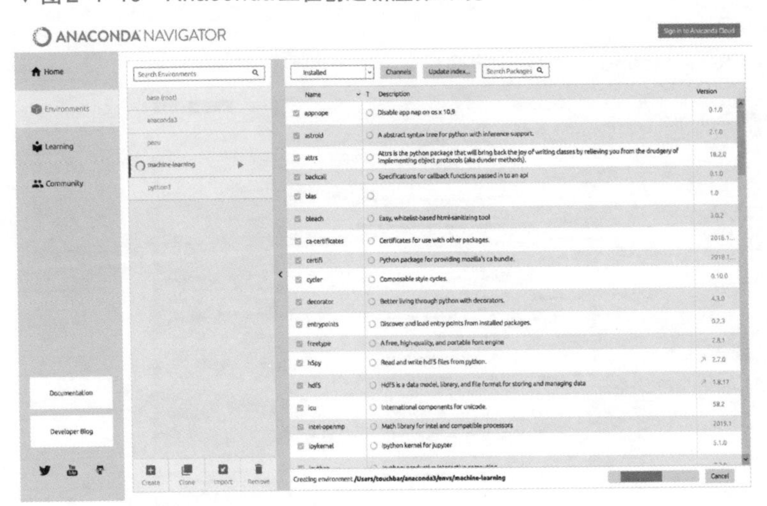

创建虚拟环境后，会自动切换到machine-learning。因为是新创建的，目前这个虚拟环境只安装了默认的软件包。

然后单击屏幕左侧菜单中的Home选项进入Home界面(见图2-1-11)。

确保Applications on中选择的是machine-learning(创建的虚拟环境)。如果

不是，在下拉列表框中将其设置为machine-learning。

▼图2-1-11 Anaconda新环境的Home界面

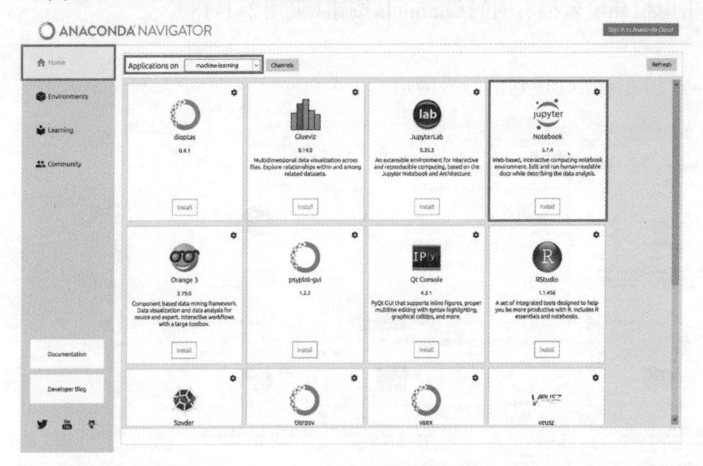

界面上有一个Jupyter Notebook图标。单击Jupyter Notebook图标下的Install（安装）按钮，将Jupyter Notebook安装到名为machine-learning的虚拟环境中（见图2-1-12）。

▼图2-1-12 正在安装Anaconda软件包

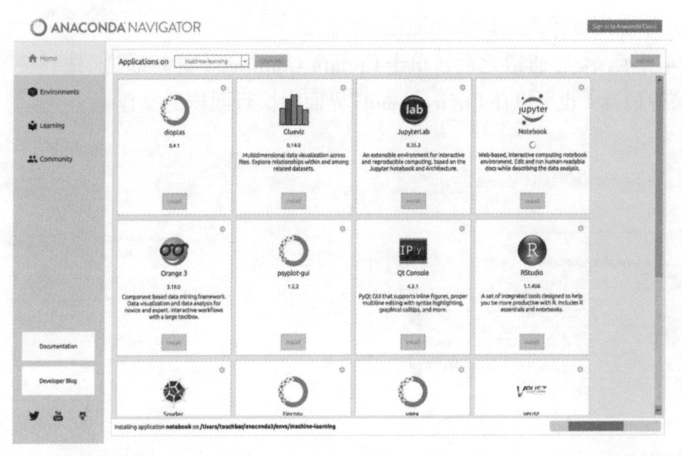

安装完成后，Jupyter Notebook界面将出现Launch（启动）按钮。现在还不需要启动。下面将介绍如何使用Jupyter Notebook。接下来，将介绍如何在此虚拟环境中安装软件包。

6. 添加一个Channel

在Anaconda中，软件包的安装是通过配置Channel来完成的。

首先，单击虚拟环境名称右侧的Channels按钮（见图2-1-13）。

▼图2-1-13　添加Anaconda包的导入通道

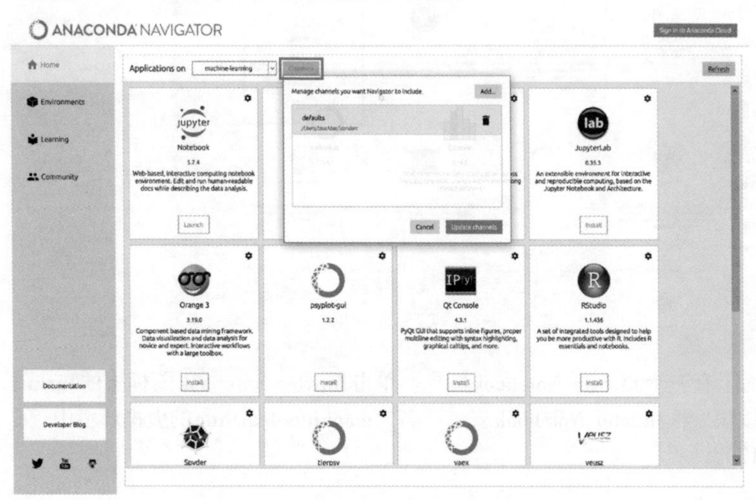

单击Channels（通道）按钮后，将弹出一个窗口，单击Add（添加）按钮，然后输入conda-forge并使用©键确认以添加通道。

如图2-1-14所示，添加通道之后，单击Update Channels（更新通道）按钮使所有通道信息保持最新（也可以在Environments界面中执行同样的操作）。

▼图2-1-14　添加Anaconda包通道后

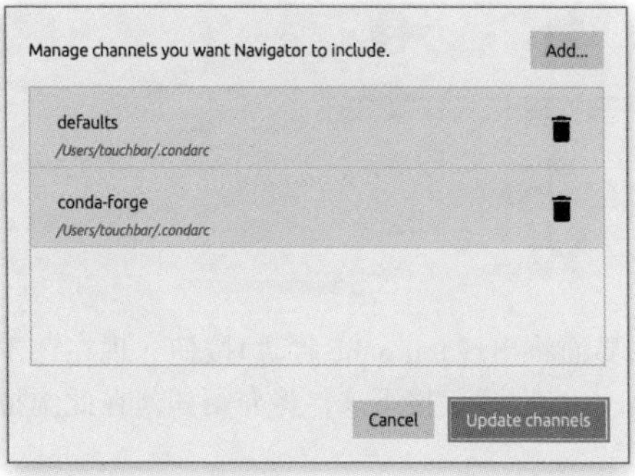

Manage channels you want Navigator to include.　Add...

defaults
/Users/touchbar/.condarc

conda-forge
/Users/touchbar/.condarc

Cancel　Update channels

7. 在虚拟环境中安装软件包

切换到Environments(环境)界面，然后从排序筛选器下拉菜单中选择Not Installed(未安装)以显示尚未安装的软件包列表。

安装NumPy。NumPy是数组运算处理中常用的经典软件包。

在图2-1-15上方右侧的搜索栏中输入numpy并搜索。numpy出现在列表中，勾选numpy前面的复选框，将显示屏幕右下角的Apply和Clear按钮。现在单击Apply按钮。

▼图2-1-15　在虚拟环境machine-learning中安装软件包

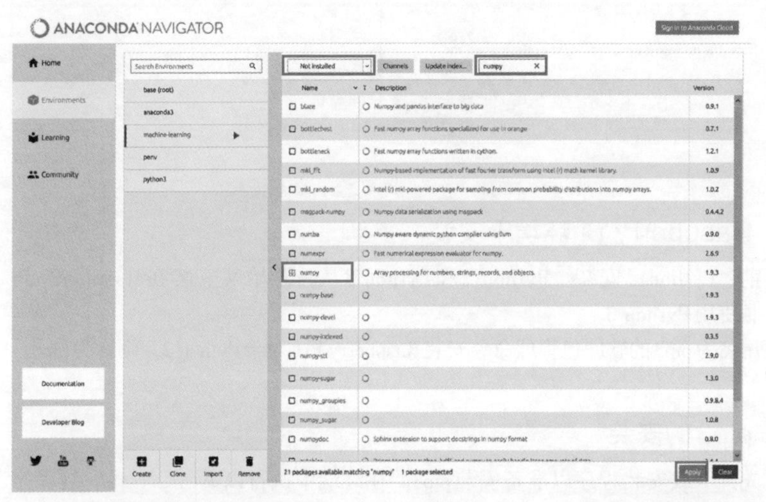

它还会检测相关的软件包，并列出需要和numpy一起安装的软件包。如果观察图2-1-16所示的界面上的Channel栏，会发现所有的包都是由conda-forge的通道提供的。现在，单击Apply按钮进行安装。

只要PC的性能尚可，通常不到几分钟就可以完成软件包的安装。以同样的方式安装其他软件包。

有关运行本书中示例代码所需的库和软件包，请参考下面的Raspberry Pi安装说明。

接下来，将介绍如何在Raspberry Pi中安装Python软件包。

▼图2-1-16　Anaconda软件包安装确认界面

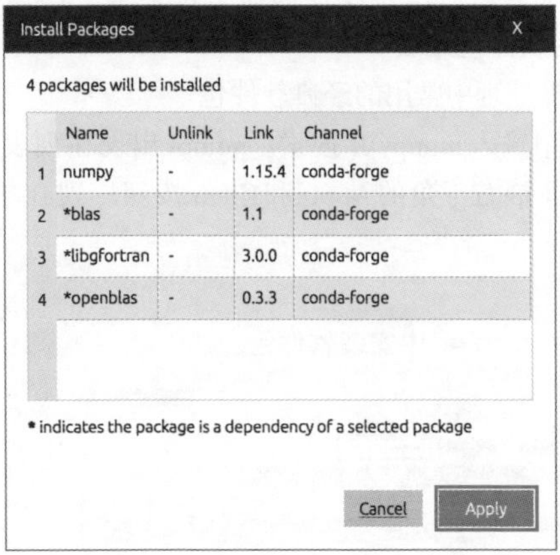

Install Packages　X

4 packages will be installed

	Name	Unlink	Link	Channel
1	numpy	-	1.15.4	conda-forge
2	*blas	-	1.1	conda-forge
3	*libgfortran	-	3.0.0	conda-forge
4	*openblas	-	0.3.3	conda-forge

* indicates the package is a dependency of a selected package

Cancel　Apply

8. Raspberry Pi 环境下安装

目前，Python已安装。Python 2和Python 3从一开始就安装在Raspberry Pi中。本书使用Python 3。

使用名为pip3的软件包管理命令安装Raspberry Pi（对于Python 2，则称为pip）。

9. pip3的安装

首先，下载安装程序以准备安装pip3。在终端中执行以下命令下载安装程序（见图2-1-17）。

```
$ cd ©
$ cd workspace ©
$ wget https://bootstrap.pypa.io/get-pip.py ©
```

PyPa（https://www.pypa.io/en/latest/）代表Python Packaging Authority，是一个工作组，负责打包和维护各种Python软件包，为了便于安装。这是通过一个名为pip的包管理工具实现的。

上面提到的获取pip的程序get-pip.py也是PyPa的官方网站上推荐的安装pip的方法。详细信息请访问以下网址。

https://pip.pypa.io/en/stable/installing/

▼图2-1-17 下载get-pip.py时的屏幕界面

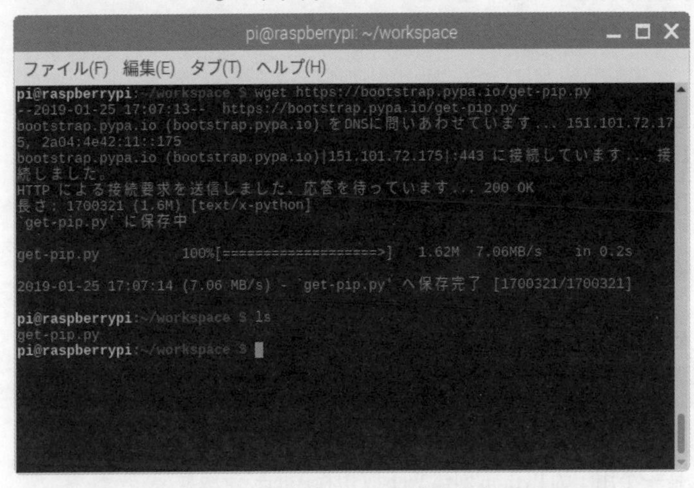

接下来，使用python3命令运行安装程序（见图2-1-18）。

```
$ sudo python3 get-pip.py ©
```

▼图2-1-18 运行get-pip.py

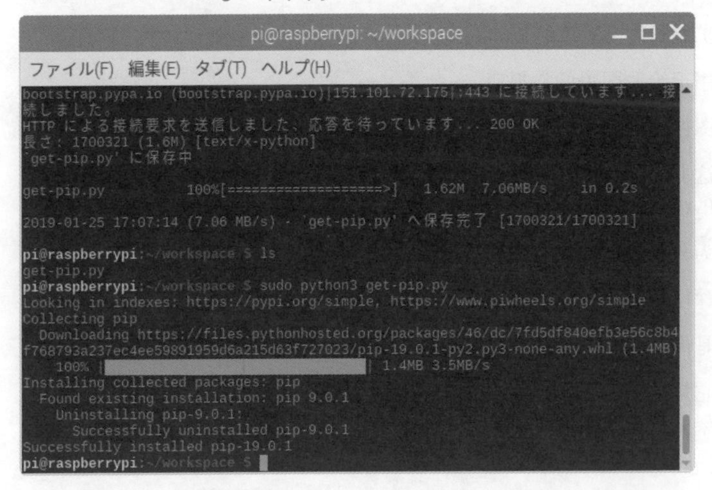

现在，pip3已安装到Raspberry Pi中。接下来，将安装软件包。

10. 安装通用的必要软件包

使用pip3安装软件包时，命令的格式如下。

【格式】

```
pip3 install [软件包名称]©
```

表2-1-1中的软件包是本书使用的软件包，请务必安装。表2-1-1简要介绍了软件包的用途。

▼表2-1-1　本书所需的Python软件包

软件包	用途
requests	Python的HTTP库
Flask	这是一个用于为Python创建Web应用程序的轻量级框架
flask-cors	它是一个扩展库，用于处理Flask中的交叉资源共享(Cross Origin Resource Sharing)
sklearn	这是一个叫作scikit-learn的机器学习库
scipy	科学计算用的程序库
numpy	扩展了数字运算的Python库
matplotlib	用于绘制图表的常规库
Pillow	图像处理库
jupyter	这是一个使用Jupyter Notebook的软件包，可以在浏览器中查看Python程序的运行结果
pandas	为分析数据提供有用工具的库
Keras	深度学习框架，请参阅第5章
tensorflow	是由Google主导开发并发布的开源深度学习框架。请参阅第5章
chainer	它是由日本公司Preferred Networks主导开发并发布的开源深度学习框架。请参阅第4章

运行以下命令安装所需的软件包。其中的命令行“sudo pip3 install jupyter”将安装Jupyter Notebook。下面将介绍如何启动和使用Jupyter Notebook。

```
$ sudo pip3 install requests ©
$ sudo pip3 install Flask ©
$ sudo pip3 install flask-cors ©
$ sudo pip3 install sklearn ©
$ sudo pip3 install scipy ©
$ sudo pip3 install numpy ©
$ sudo pip3 install matplotlib ©
$ sudo pip3 install Pillow ©
$ sudo pip3 install jupyter ©
$ sudo pip3 install pandas ©
$ sudo pip3 install Keras ©
$ sudo pip3 install tensorflow ©
$ sudo pip3 install chainer ©
```

如果使用sudo运行，将以系统管理员的身份安装软件包（理想情况下，应该为每个用户安装软件包，但为了简单起见，本书将使用sudo安装软件包）。

11. 安装Keras使用的软件包

要使Keras使用h5py模块，请执行以下命令安装所需的软件包。Libhdf5-dev是一个支持分层数据格式的库。

```
$ sudo apt-get install libhdf5-dev ©
```

▶ 2.1.3 下载本书的示例代码

本书中使用的程序示例代码和Notebook文件在GitHub上发布，网址如下：https://github.com/Kokensha/book-ml。

在PC或Raspberry Pi的终端上运行以下命令，以复制上述分发数据并检索数据（见图2-1-19）。这里在名为workspace的目录中运行以下命令。

```
$ git clone https://github.com/Kokensha/book-ml ©
```

▼图2-1-19　使用Raspberry Pi复制本书分发数据的界面

复制时间取决于使用的Internet速度，可能需要几分钟，因为它包括学习模型。

此命令在PC和Raspberry Pi中通用。运行后，将在workspace文件夹下创建一个名为book-ml的文件夹。下面还有4个文件夹（见表2-1-2）。

▼表2-1-2　本书数据文件夹配置说明

文件夹名	存储文件的说明
Colaboratory	Colaboratory Notebook文件
docker-python3-flask-ml-app	与4.5节、4.6节、5.1节和5.3节中的示例代码相关联的Web应用程序源代码
python	4.2节、5.4节和5.8节Python程序的源代码
scripts	汇总了4.2节的命令文件

现在，已经安装了PC和Raspberry Pi需要的软件包，并取得了本书的示例代码。PC和Raspberry Pi的Python环境都已经完备了。

2.2节将简要介绍如何启动和使用Jupyter Notebook。

2.2 使用Jupyter Notebook

在基于Python进行数据分析的数据科学领域中，人们经常使用Jupyter Notebook(https://jupyter.org/)。Jupyter Notebook是一种网络应用程序。它是在网页上运行Python程序，能在查看Python程序在网页上运行的结果并记录注释的同时进行数据分析。

Jupyter Notebook不仅适用于数字计算和数据分析，还适用于普通程序。用户可以运行Python程序，也可以以Markdown格式编写备忘录，以便在研究人员和工程师之间共享Notebook，轻松地分享工作和知识。此外，由于它有显示图表、支持数据可视化等功能，最近机器学习和深度学习的学习者和研究人员也经常使用它。

在2.1节中，我们安装了Anaconda和Jupyter Notebook。本节简要介绍如何使用Jupyter Notebook。

▶ 2.2.1 启动Jupyter Notebook

要启动Jupyter Notebook，先在Environments(环境)界面中查看需要启动的虚拟环境，单击machine-learning(如果有自己的名称，则单击它)以启动Jupyter Notebook。然后，单击machine-learning右侧的▸按钮，如图2-2-1所示，选择Open with Jupyter Notebook。

▼图2-2-1　从Anaconda的环境界面启动Jupyter Notebook

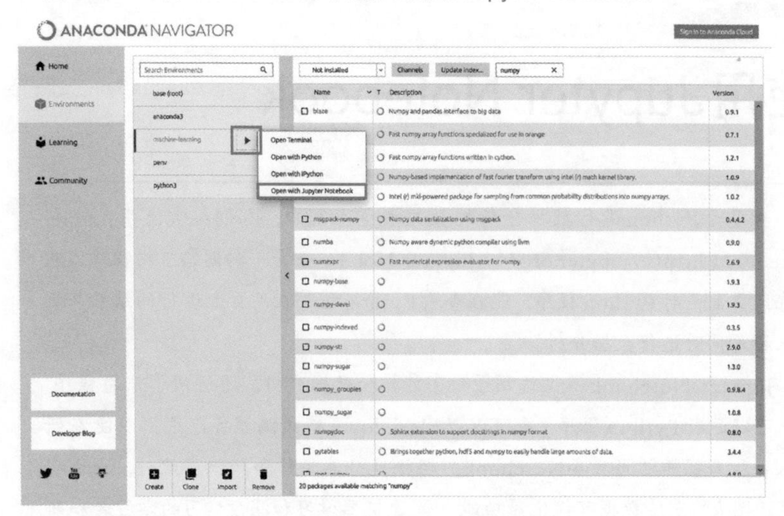

▶ 2.2.2 Jupyter Notebook的基本操作

启动Jupyter Notebook时，浏览器会自动打开。

在屏幕上，可以看到root文件夹，类似于文件浏览器（见图2-2-2）。单击要移动的文件夹可以切换到该文件夹的详细信息界面。

▼图2-2-2　浏览器中的Jupyter Notebook界面

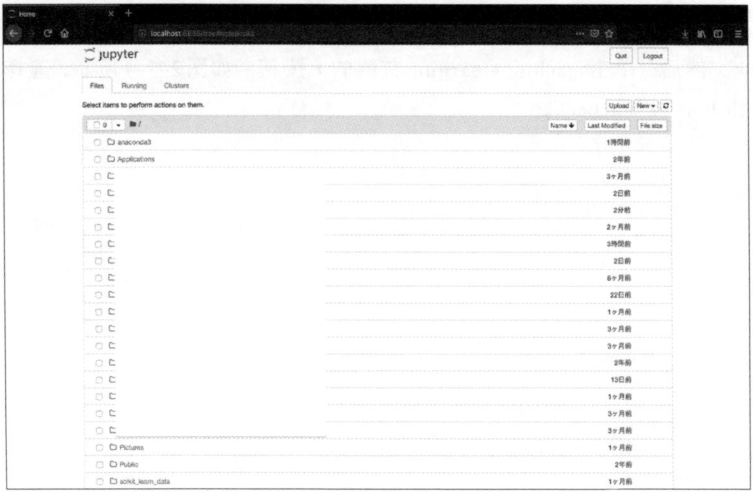

▶ 2.2.3 制作Notebook

请事先在主目录下创建一个名为workspace的文件夹作为工作目录。可以单击屏幕右上角的New按钮，然后从下拉菜单中选择Folder来创建文件夹。选择Folder将创建名为Untitled Folder的文件夹。如果勾选此文件夹左侧的复选框，将显示Files选项卡下的Rename按钮和Move按钮。单击Rename按钮将其重命名为workspace。

如果workspace文件夹可用，请从列表中找到workspace，然后单击以导航到workspace文件夹(见图2-2-3)。

▼图2-2-3 Jupyter Notebook查看文件夹

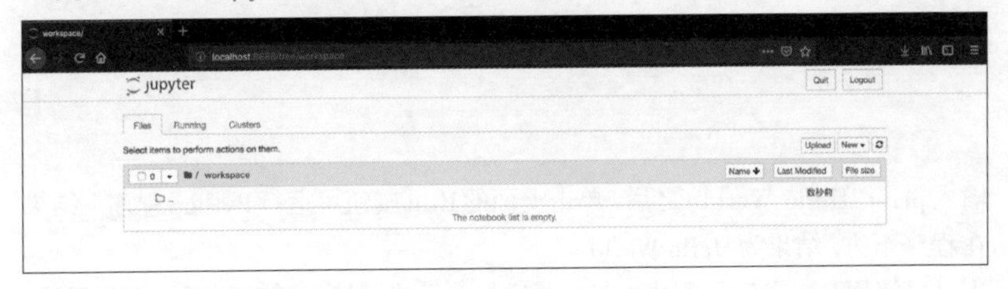

▶ 2.2.4 创建新的Notebook

现在，单击右上角的New(新建)按钮，从下拉菜单中选择Python 3，为Python 3创建一个新的Notebook(见图2-2-4)。

▼图2-2-4 在Jupyter Notebook上 创建新的Notebook

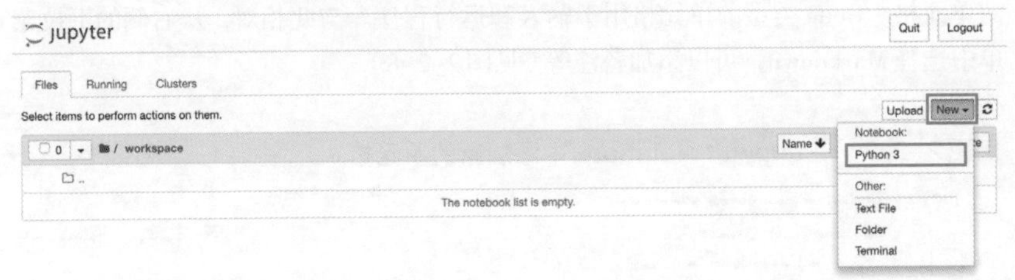

单击Python 3，将创建一个Untitled(未指定标题)文件，选择新建的Notebook中最上面的单元格(见图2-2-5)，在选择单元格之后，尝试输入print('Hello World')，如图2-2-6所示。

▼图2-2-5　在Jupyter Notebook上选择新单元格

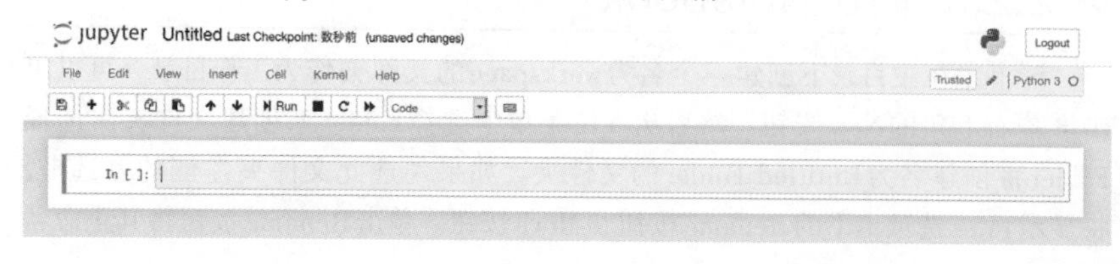

▼图2-2-6　Jupyter Notebook中的Hello World

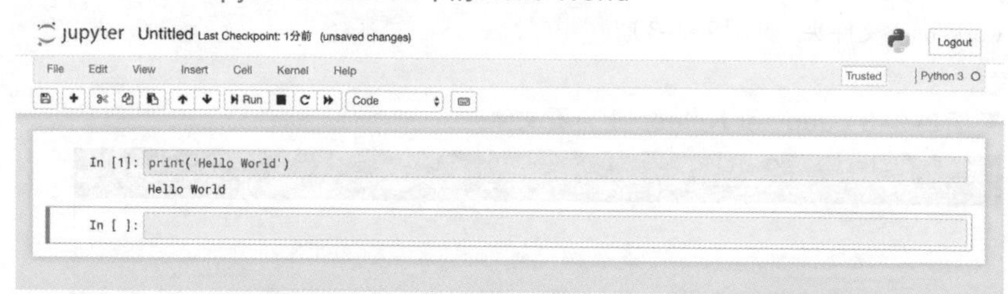

输入print('Hello World')之后，单击上面的Run按钮可运行Python程序，结果显示在程序下方，结果为Hello World。

也可以使用l+©来运行程序。按'+©运行单元格，然后移动到下一个单元格。不仅如此，Jupyter Notebook还有许多其他快捷方式。可以通过在Help(帮助)菜单中单击Keyboard shortcuts(键盘快捷键)来查看。

▶ 2.2.5 添加笔记

单击"+"按钮，可以添加单元格(见图2-2-7)。添加的单元格是Code类型的单元格。Code类型的单元格用于输入和运行程序。与此相对，从右侧的下拉菜单中选择Markdown，可以添加备注等(见图2-2-8)。

▼图2-2-7　在Jupyter Notebook中添加新的单元格

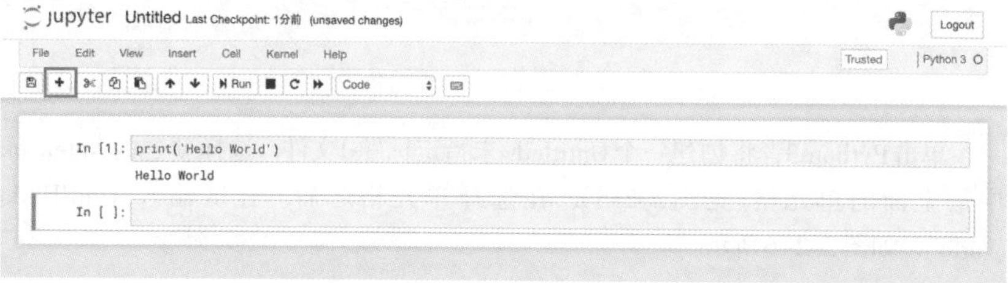

▼图2-2-8 在Jupyter Notebook中添加Markdown

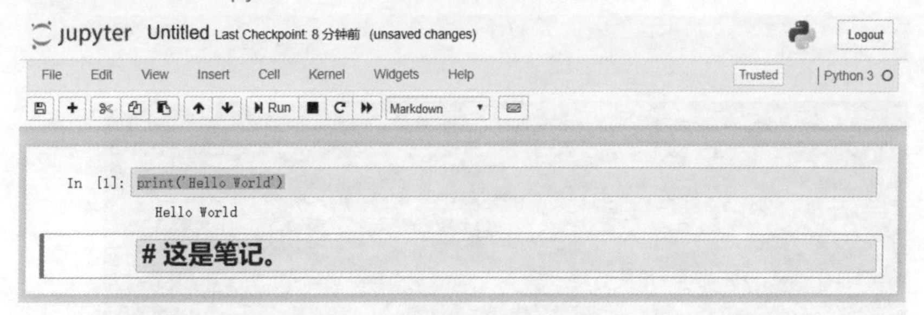

添加后，输入"#这是笔记。"，然后单击Run(运行)按钮，结果将显示解释Markdown的注释(见图2-2-9)。如果没有输入"#"，在Markdown中依然会显示"这是笔记。"。在Markdown表示法中，"#"表示标题。

▼图2-2-9 在Jupyter Notebook中表示Markdown

下面的说明中将使用这两种类型的单元格。

现在，你就可以在PC环境的Jupyter Notebook中运行各种Python程序了，也可以打开别人写的Jupyter Notebook来学习。

下面介绍在Raspberry Pi中如何使用Jupyter Notebook。

对于Raspberry Pi，已经使用pip3命令在2.1节中安装了jupyter。可以使用以下命令启动(见图2-2-10)。

```
$ jupyter notebook ©
```

▼图2-2-10 启动Jupyter Notebook

同时，浏览器也会自动打开，显示Jupyter Notebook的界面(见图2-2-11)。

▼图2-2-11 Jupyter Notebook界面

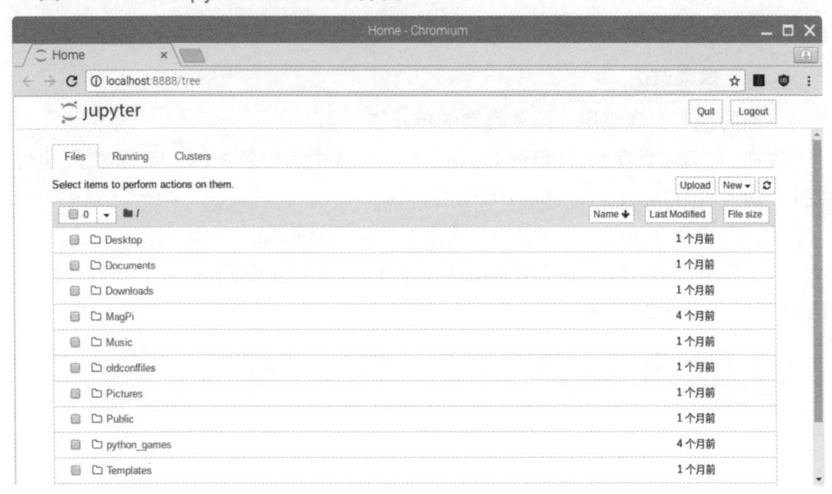

现在，Jupyter Notebook可以与Raspberry Pi一起使用。使用方式与PC相同(见图2-2-12)。

▼图2-2-12 在Jupyter Notebook中实现的Hello World

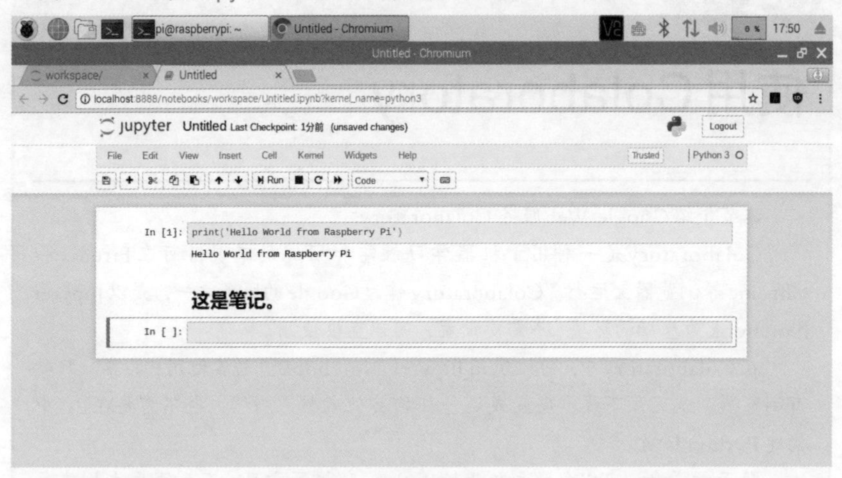

如果要停止Jupyter Notebook，可以在终端中按l+c组合键暂停程序，此时系统会询问是否要退出。可以输入y以停止程序。

在2.1节中，如果已经检索到本书提供的数据，请打开workspace下Colaboratory文件夹中的Notebook。

在2.3节中，将介绍Google作为网络服务提供的Jupyter Notebook定制版本。在Raspberry Pi中也可以打开别人制作的Notebook进行浏览和运行。本书的部分内容，特别是深度学习部分，会用到Colaboratory的GPU，还有一些程序会进行大量运算处理，所以使用Colaboratory会更加流畅。

2.3 使用Colaboratory

本节介绍Google Web服务Colaboratory。

Colaboratory是一种用于机器学习教学和研究的工具，可在Firefox和Chrome等浏览器上运行。Colaboratory作为Google的服务之一，是以Jupyter Notebook为基础的环境，不需要设置，可以直接使用。

在Colaboratory中，可以使用Jupyter Notebook并与其他用户共享。只要有浏览器，就无须下载、安装或运行任何其他软件。当然，也不需要在PC中构建Python环境。

对于初学者，可以免费立即开始Python和机器学习，而无须再去构建复杂的基础环境。这是一个非常棒的服务（如2.2节所述，Anaconda已经大大简化了环境的构建，而Colaboratory则使环境构建更简单）。

Colaboratory还可以使用计算速度快的GPU来处理机器学习和深度学习中需要花费时间处理的数组运算。对于想要尝试机器学习和深度学习的人来说，使用Colaboratory真正是降低了门槛。

除本书中（Raspberry Pi相机模块）使用Raspberry Pi运行的Python程序外，所有程序都是在Colaboratory中创建和实验的。使用GPU的“学习”可能会有一些繁重的处理，因此原则上请在Colaboratory中实验本书中的Python代码。在Raspberry Pi中运行的部分从第5章开始。

2.3.1 环境准备

如果第一次使用Colaboratory，请按照以下步骤启用Colaboratory（注意，只有Google用户账户才能使用Colaboratory）。

1. 登录Google账户并启动Google驱动器

首先，登录Google账户，然后访问Google“ドライブ”（驱动器）（见图2-3-1）。进入驱动器后，可以在左侧菜单中看到“新規”（新建）按钮（见图2-3-2）。

▼图2-3-1　访问Google服务的驱动器

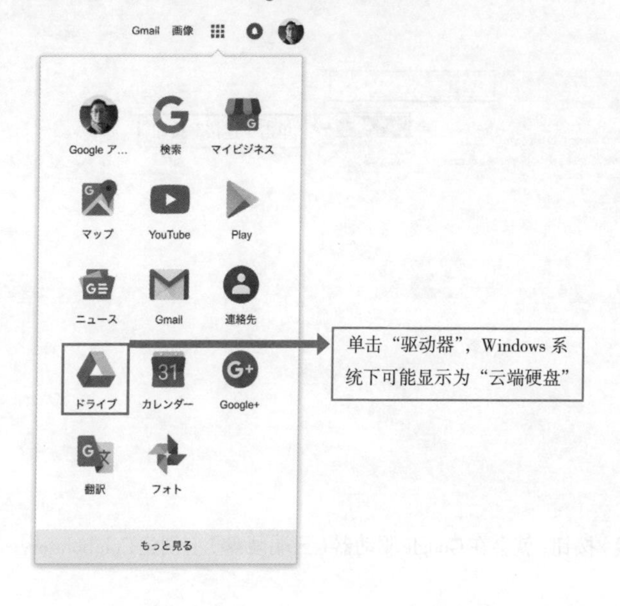

▼图2-3-2　在Google驱动器中添加新程序

从“新规”（新建）中选择“その他”（其他）>“アプリを追加”（添加应用程序），在搜索栏中输入Colab，然后按©键（Windows系统下按Enter键）。Colaboratory显示界面如图2-3-3所示。

▼图2-3-3 连接Colaboratory

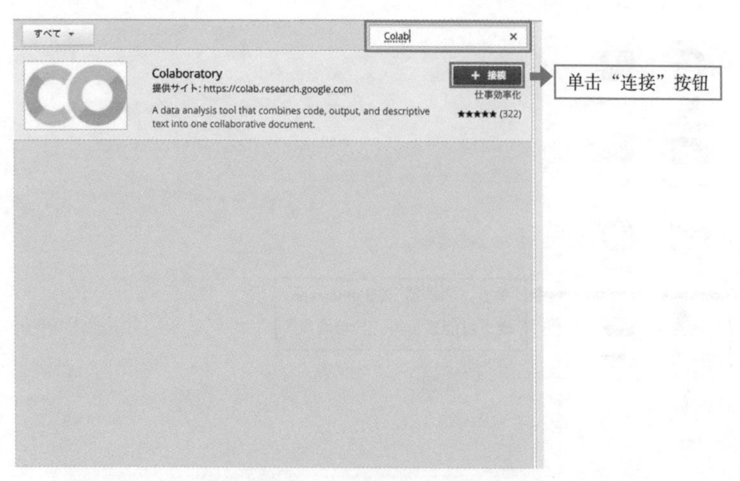

单击“接続”(连接)按钮，就会在Google驱动器(云端硬盘)上创建Colaboratory Notebook。

这样，在Google驱动器上创建新文件时，Colaboratory也会作为候选显示，如图2-3-4所示。

▼图2-3-4 从其他菜单中创建

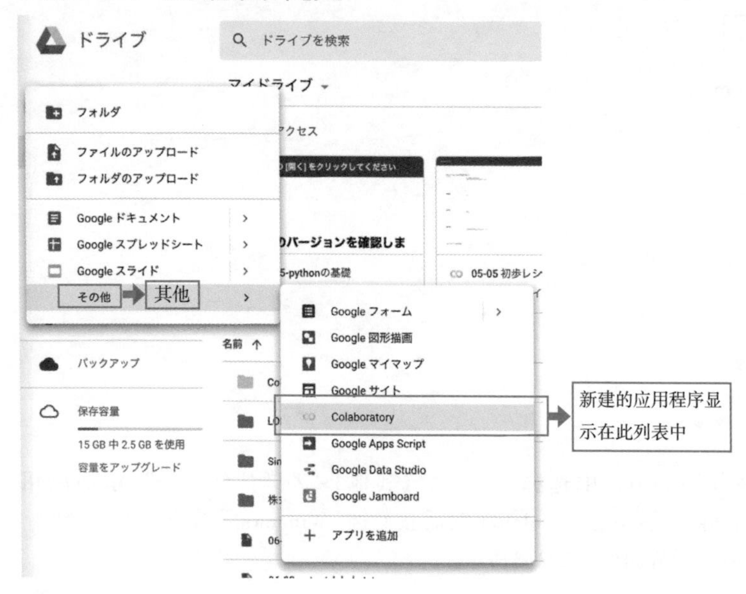

2. 创建Colaboratory Notebook

从刚才新建立的菜单中单击Colaboratory，就会打开新的Colaboratory Notebook，与2.2节的Jupyter Notebook看起来差不多(见图2-3-5)。

与Jupyter Notebook不同的是，需要通过单击一个圆形按钮来执行程序，该按钮类似于“播放”按钮，位于要输入代码的单元格的左侧，如图2-3-5所示。

▼图2-3-5　Colaboratory Notebook的界面

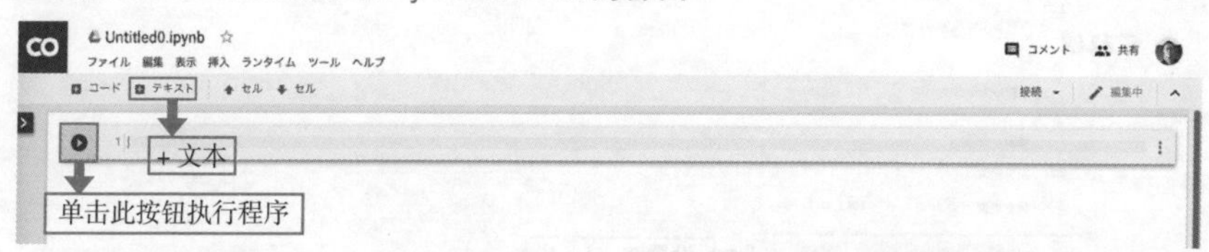

正如在Jupyter Notebook上尝试的那样，要在该单元格中输入显示为Hello World的程序，输入print(‘Hello World’)，将显示结果(见图2-3-6)。注释也一样可以输入进去。创建注释时，可以单击菜单栏下方的“+テキスト”(+文本)按钮添加文本单元格。

▼图2-3-6　在Colaboratory Notebook上实现“Hello World”

可以单击Untitled0.ipynb以修改文件名，如图2-3-7所示。在这里，尝试更改为first_note。

▼图2-3-7　Colaboratory Notebook的重命名

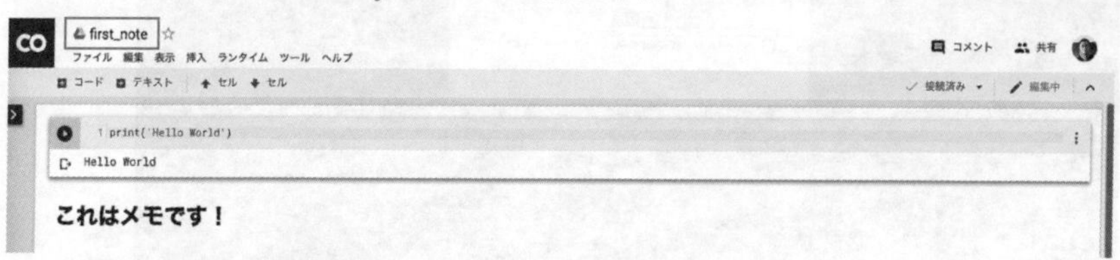

3. 设置Python版本

为了方便后面的学习，现在设置Python的版本。如图2-3-8所示，从编辑菜

单中选择“ノートブックの設定”(设置 Notebook)。

▼图2-3-8　设置Colaboratory Notebook

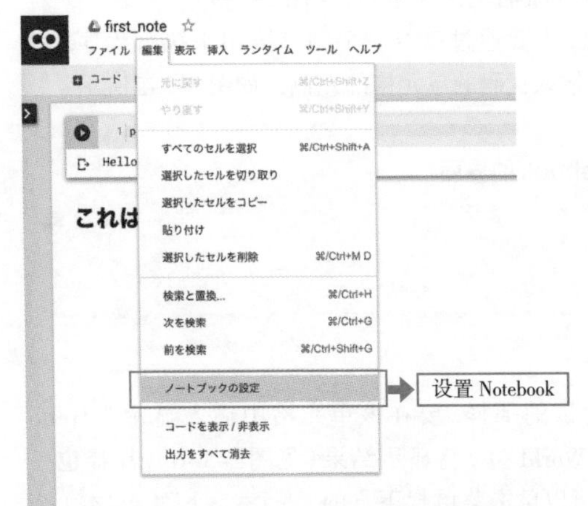

如图2-3-9所示，在Notebook设置界面中，在下拉菜单中选择Python3，设置运行时的类型。

另外，虽然不会马上用到，但是为了以后不再回头调试，现在在下拉菜单中选定GPU硬件加速，然后单击“保存”按钮。

▼图2-3-9　Notebook设置界面

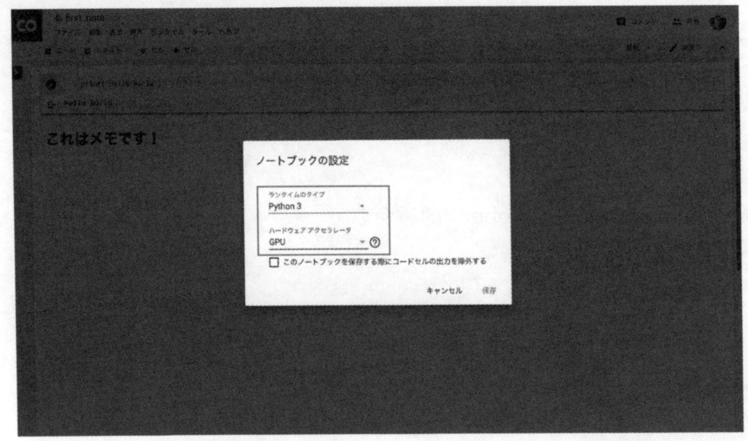

现在，已经准备就绪了，下面在Colaboratory Notebook上体会各种操作吧！

▶ 2.3.2 在Colaboratory Notebook中的操作

下面介绍Colaboratory Notebook中的基本操作，以及如何编写命令。

1. 检查硬盘容量

在Colaboratory Notebook中(在大多数情况下，它与Jupyter Notebook上的操作是通用的，以下不再详述)有一点需要注意的是，编写命令之前需要加上“！”。例如，如果想检查硬盘的容量，在终端执行以下命令。

```
$ df -h ©
```

但是，在Colaboratory Notebook中，则输入“!df -h”(见图2-3-10)。

▼图2-3-10 在Colaboratory Notebooks中执行命令

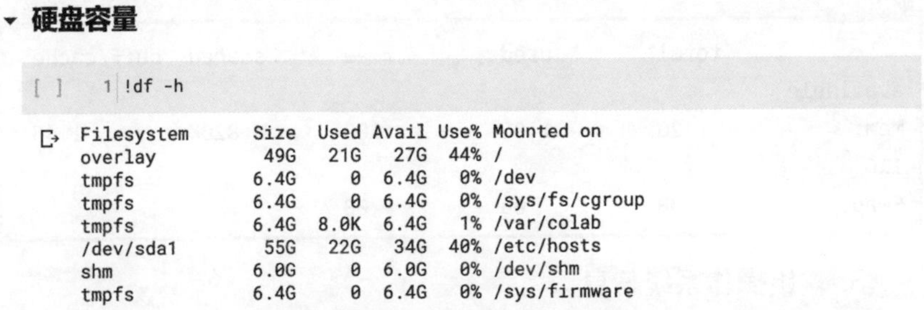

硬盘容量

```
[ ]   1 !df -h

Filesystem      Size  Used Avail Use% Mounted on
overlay          49G   21G   27G  44% /
tmpfs           6.4G     0  6.4G   0% /dev
tmpfs           6.4G     0  6.4G   0% /sys/fs/cgroup
tmpfs           6.4G  8.0K  6.4G   1% /var/colab
/dev/sda1        55G   22G   34G  40% /etc/hosts
shm             6.0G     0  6.0G   0% /dev/shm
tmpfs           6.4G     0  6.4G   0% /sys/firmware
```

另外，本书关于Colaboratory Notebook的内容，输入的命令和程序用下面的Input表示，而将该命令或程序执行的结果显示为Output。

Input

```
!df -h
```

Output

```
Filesystem      Size  Used Avail Use% Mounted on
overlay          40G   16G   22G  43% /
tmpfs           6.4G     0  6.4G   0% /dev
tmpfs           6.4G     0  6.4G   0% /sys/fs/cgroup
tmpfs           6.4G  4.0K  6.4G   1% /var/colab
/dev/sda1        46G   17G   29G  38% /etc/hosts
```

```
shm             6.0G     0  6.0G   0% /dev/shm
tmpfs           6.4G     0  6.4G   0% /sys/firmware
```

结果显示硬盘的容量好像还很充裕。

简单的命令可以省略“!”，如ls、cd等。从这里开始，将简要介绍一些基本的命令。

2. 确认内存使用量

此命令用于确定当前可用内存的大小。

Input

```
!free -h
```

Output

```
              total        used        free      shared  buff/cache
available
Mem:            12G        1.0G         10G        820K        1.4G
11G
Swap:            0B          0B          0B
```

3. 输出操作系统信息

要输出OS版本信息，使用如下命令。

Input

```
!cat /etc/issue
```

Output

```
Ubuntu 18.04.1 LTS \n \l
```

4. 输出CPU信息

要确认CPU信息，使用如下命令。

Input

```
!cat /proc/cpuinfo
```

Output

```
processor       : 0
vendor_id       : GenuineIntel
cpu family      : 6
model           : 63
model name      : Intel(R) Xeon(R) CPU @ 2.30GHz
stepping        : 0
microcode       : 0x1
```

（省略）

```
clflush size    : 64
cache_alignment         : 64
address sizes   : 46 bits physical, 48 bits virtual
power management:
```

5. 上传文件

下面的代码描述的是想要在Colaboratory Notebook中使用文件时，要先上传该文件。

Input

```
from google.colab import files
uploaded = files.upload()
```

Output

```
"文件选择"中未指定文件Upload widget is only available when the cell
has been executed in the current browser session. Please rerun this
cell to enable.
```

当运行上述程序时，Output中会出现File Select(文件选择)按钮。单击此按钮可选择并上传文件。

6. 安装软件包

Colaboratory也可以作为一个虚拟环境，Python可以在其中运行，如同在PC和Raspberry Pi中那样。这个虚拟环境可以安装各种项目需要的Python库和软件包。

与Jupyter Notebook相同，但在安装Python库或软件包时，可以使用如下命令进行安装。

Input
```
!pip install tensorflow
```

Output
```
省略
```

可以按pip install“软件包名称”的形式安装和使用所需的软件包。例如，可以按此命令的格式在Colaboratory中安装在2.1节中描述的软件包。

请依次运行下列命令完成安装。

```
!pip install sklearn ©
!pip install scipy ©
!pip install numpy ©
!pip install matplotlib ©
!pip install Pillow ©
!pip install pandas ©
!pip install Keras ©
!pip install tensorflow ©
!pip install chainer ©
```

有的读者在环境中可能已经安装了软件包。在这种情况下则不需要再次安装该软件包，可以跳过。

7. 确定正在使用的软件包的版本

如果要确定已安装的特定软件包的版本，可以运行以下命令。

Input
```
!pip show tensorflow
```

Output
```
Name: tensorflow
Version: 1.13.1
```

此命令的结果显示Colaboratory中安装的TensorFlow版本。环境不同，也会有不同的情况。

▶ 2.3.3 导入本书的Notebook

如果已按照2.1节的说明检索到了数据，则可以使用workspace下Colaboratory文件夹中的Notebook文件。可以在Google驱动器中导入一组Colaboratory文件夹中的文件。

单击图2-3-11中的“マイドライブ”(我的驱动器)(译者注，Windows环境下可能显示为我的云端硬盘)，打开下拉菜单，然后单击“フォルダをアップロード”(上传文件夹)。通过选择上述workspace下的Colaboratory文件夹，可以将所有Notebook文件上传到Google驱动器。然后，就可以在Google驱动器上运行Notebook文件了。上传的Notebook文件可以随意查看运行内容。

以后的操作说明，将假定读者已经完成了上述复制任务并安装了所需的库、软件包，如果还没有完成这些任务及相关库和软件包的安装，则需完成后才能继续执行以下操作。

▼图2-3-11 上传每个Colaboratory文件夹到Google驱动器

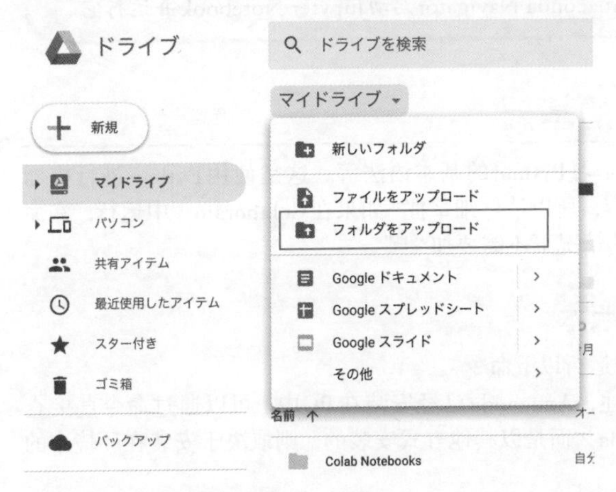

2.4节将介绍本书使用的编程语言Python。

2.4 Python基础知识和语法

本节将尽可能地囊括第2部分所需的Python重要语法，并致力于以简单易懂、兼收并蓄的方式讲解。因此，对于想要进一步提高Python语言能力的读者，建议与其他专业书籍结合学习。

另外，已经拥有Python基础知识的读者可以跳过这一节。在学习第4章和第5章的知识时，如果还有不清楚的地方，再回到本节查阅。

Python是一种非常简单、功能强大的语言。在这里可能无法介绍它的全部优点，但希望读者起码能感受到Python的魅力。

本节中的程序在Colaboratory中运行。如果想在PC中运行，且也已经安装了Anaconda，也可以在Anaconda Navigator启动Jupyter Notebook并运行它。

▶ 2.4.1 Python的基础

从现在开始，我们将学习Python的基本语法等。这是使用Python进行机器学习和深度学习的重要内容，所以请仔细掌握。如果在Colaboratory中运行，在命令之前要加上“！”；在PC的情况下不需要加“！”。

1. 检查Python的版本

尝试在Colaboratory中运行以下命令。

此外，如果如本书所述，Anaconda已经安装在PC中，可以通过命令直接查看。如果没有使用Anaconda，而是以其他方式安装的，则取决于安装在环境中的Python版本。

Input

```
!python --version
```

Output

```
Python 3.6.7
```

结果显示版本为Python 3.6.7，这说明当前使用的是Colaboratory 的Python 3的版本。

2. 检查已安装的软件包

现在，通过输入以下命令来检查Colaboratory环境中安装的软件包。在列表中，可以确定是否安装了执行本书内容所需的软件包(可以查看已安装的软件包)。如果软件包不足，请补充安装。

Input

```
!pip list
```

Output

```
Package                   Version
------------------------- --------------------
absl-py                   0.6.1
alabaster                 0.7.12
albumentations            0.1.8
altair                    2.3.0
astor                     0.7.1
astropy                   3.0.5
atari-py                  0.1.7
atomicwrites              1.2.1
attrs                     18.2.0
audioread                 2.1.6
autograd                  1.2
Babel                     2.6.0
backports.tempfile        1.0
backports.weakref         1.0.post1
beautifulsoup4            4.6.3
bleach                    3.0.2
bokeh                     1.0.3
boto                      2.49.0
--- 省略 ---
```

3. 显示Hello World

就像在Jupyter Notebook中所做的那样，首先显示Hello World。

Input

```
print('Hello World')
```

Output

```
Hello World
```

4. 选择输出语言

当然，print()方法也可以输出各种语言。

Input

```
print('日语')
```

Output

```
日语
```

5. 编写注释

如果想对Python程序(而不是Colaboratory和Jupyter Notebook)进行注释，请在行前加上#。

Input

```
# 这是注释，不影响程序的执行
print('注释以#开头。')
```

Output

```
注释以#开头。
```

6. 运算

在Python中执行如下操作。

Input

```
# 加法 +
print(4 + 5)
# 减法 -
print(1 - 2)
# 乘法 *
print(3 * 3)
# 除法 /
print(18 / 6)
```

```
# 除法余数
print(11 % 5)
# 2的三次方
print(2 ** 3)
```

Output

```
9
-1
9
3.0
1
8
```

▶ 2.4.2 变量

变量是编程中的基本概念。下面将介绍变量的概念，如字符串变量。

1. 什么是变量

请看下面的输入，a_number_in_the_box 就是变量，就像数学中的 x 或 y。不论 x=1 还是 x=3，程序员可以根据需要在程序中设定。

变量可用大写字母、小写字母、数字和下划线(_)来表示。数字不能用作变量开头的字符。

Python的保留字和关键字(if、for等Python语言使用的带有编程意义的单词)不能用作变量名，预定义的系统函数也不可用(如print、array)，请注意。

Input

```
# 第一次加入5
a_number_in_the_box = 5
# 打印“变量”
print(a_number_in_the_box)
# 第二次加入10
a_number_in_the_box = 10
# 语句与上面第4行完全相同，但输出不同
print(a_number_in_the_box)
```

Output

```
5
10
```

2. 字符串变量

接下来，看一下存储字符串的变量。

Input

```
japanese_string = '你好'
print(japanese_string)
japanese_string = '晚上好'
print(japanese_string)
```

Output

```
你好
晚上好
```

可以在变量中存储和处理字符串。

3. 字符串的连接

也可以进行连接字符串的处理，此时使用“+”，很直观、也好记。

Input

```
my_name = '川岛'
print('你好' + my_name + '先生')
```

Output

```
你好川岛先生
```

▶ 2.4.3 Python的类型

Python中的值有“类型”的概念。其他语言也几乎如此。类型包括字符串(str)、整型(int)、浮点型(float)、元组(tuple)、列表(list)等。

在Python中，不需要设定变量的类型。当程序运行时，类型是自动确定的(动态类型)。

1. 类型的输出

当检查某个变量的类型时，可以使用type()方法输出该变量的类型。

Input

```
amount = 250
type(amount)
```

Output

```
int
```

如果查看输出结果，会发现它是int型。

具体用法如下。

Input

```
# int型
test_integer = 256
print(type(test_integer))
# str型
test_str = '字符串'
print(type(test_str))
# float型
test_float = 3.1415926
print(type(test_float))
# tuple型
test_tuple = (1, 2, 3, 4, 5)
print(type(test_tuple))
# list型 是其他语言中的“数组”
test_list = [1, 2, 3, 4, 5]
print(type(test_list))
```

Output

```
<class 'int'>
<class 'str'>
<class 'float'>
<class 'tuple'>
<class 'list'>
```

2. 类型转换

在程序中，有时会转换变量的类型。转换类型也称为转换。下面来看一个例子。

Input

```
num_of_epoch = 10
print('重复学习次数：' + str(num_of_epoch) + '次数。')
```

Output

```
重复学习次数:10次数。
```

其中，num_of_epoch最初为整数10，是int型，但str()方法将int型转换为字符串型。然后，它与其他字符串连接并输出。如果直接输出而不转换，则会出错。

接下来看一下列表类型。

列表类型是其他语言中常见的数组，一种集中存储多个字符串和数值的类型。

3. 列表的创建方法

首先，介绍创建列表（list）的方法。格式为[元素1，元素2，元素3，...]。

Input

```
languages = ['English', 'French', 'Japanese']
print(languages)
```

Output

```
['English', 'French', 'Japanese']
```

RGB数据是表示图像像素颜色的数据，下面尝试用列表来表达RGB颜色。

Input

```
# 黑色的RBG值
black_color_rgb = [0, 0, 0]
print(black_color_rgb)
```

```
# 白色的RBG值
white_color_rgb = [255, 255, 255]
print(white_color_rgb)
# 绿色的RBG值
green_color_rgb = [0, 255, 0]
print(green_color_rgb)
```

Output

```
[0, 0, 0]
[255, 255, 255]
[0, 255, 0]
```

4. 二维数组

如果列表中的元素包含更多的列表，则生成二维数组。下面来看一个例子。

Input

```
three_item_list = [1, 0, 1]
three_item_matrix = [three_item_list, three_item_list, three_item_list]
print(three_item_matrix)
```

Output

```
[[1, 0, 1], [1, 0, 1], [1, 0, 1]]
```

5. 三维数组

接下来，做一个三维的排列。对于人类来说，如果上升到四维以上，就很难想象了。但是用编程语言可以表达任何一个维度，这对于计算机很简单。

Input

```
three_item_list = [1, 0, 1]
three_item_matrix = [three_item_list, three_item_list, three_item_list]
three_three_matrix = [three_item_matrix, three_item_matrix, three_item
_matrix]
print(three_three_matrix)
```

Output

```
[[[1, 0, 1], [1, 0, 1], [1, 0, 1]], [[1, 0, 1], [1, 0, 1], [1, 0,
1]], [[1, 0, 1], [1, 0, 1], [1, 0, 1]]]
```

6. 字符的多维数组

字符串的多维数组也经常被使用。下面来看一个例子。

Input

```
string_list = ['二', '三', '四']
three_item_matrix = [string_list, string_list, string_list]
print(three_item_matrix)
```

Output

```
[['二', '三', '四'], ['二', '三', '四'], ['二', '三', '四']]
```

7. 如何从列表中提取值

列表中的元素计数方法是从0开始的。大多数编程数组都是这样的数组。可以检索指定的元素，代码如下。

Input

```
string_list = ['第0个字符串', '第1个字符串', '第2个字符串']

print(string_list[0])
print(string_list[1])
print(string_list[2])
```

Output

```
第0个字符串
第1个字符串
第2个字符串
```

8. 列表的切片

可以从列表中取出新列表，这项工作称为切片。在机器学习、深度学习的程序中，经常使用这种操作。

从列表中取出新列表，语句格式为：列表名[start：end]。取出从start到end-1的元素，并返回一个新列表。如果end为负数，则从数组后面的元素开始取。

索引index是一个数字，该数字表示从0开始的数组元素的顺序。

Input

```
train_data = [1, 2, 3, 4, 5, 6, 7, 8, 9, 10]
print(train_data[0:6])
print(train_data[0:-6])
print(train_data[:3])
print(train_data[8:])
print(train_data[0:100])
```

Output

```
[1, 2, 3, 4, 5, 6]
[1, 2, 3, 4]
[1, 2, 3]
[9, 10]
[1, 2, 3, 4, 5, 6, 7, 8, 9, 10]
```

9. 更新列表元素

要更新列表中的元素，可以将新值直接分配给指定的元素。下面的示例将第一个元素1更新为999，指定0作为元素索引。

Input

```
train_data = [1, 2, 3, 4, 5, 6, 7, 8, 9, 10]
train_data[0] = 999
print(train_data)
```

Output

```
[999, 2, 3, 4, 5, 6, 7, 8, 9, 10]
```

10. 添加列表元素

也可以向列表中添加新元素。在下面的示例中，将新元素11加到现有列表（在本例中为train_data），以将新元素添加到该列表的末尾。“+=”和“.append”的用法也是如此。

Input

```
train_data = [1, 2, 3, 4, 5, 6, 7, 8, 9, 10]
train_data = train_data + [11]
print(train_data)
train_data += [12]
print(train_data)
train_data.append(13)
print(train_data)
```

Output

```
[1, 2, 3, 4, 5, 6, 7, 8, 9, 10, 11]
[1, 2, 3, 4, 5, 6, 7, 8, 9, 10, 11, 12]
[1, 2, 3, 4, 5, 6, 7, 8, 9, 10, 11, 12, 13]
```

11. 删除列表元素

要从列表中删除元素，请指定元素，然后使用del将其从列表中删除。

Input

```
train_data = [1, 2, 3, 4, 5, 6, 7, 8, 9, 10]
del train_data[0]
print(train_data)
```

Output

```
[2, 3, 4, 5, 6, 7, 8, 9, 10]
```

12. 列表赋值

可以对列表进行赋值，如new_list=old_list，但赋值来源受赋值目标更改的影响，如下代码所示，train_data_new受到删除train_data第一个元素的影响。因此，为了避免这种影响，需要准备list_copy，并将其赋值为list_copy=old_list[:]。

Input

```
train_data = [1, 2, 3, 4, 5, 6, 7, 8, 9, 10]
train_data_new = train_data
train_data_copy = train_data[:]
# train_data_new受到影响
```

```
del train_data[0]
print(train_data_new)
print(train_data_copy)
```

Output

```
[2, 3, 4, 5, 6, 7, 8, 9, 10]
[1, 2, 3, 4, 5, 6, 7, 8, 9, 10]
```

▶ 2.4.4 条件分支

在编程中，某些条件经常会改变程序处理流程。接下来将介绍如何编写Python条件分支。

1. if语句和条件表达式

在if语句后面写“条件表达式”。条件语句不像其他语言那样需要括号。

条件语句后面一定要加上“:”。此外，Python不像其他语言那样使用大括号“{}”来指示处理块，并且处理块共享相同的缩进。例如，如果if语句下有多行处理块，则多行必须具有相同的缩进。

Input

```
# flower是一个包含花的变量
flower = 'rose'
print(flower == 'rose')

if flower == 'rose':
    print('花是玫瑰')
```

Output

```
True
花是玫瑰
```

2. else

else用于描述不满足if条件时的操作。与if语句相同，最后需加一个“:”。

Input

```
# flower是一个包含花的变量
flower = 'tulip'
print(flower == 'rose')

if flower == 'rose':
    print('花是玫瑰')
else:
    print('花不是玫瑰')
```

Output

```
False
花不是玫瑰
```

3. elif

elif是其他语言中常见的用于确定是否满足if或更低的条件的语句。它也和if一样，最后要加一个“:”。

Input

```
# flower是一个包含花的变量
flower = 'tulip'
print(flower == 'rose')

if flower == 'rose':
    print('花是玫瑰')
elif flower == 'tulip':
    print('花是郁金香')
else:
    print('花既不是玫瑰，也不是郁金香')
```

Output

```
False
花是郁金香
```

4. 条件表达式中的布尔运算符

其他语言中也有布尔运算符，这是编程的基础。首先来看一下and的用法。

Input

```
A = True
B = True

print(A and B)
if A and B:
    print('A和B同时为True时')
```

Output

```
True
A和B同时为True时
```

接下来看一下or的用法。

Input

```
A = True
B = False

print(A or B)
if A or B:
    print('如果A或B中的任何一个为True')

A = False
B = True

print(A or B)
if A or B:
    print('如果A或B中的任何一个为True')
```

Output

```
True
如果A或B中的任何一个为True
True
如果A或B中的任何一个为True
```

5. for语句

for语句通常用于检索和处理多个数据（如列表或字典）。

【格式】

```
for 变量 in 多个数据（列表、字典等）:
```

Input

```
languages = {'English':'英语', 'French':'法语', 'Japanese':'日语'}
for one_language in languages:
    print(one_language)
```

Output

```
English
French
Japanese
```

另一个例子如下。

Input

```
train_data = [1, 2, 3, 4, 5, 6, 7, 8, 9, 10]
for one_data in train_data:
    print(one_data)
```

Output

```
1
2
3
4
5
6
7
8
9
10
```

如果想要获取索引，写法如下。

```
for index,value in enumerate(列表):
```

Input

```
train_data = [1, 2, 3, 4, 5, 6, 7, 8, 9, 10]
for index, one_data in enumerate(train_data):
    print('index:' + str(index))
    print(one_data)
```

Output

```
index:0
1
index:1
2
index:2
3
index:3
4
index:4
5
index:5
6
index:6
7
index:7
8
index:8
9
index:9
10
```

6. 使用range()函数生成数字序列

range()是在指定条件下创建列表对象的函数。range()函数通常与for语句一起使用。

【格式】

```
for 变量 in range(start, stop, step):
```

如果没有指定step(步长)，则step值为1，表示start开始递增1，停止在stop−1。

Input

```
for number in range(0, 6):
    print(number)
```

Output

```
0
1
2
3
4
5
```

再看一个例子。如果将step指定为10，最后一个数字不是110，而是110-10。因为在stop-10停止。

Input

```
for number in range(0, 110, 10):
    print(number)
```

Output

```
0
10
20
30
40
50
60
70
80
90
100
```

再看一个例子。

Input

```
train_data = [1, 2, 3, 4, 5, 6, 7, 8, 9, 10]
for num in range(0, len(train_data)):
    print(train_data[num])
```

Output

```
1
2
3
4
5
6
7
8
9
10
```

最后再看一个例子。在机器学习中，有一种常见的循环。

len() 是检索列表数据元素数的函数。在这里，len(train_data)=10(10 个元素)。因此，range(0,len(train_data))=range(0,10)。由于上述原因，输出 0 ~ 9。

Input

```
number_of_epoch = 10
for epoch in range(number_of_epoch):
    print('学习了：'+str(Epoch)+'次')
```

Output

```
学习了：0次
学习了：1次
学习了：2次
学习了：3次
学习了：4次
学习了：5次
学习了：6次
学习了：7次
学习了：8次
学习了：9次
```

7. while语句

重复处理，直到给定的条件表达式变为False。

【格式】

```
while 条件表达式：
```

来看一个例子。counter从0开始，如果小于7，则循环继续。使用while语句时，请仔细评估条件表达式，以免造成无限循环。

Input

```
train_data = [1, 2, 3, 4, 5, 6, 7, 8, 9, 10]
counter = 0
while counter < 7:
    print(train_data[counter])
    counter = counter + 1
```

Output

```
1
2
3
4
5
6
7
```

如果数据是词典时，写法如下。

【格式】

```
for key, value in 词典数据.items():
```

items()是一个从字典数据中提取元素并将其转换为列表类型的函数。在这里，将languages元素转换为列表，然后在for循环中重复该列表，一次显示一组key和value（键和值）。

Input

```
languages={'English':'英语', 'French':'法语', 'Japanese':'日语'}
for key, value in languages.items():
    print(key)
    print(value)
```

```
    print('--------')
```

Output

```
English
英语
--------
French
法语
--------
Japanese
日语
--------
```


▶ 2.4.5 函数

函数是一个程序块,汇总了一系列处理。

可以在Python库中预定义和提供一些(内置函数),也可以自己创建。

例如,一个已经使用了很多次的函数print()就是内置函数。另外,type()、str()等也是内置函数。

另外,在面向对象的编程中,对象的函数称为方法。有关详细信息,请参阅第3部分。

用于添加列表元素的list.append()中的append()就是对象list的方法。

Input

```
languages = {'English': ' 英语 ', 'French': ' 法语 ', 'Japanese': '日语'}


# 定义函数
def printLanguageTranslation(language_list):
    for key, value in language_list.items():
        print(key)
        print(value)
        print('--------')


# 使用函数
printLanguageTranslation(languages)
```

Output

```
English
英语
--------
French
法语
--------
Japanese
日语
--------
```

▶ 2.4.6 导入

1. 软件包的导入

例如，matplotlib通常被称为plt。这不是一个特别的规则，但Python程序员经常这样做。另一个常见示例是使用别名，见表2-4-1。

▼表2-4-1　常见软件包的别名

软件包的名称	别　名
tensorflow	tf
pandas	pd
numpy	np
pyplot	plt

当然，像这样使用对自己来说容易理解的别名是完全没有问题的。

Input

```
import numpy as np

print(np.__version__)
```

Output

```
1.14.6
```


2. 文件的导入(import)

Python程序可以使用存储在单独文件中的程序。这个时候也可以导入使用。例如，假设要从main.py中调用child.py。

- 在同一目录中

使用如图2-4-1所示的目录配置。

▼图2-4-1 目录配置

在这种情况下，请在main.py中输入以下内容。

```
import child
# 调用并使用child方法
child.method()
```

- 在下一个目录中

目录配置如图2-4-2所示。

▼图2-4-2 目录配置

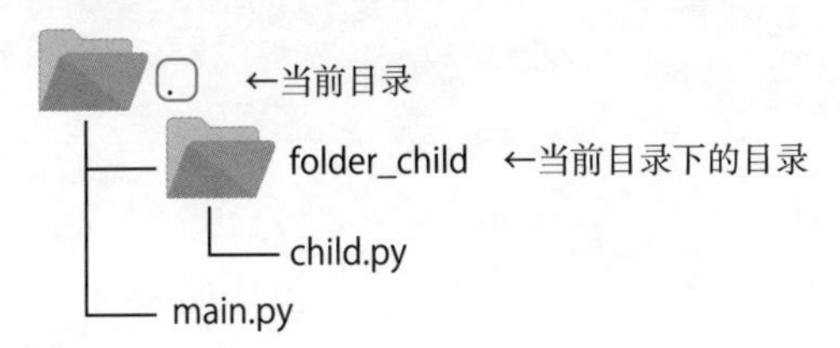

在这种情况下，请在main.py中输入以下内容。

```
from folder_child import child
# 调用并使用child方法
child.method()
```

到目前为止，已经介绍了Python语言的基本用法。但不能把所有的内容都在这里进行一一介绍。想要掌握Python语言的读者可以通过参考其他书籍和网络信息来加深对Python语言的理解。

Python语言和面向对象编程将在第3部分进行简要介绍。

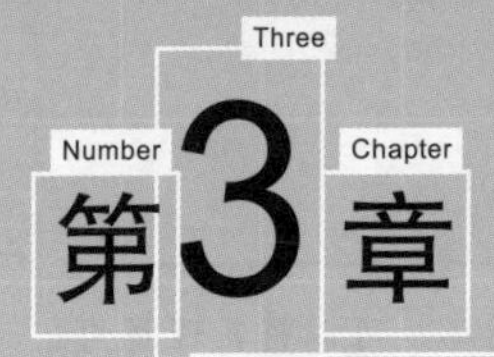

Title

NumPy和Matplotlib 的用法

本章介绍如何使用重要的库NumPy和Matplotlib。NumPy是数据科学、机器学习和深度学习(deep learning)不可或缺的存在，特别是在矩阵的计算等方面发挥着主要作用。

Matplotlib是绘制图形时使用的标准库。可以使用Matplotlib在3D图形和2D图形中查看数据。

通过使用这些标准库，可以让机器学习和深度学习在处理数据的每个步骤中使数据“可见”，以便加深对数据的理解。本章将介绍使用这两个重要库的基础知识。

3.1 如何使用NumPy

NumPy是为在Python中快速执行数组计算而开发的库。可以将其理解为一种扩展，能够在Python中有效地计算类型化的多维数组。

可以在PC或Raspberry Pi中使用Jupyter Notebook轻松体验它。当然也可以在Colaboratory中体验它。

不仅在数据科学领域，在机器学习、深度学习中，它都是不可或缺的存在。此外，还有一个名为CuPy的库，该库是Chainer的一部分，它提供了与NumPy相同的功能，可在GPU上以更快的速度运行。

至于数学的概念、理论或专业术语等的解说，请读者参考其他专业书籍。本书只对入门知识和基础部分进行简单解说。

本节介绍NumPy的基本用法。

下面介绍NumPy的基本操作。

现在，将在Colaboratory中使用NumPy。首先导入NumPy库并将它命名为np。

Input

```
import numpy as np

print('numpy的版本是:', np.__version__)
```

Output

```
numpy 的版本是: 1.14.6
```

1. 创建数组

使用NumPy的array()函数创建一个名为a的数组。在本例中，数组将作为参数传递给array()函数。

Input

```
a = np.array([1, 2, 3])
print('a=', a)
```

Output

```
a= [1 2 3]
```

2. 乘法

接下来，计算数组和整数的乘积。数组相乘是将每个元素相乘并将结果转换为新数组的运算。除法也是如此。

Input

```
a * 3
```

Output

```
array([3, 6, 9])
```

3. 加法

接下来，计算数组和整数的加法。将每个元素加2，然后创建一个新数组，结果如下。减法也是一样的。

Input

```
a + 2
```

Output

```
array([3, 4, 5])
```

现在，看看数组元素之间的四则运算。

4. 数组元素之间的四则运算

创建一个新的数组b以执行四则运算。现在，使用两个数组a和b来执行操作，假定数组a和数组b具有相同数量的元素。

Input

```
b = np.array([1, 1, 4])
print('b=', b)
```

Output

```
b= [1 1 4]
```

首先，将数组a和数组b相加。这是数组之间的加法，其中，数组a的第一个元素和数组b的第一个元素相加得到第一个结果；第二个和第三个元素分别依次相加得到第二个和第三个结果。以相同的顺序将结果存储到新的数组中，结果如下。

Input

```
a + b
```

Output

```
array([2, 3, 7])
```

数组a和数组b的减法原理与加法相同，在这里执行元素间减法，结果如下。

Input

```
a - b
```

Output

```
array([ 0,  1, -1])
```

然后对数组a和数组b进行除法。以同样的方式对应元素相除，结果如下。

Input

```
a / b
```

Output

```
array([1.  , 2.  , 0.75])
```

最后，将数组a和数组b相乘。同样，会对每一个元素进行乘法，结果如下。

Input

```
a * b
```

Output

```
array([ 1,  2, 12])
```

5. 向量内积

上面讨论的是数组元素之间的四则运算。数组中的元素之间的四则运算是在对应位置的元素之间计算的。

相反，向量内积是数学术语，它是将向量表示为数组并计算其内积的过程。NumPy使用dot()方法计算向量的内积，内积也称为点积。

简单的一元向量（如a和b）的内积为$a_1 \times b_1 + a_2 \times b_2 + a_3 \times b_3$。对上述数组a和数组b求内积，结果如下。

Input

```
np.dot(a, b)
```

Output

```
15
```

6. 二维向量的内积

创建二维向量c和d。

Input

```
c = np.array([[1, 2], [3, 4]])
print('c=', c)
d = np.array([[3, 4], [1, 2]])
print('d=', d)
```

Output

```
c= [[1 2]
 [3 4]]
d= [[3 4]
 [1 2]]
```

使用dot()函数计算二维向量c和d的内积。

Input
```
np.dot(c, d)
```

Output
```
array([[ 5,  8],
       [13, 20]])
```

类似地，创建二维向量e和f。

Input
```
e = np.array([[1, 2, 3], [0.1, 0.2, 0.3], [7, 8, 9]])
print('e=', e)
f = np.array([[0.1, 0.2, 0.3], [1, 2, 3], [7, 8, 9]])
print('f=', f)
```

Output
```
e= [[1.  2.  3. ]
 [0.1 0.2 0.3]
 [7.  8.  9. ]]
f= [[0.1 0.2 0.3]
 [1.  2.  3. ]
 [7.  8.  9. ]]
```

计算二维向量e和f的内积。

Input
```
np.dot(f, e)
```

Output
```
array([[  2.22,   2.64,   3.06],
       [ 22.2 ,  26.4 ,  30.6 ],
       [ 70.8 ,  87.6 , 104.4 ]])
```

7. ndarray 形状转换

到目前为止，在 np.array() 中创建数组的其实都是 ndarray。ndarray 是指类型化的高维数组 (*N*–dimensional array)，也是 NumPy 自有的数组数据结构。ndarray 中的元素都具有相同的类型。

ndarray 也经常出现在后面的描述中。

例如，如果要将 3×3 数组转换为 1×9 数组，则将其称为数组形状转换 (reshape)。首先，生成一个元素为 1 的 3×3 数组。在机器学习和深度学习的编程中，数组的形状转换处理是常见的。当将数据传递给神经网络模型并使其学习时，为了使输入数据的形状与神经网络的结构相匹配，在传递数据之前，必须对数组进行形状转换。

让我们在这里先建立一个印象。

以下示例将 1×9 数组转换为 3×3 数组。

Input

```
g = np.arange(9).reshape((3, 3))
print('g=', g)
```

Output

```
g= [[0 1 2]
 [3 4 5]
 [6 7 8]]
```

将相同的数组转换为不同的形状。

Input

```
g = g.reshape((9, 1))
print(g)
```

Output

```
[[0]
 [1]
 [2]
 [3]
 [4]
 [5]
```

```
 [6]
 [7]
 [8]]
```

8. 生成元素为0的数组

在计算过程中，可能会生成一个所有元素都为0的数组。在这种情况下，可以通过以下方式创建数组。

Input

```
zeros = np.zeros((3, 4))
print('zeros=', zeros)
```

Output

```
zeros= [[0. 0. 0. 0.]
 [0. 0. 0. 0.]
 [0. 0. 0. 0.]]
```

9. 生成元素为1的数组

同样，也可以很容易地生成所有元素为1的数组。

Input

```
h = np.ones((3, 3))
print('h=', h)
```

Output

```
h= [[1. 1. 1.]
 [1. 1. 1.]
 [1. 1. 1.]]
```

10. 生成未初始化的数组

创建数组，但不初始化其中的值，根据当时内存的状态，值会有所不同。因为没有初始化处理，所以创建速度很快。如果第一个数组中的数值对计算没有影响，可以使用此方法。

Input

```
p = np.empty((2, 3))
print('p=', p)
```

Output

```
p= [[2.01258076e-316 0.00000000e+000 0.00000000e+000]
 [0.00000000e+000 0.00000000e+000 0.00000000e+000]]
```

由于它不会被初始化，所以大家可能得到不同的结果。

11. 使用matrix()方法创建二维数组

还可以使用matrix()方法创建数组。

Input

```
k = np.matrix([[0, 1, 2], [3, 4, 5], [6, 7, 8]])
print('k=', k)
```

Output

```
k= [[0 1 2]
 [3 4 5]
 [6 7 8]]
```

另一个例子是创建数组，并尝试计算两个数组k和l的内积。

Input

```
l = np.matrix([[1, 1, 1], [1, 1, 1], [1, 1, 1]])
print('l=', l)

m = np.dot(k, l)
print('m=', m)
```

Output

```
l= [[1 1 1]
 [1 1 1]
 [1 1 1]]
```

```
m= [[ 3  3  3]
 [12 12 12]
 [21 21 21]]
```

12. 使用shape()方法获取每个维度的元素数

可以使用ndarray.shape()方法获取数组的形状（shape），即每个维度的大小（元素数）。例如，下面是一个3×3的数组，因此在执行时，它会显示结果（3,3）。

Input

```
m.shape
print('m.shape', m.shape)
```

Output

```
m.shape (3, 3)
```

13. 利用ndim属性获取维结构

利用ndim属性可以获取多维数组的维度。它与len(m.shape)相同，因为它是shape的元素数。

Input

```
m.ndim
print('m.ndim', m.ndim)
```

Output

```
m.ndim 2
```

可以确认数组m是二维数组。

14. 数组元素的数据类型：dtype

NumPy数组ndarray具有数据类型dtype，这个dtype是ndarray中所有元素的数据类型。

Input

```
m.dtype.name
print('m.dtype.name', m.dtype.name)
```

Output

```
m.dtype.name int64
```

15. 一个元素的字节数：itemsize

使用itemsize属性获取数组m中每个元素的字节数。

Input

```
m.itemsize
print('m数组中每个元素的字节数:', m.itemsize)
```

Output

```
m数组中每个元素的字节数: 8
```

16. 数组中的元素总数：size

使用size属性获取整个数组中的元素总数。

Input

```
m.size
print('m 元素总数:', m.size)
```

Output

```
m 元素总数: 9
```

17. 生成数组：arange()

使用arange()方法生成数组。对于arange()方法，可以在不指定单个元素的情况下，通过指定元素数（此处指定为1000000）来创建元素。首先生成一个集中数组，然后使用reshape()方法将数组转换为二维数组。

Input

```
q = np.arange(1000000).reshape(1000, 1000)
print('q=', q)
```

Output

```
q= [[     0      1      2 ...    997    998    999]
 [  1000   1001   1002 ...   1997   1998   1999]
 [  2000   2001   2002 ...   2997   2998   2999]
 ...
 [997000 997001 997002 ... 997997 997998 997999]
 [998000 998001 998002 ... 998997 998998 998999]
 [999000 999001 999002 ... 999997 999998 999999]]
```

同样，减少一点数量，创建一个总元素数为10个的数组。

Input

```
x = np.arange(10)
print(x)
```

Output

```
[0 1 2 3 4 5 6 7 8 9]
```

虽然在上面的两个例子中省略了设置start、stop和step，但依然可以设置它。现在，将步长(step)设置为100。指定元素的起始值start和结束值stop，以及中间步长step的数值。

Input

```
x = np.arange(start=100, stop=600, step=100)
print(x)
```

Output

```
[100 200 300 400 500]
```

18. 数组元素数据类型的转换：astype()

可以使用astype()方法更改ndarray对象的数据类型(dtype)。

例如，要将一个ndarray数组中的所有数据类型更改为浮点型，请执行以下操作（将转换后的数据代入一个名为x_float的变量）。

Input

```
x_float = x.astype('float32')
print('x_float.dtype.name', x_float.dtype.name)
print(x_float)
```

Output

```
x_float.dtype.name float32
[100. 200. 300. 400. 500.]
```

现在将名为x_float的数组元素的数据类型转换为单精度浮点型（x_float.dtype.name:float32）。

3.2节将介绍如何直观地将数据绘制成图表。

3.2 如何使用Matplotlib

Matplotlib是在Python中绘制图表时使用的常规库。不仅可以创建图像和图表文件，还可以创建简单的动画和交互式图表。本节介绍如何创建各种常规图表，不论是在机器学习还是数据科学领域，都有很多诀窍。

不管是数据的预处理，还是处理数据的过程中，当数据可视化后，对数据的理解就会发生很大的变化。使用Matplotlib，不仅可以得到二维的图表，还可以看到三维的数据。从不同的“角度”看数据，也能帮助掌握数据特征量之间的关系。

在数据科学的世界里，展示图表、分享“观点”也是很普遍的。本节将介绍查看图表的基本方法。

▶ 3.2.1 制作一个简单的图表

首先，导入matplotlib.pyplot，缩写为plt。

Input

```
# 声明使用matplotlib
import matplotlib.pyplot as plt
# 因为也使用numpy，所以也声明一下
import numpy as np
```

Output

```
无
```

首先，制作一个最简单的图表。通常传递x轴和y轴坐标，如plot(x，y)。但如果只传递一个数据数组，则会将传递的数据视为y，x为0,1,2,…,n。

Input

```
plt.plot([1, 2, 3, 4])
plt.show()
```

Output

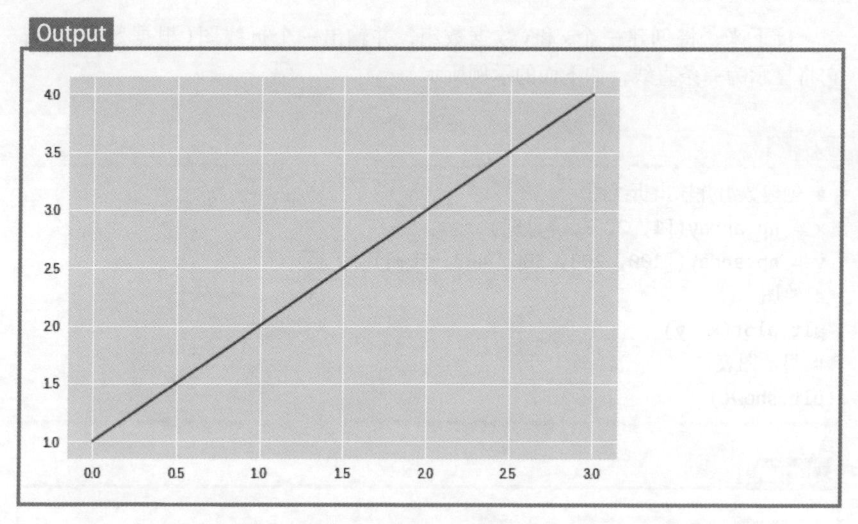

查看图表，y从1开始，而x从0开始。

现在颠倒数组元素的顺序，这也被认为是y的数据，并创建一个图表。

Input

```
# 颠倒数组元素的顺序
plt.plot([4, 3, 2, 1])
plt.show()
```

Output

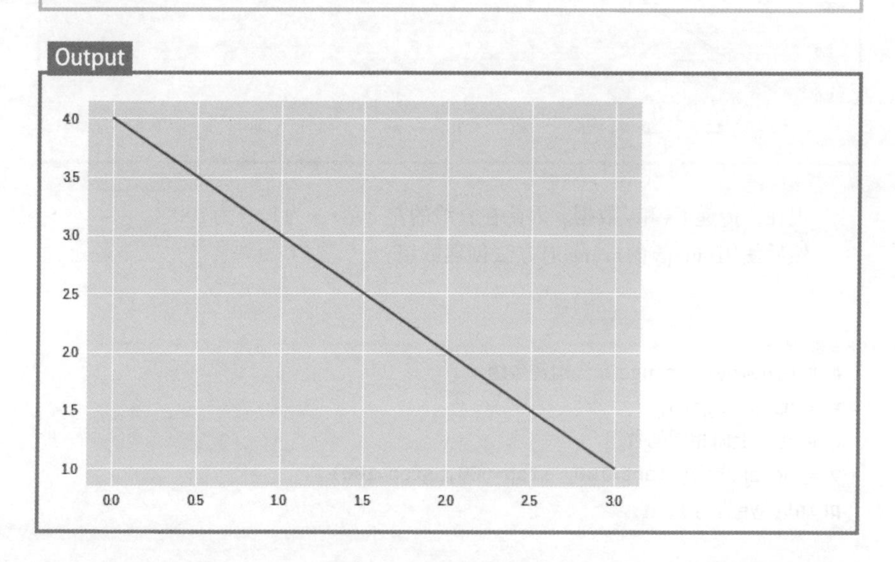

接下来，将创建一个x和y数据数组，并输出一个折线图（根据数据内容，它将显示为一条直线，如下面的示例所示）。

Input

```
# 创建数组并输出折线图
x = np.array([1, 2, 3, 4, 5])
y = np.array([100, 200, 300, 400, 500])
# 绘图
plt.plot(x, y)
# 显示图表
plt.show()
```

Output

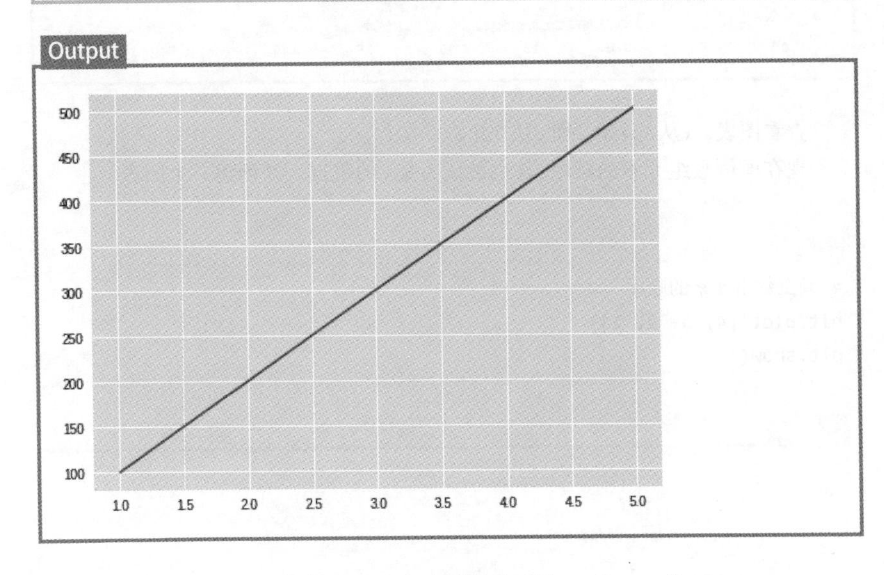

现在，传递了x和y数据，因此在直线的左下角，x为1，y为100。

然后使用numpy的arange()方法创建数组。

Input

```
# 使用numpy的arange方法构建数组
x = np.arange(5)
# 创建与上面相同的数组
y = np.arange(start=100, stop=600, step=100)
print('y=', y)
```

```
# 绘图
plt.plot(x, y)
# 显示图表
plt.show()
```

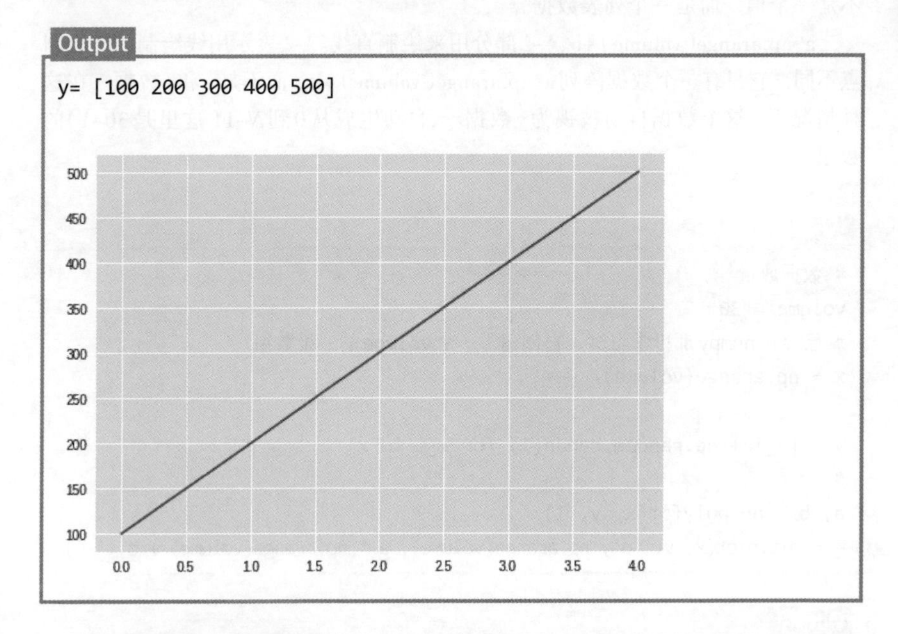

图的浏览方式是一样的，只是数据的创建方式不同而已。生成的数据是相同的，图形也是相同的线段。

接下来，将随机生成y的数据。

```
y = [x_i + np.random.randn(1) for x_i in x]0
```

上述代码是列表解析式（List Comprehension）。在Python中，它是生成新列表时使用的方法。这样做，y会使用多个x在for循环中重复，并用计算出的值填充y。

```
a, b = np.polyfit(x, y, 1)
```

使用上面polyfit()方法查找x和y的近似直线。

最后，使用plt.plot()绘制x、y点及其近似直线。通过将多个x、y数据集传递给plt.plot()，可以同时绘制多个图形（这里是两个点图形和两个直线图形）。

_=plt.plot(x, y, 'o', np.arange(volume), a*np.arange(volume) +b, '-') 的部分是实际绘制图形的处理过程。

x, y, 'o', np.arange(volume)部分用来绘制点图。

使用上面生成的x和y作为坐标绘制点图。'o'表示用点绘制。请注意, x和y不是一个值, 而是一个列表数据。

a*np.arange(volume) +b、'-'部分用来绘制直线。'-'表示用线绘制。与绘制点不同, 它只有一个数据阵列a*np.arange(volume) +b, 而不是x和y数据。在这种情况下, 这个数据自动被视为y数据。x自动生成从0到N–1(这里是30–1)的数组。

Input

```
# 数据数量
volume = 30
# 已经在numpy那里学习过, 它创建了一个volume的一维数组
x = np.arange(volume)

y = [x_i + np.random.randn(1) for x_i in x]
#
a, b = np.polyfit(x, y, 1)
_ = plt.plot(x, y, 'o', np.arange(volume), a * np.arange(volume) + b, '-')
```

Output

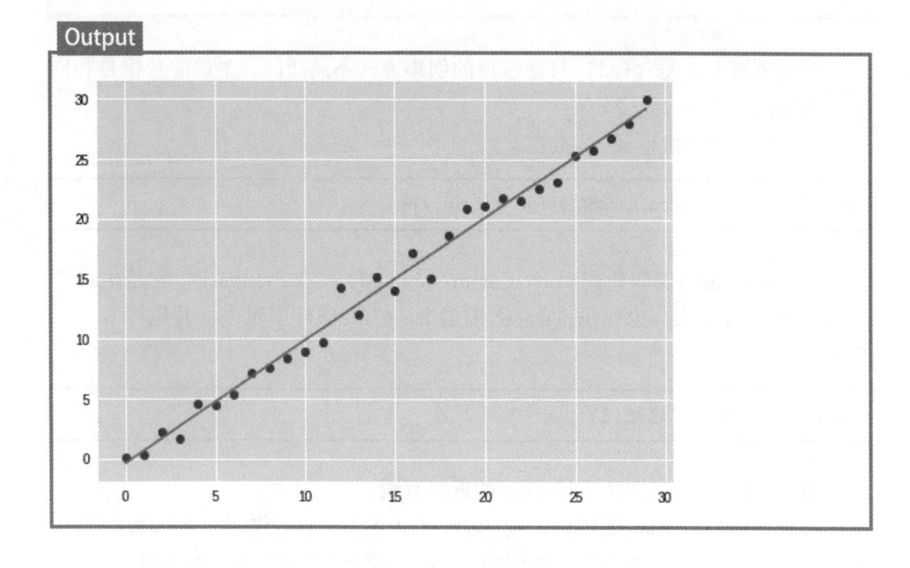

如上面所述，x是0 ~ 30的数值，而y是随机值加在一起的值。这不是一条直线，而是一些分布在直线周边的点。

接下来，绘制一个周期函数。首先是sin()的正弦波。第一个np.linspace()方法将确定步长，在0 ~ 10之间，分成100等份。这样就能画出平滑的图表。

Input

```
x = np.linspace(0, 10, 100)
plt.plot(x, np.sin(x))
plt.show()
```

Output

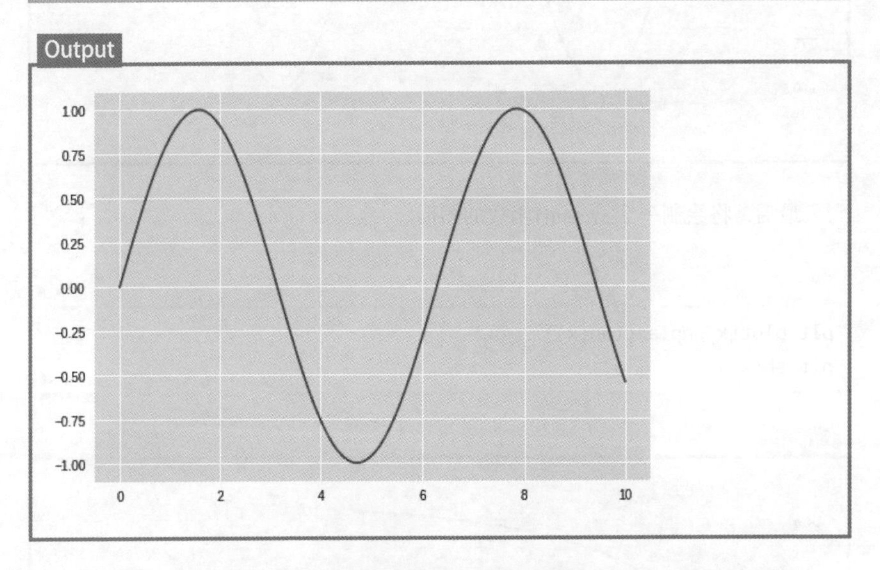

接下来，将绘制一个cos()函数的图形。x按原样共享和使用上面的数据。

Input

```
plt.plot(x, np.cos(x))
plt.show()
```

Output

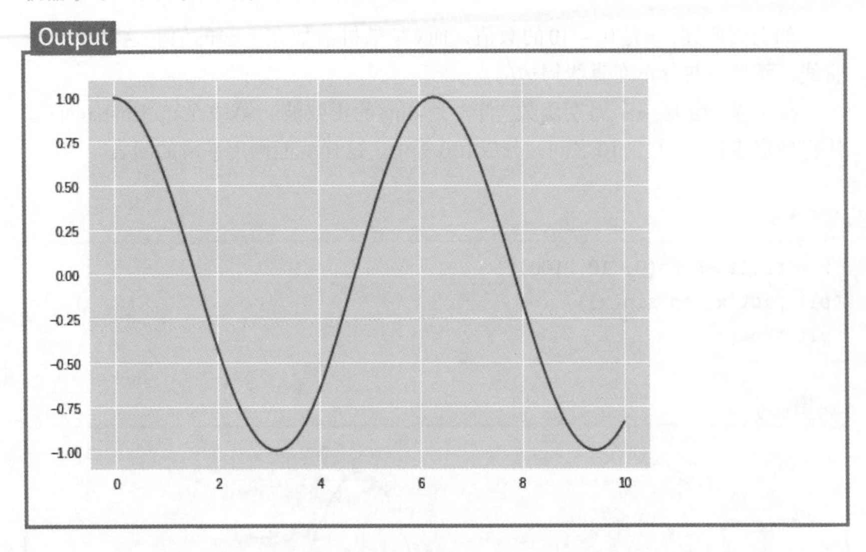

最后，将绘制一个arctan()函数的图形。

Input

```
plt.plot(x, np.arctan(x))
plt.show()
```

Output

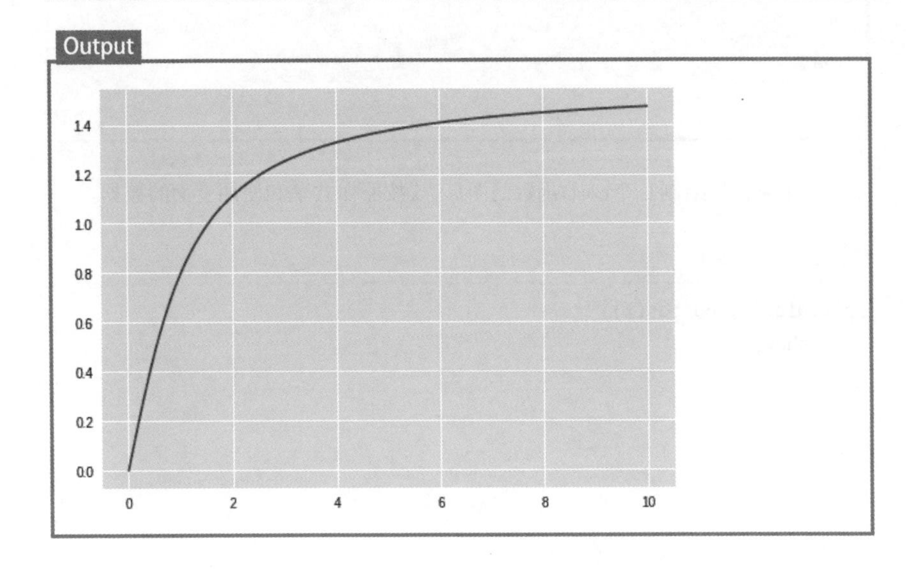

▶ 3.2.2 为图表的元素设置名称

到目前为止，还没有设置过图表的标题等元素。现在，为图表添加一个标题、一个x轴标签和一个y轴标签。可以分别使用plt.title()、plt.xlabel()和plt.ylabel()方法进行配置。方法名称保持不变，便于记忆。

Input

```
plt.plot(x, np.arctan(x))
# 图表的标题
plt.title('Title For The Graph')
plt.xlabel('Label For X-axis')
plt.ylabel('Label For Y-axis')
plt.show()
```

Output

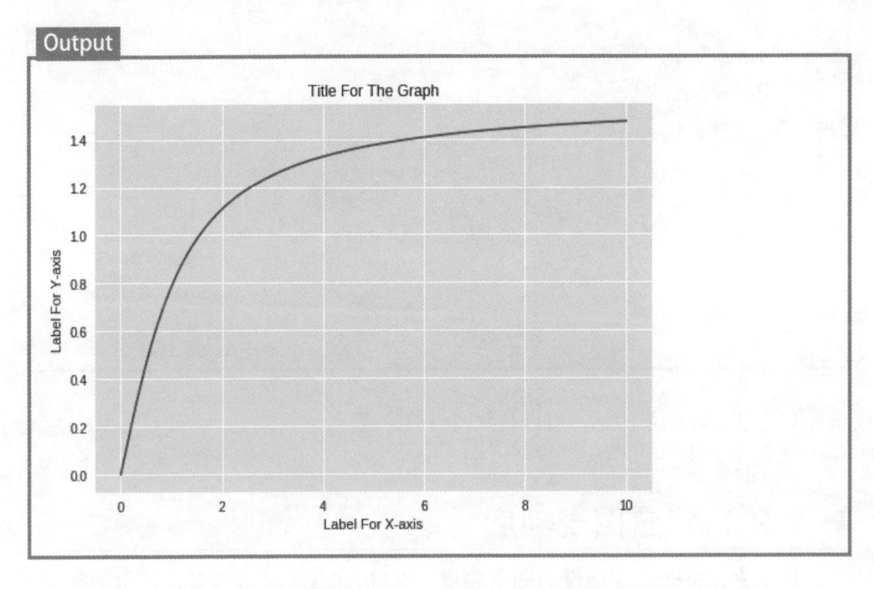

从上述结果中可以看到图表标题、x轴标签和y轴标签。

▶ 3.2.3 图表网格

接下来，将讨论如何设置图表网格。如果未设置任何内容，则默认设置为True，即显示网格。网格是可见的，正如目前在图表中看到的那样。

plt.grid(Flase)将隐藏网格。

Input

```
plt.plot(x, np.sin(x))
# 图表标题
plt.title('Title For The Graph')
plt.xlabel('Label For X-axis')
plt.ylabel('Label For Y-axis')
plt.grid(False)  # 默认值为True
plt.show()
```

Output

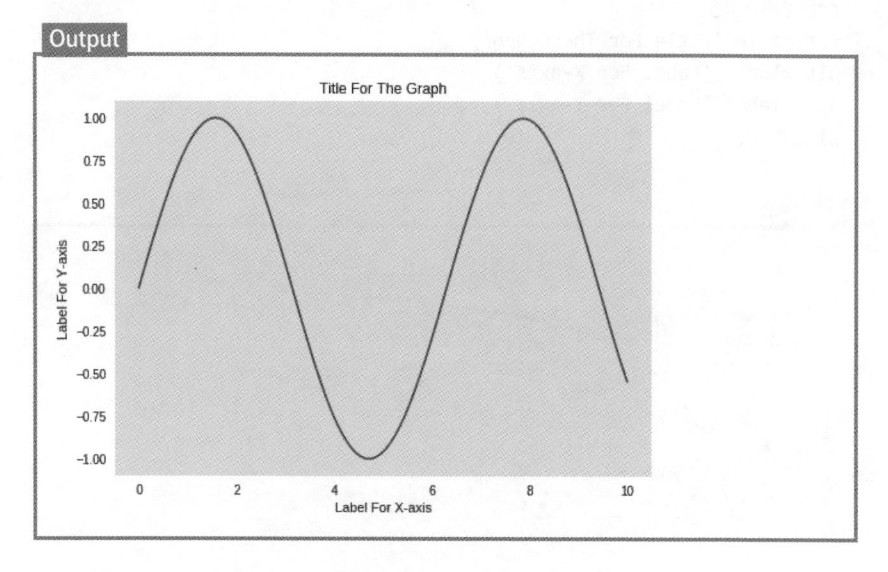

如上述输出结果所示，可以看到网格被隐藏了。

▶ 3.2.4 设置图表刻度

接下来，将介绍如何设置图表刻度。在plt.xticks(显示位置，显示字符)中设置刻度，它计算positions，并设置和传递标签。

Input

```
x = np.linspace(0, 2 * np.pi)

plt.plot(x, np.sin(x))
# 图表标题
```

```
plt.title('Title For The Graph')
# plt.xlabel('Label For X-axis')
# plt.ylabel('Label For Y-axis')
plt.grid(True)  # 默认为True
positions = [0, np.pi / 2, np.pi, np.pi * 3 / 2, np.pi * 2]
labels = ['0', '90', '180', '270', '360']
plt.xticks(positions, labels)
plt.show()
```

Output

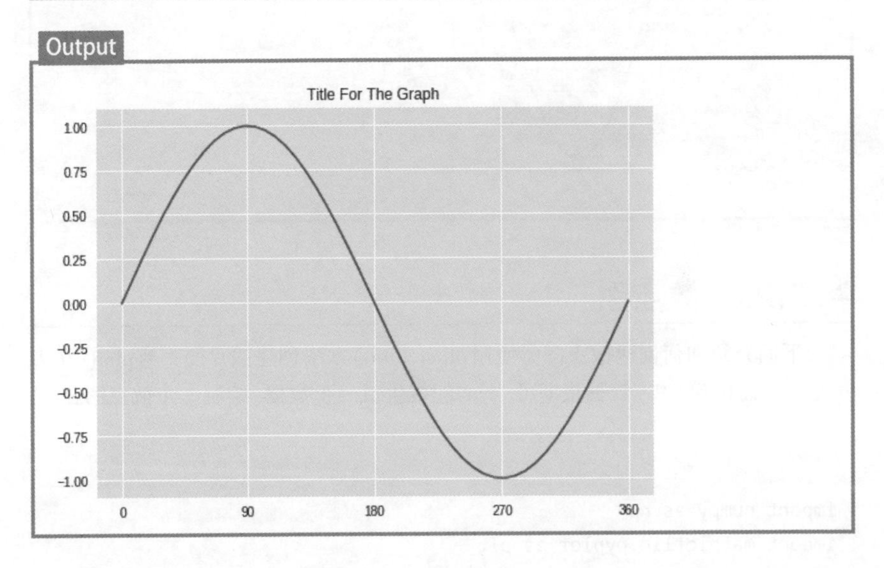

▶ 3.2.5 图表尺寸

也可以使用plt.figure(figsize=(水平尺寸，垂直尺寸))指定图表的尺寸。在这里，将其设置为plt.figure(figsize=(4，4))。这样图表就会变小一点。如果想要输出更大的图表，则可以通过调大这个数字来实现。

Input

```
plt.figure(figsize=(4, 4))

x = np.linspace(0, 2 * np.pi)
np.linspace(0, 2 * np.pi)
plt.plot(x, np.sin(x))
```

```
plt.show()
```

Output

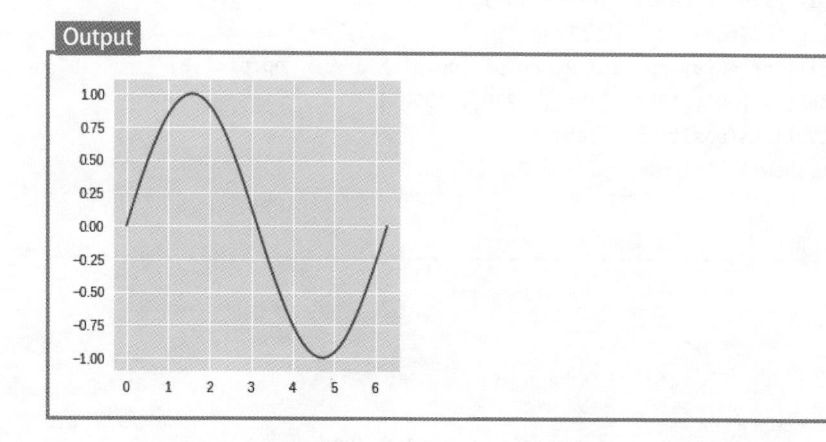

▶ 3.2.6 散点图

下面介绍如何创建散点图。使用plt.scatter()方法创建散点图。与plot()方法类似，只需传递x和y数据集即可。下面随机生成一个数据，绘制一个散点图。

Input

```
import numpy as np
import matplotlib.pyplot as plt

# 生成随机数
x = np.random.rand(100)
y = np.random.rand(100)

# 绘制散点图
plt.scatter(x, y)
plt.show()
```

Output

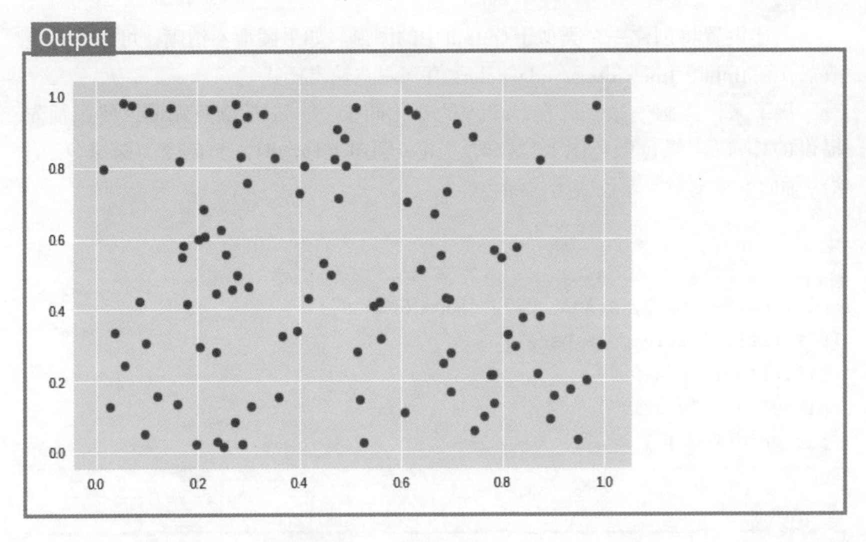

接下来，尝试改变散点图中“点”的风格。参数s是点的大小；c是点的颜色；alpha是点的透明度；linewidths是点绘制时的线宽；edgecolors是点边缘的颜色。

Input

```
plt.scatter(x, y, s=600, c="pink", alpha=0.5, linewidths="2",
            edgecolors="red")
plt.show()
```

Output

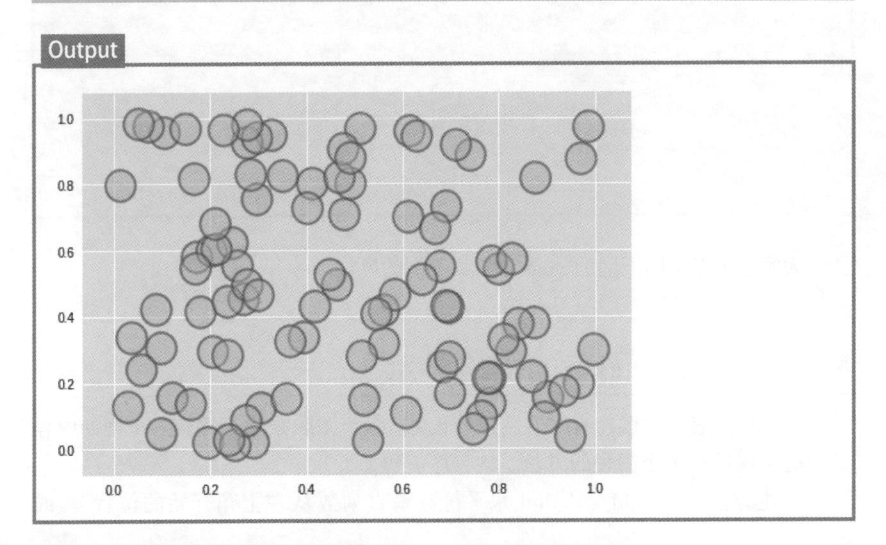

上述设置将创建一个类似于Output中的图形。如果图形不清晰，可以通过更改s、c、alpha、linewidths、edgecolors值来调整输出样式。

接下来，再画一张。现在，c与y的变化同步。cmap是颜色贴图，使用预先提供的Greens(绿色颜色图)。这样，当沿y轴向上移动时，颜色变为深绿色；当沿y轴向下移动时，颜色变为浅绿色。

Input

```
plt.scatter(x, y, s=300, c=y, cmap="Greens")
plt.title("Title gose here")
plt.xlabel("x axis")
plt.ylabel("y axis")
plt.grid(True)
```

Output

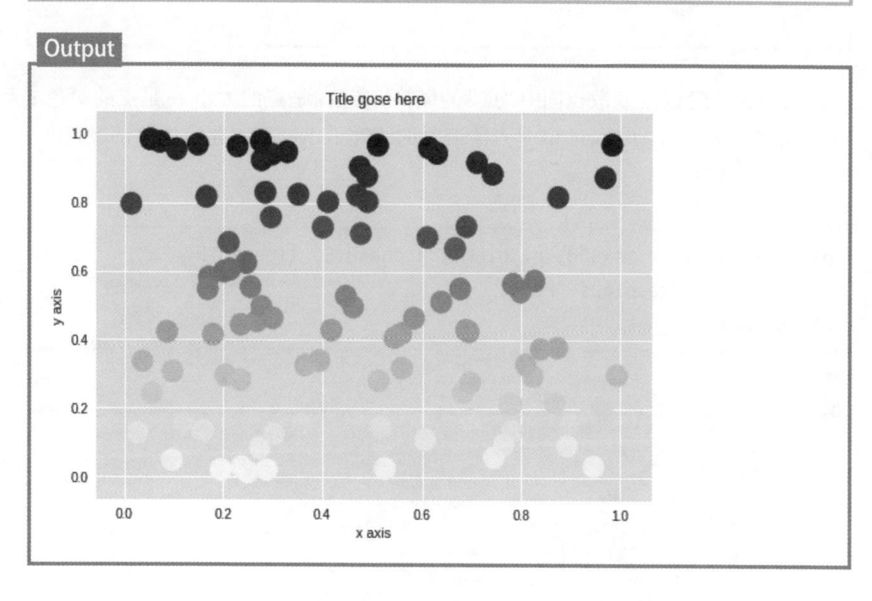

大家也可以使用不同的cmap，尝试不同的风格。

▶ 3.2.7 多个图表的网格显示

在制作图表的时候，有时会制作上下左右多个图表来进行比较。下面的内容是如何实现显示多个图表的方法。该程序流程如下。

描述方法为fig.add_subplot(水平行数垂直列数从左上角开始的位置)。或者，将上面的数字(从水平方向看的行数，从垂直方向看的列数，从左上角开始的位置)连接起来，并将它们填充到下面的plt.subplot()函数中。

例如，plt.subplot(221)的意思是，整体2行2列，从左上方开始数，排列在第1个位置(见图3-2-1)，而不是221这个数字。

▼图3-2-1 配置图像

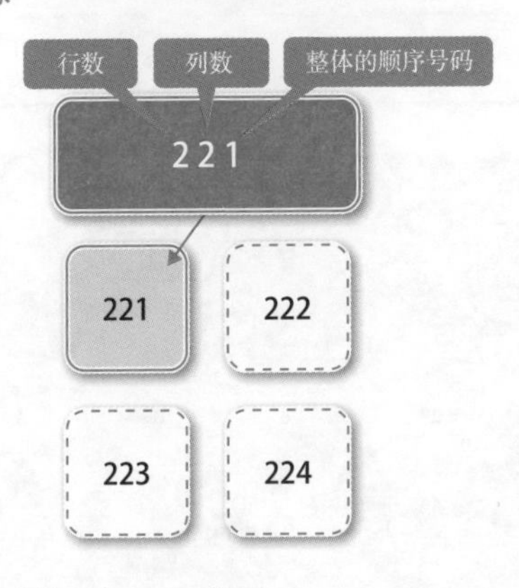

现在绘制的图表布局如图3-2-2所示。

▼图3-2-2 纵向图表布局

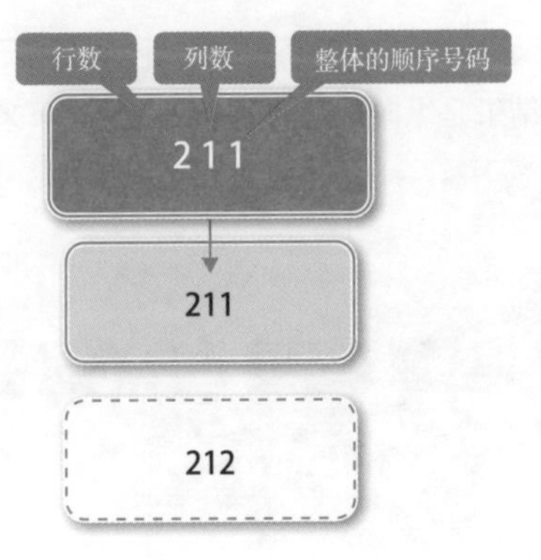

Input

```
import matplotlib.pyplot as plt

plt.subplot(211)
```

```
plt.scatter(x, y, s=600, c="pink", alpha=0.5, linewidths="2",
          edgecolors="red")
plt.subplot(212)
plt.scatter(x, y, s=300, c=y, cmap="Greens")

plt.show()
```

Output

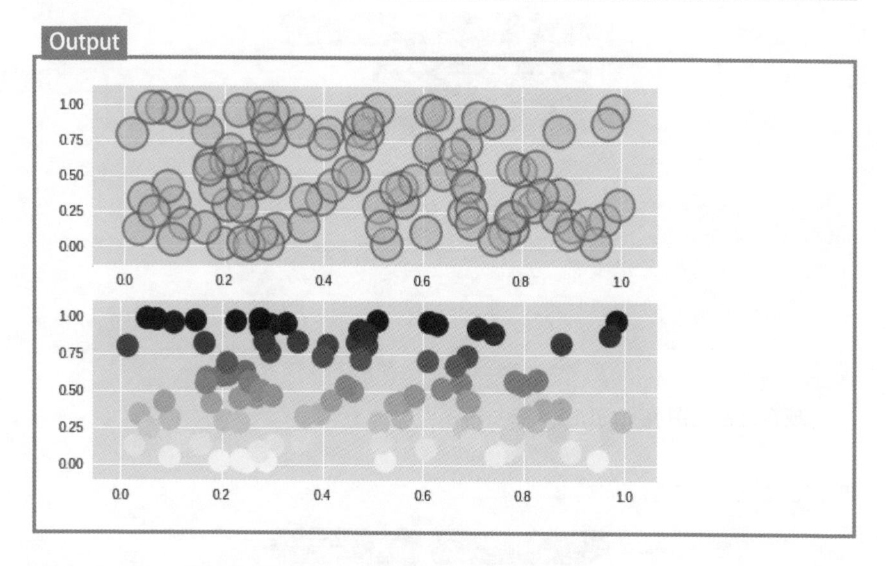

上述程序的执行结果是纵向排列的两个图表。接下来，要横向排列两个图表（见图3-2-3）。

▼图3-2-3　横向图表布局

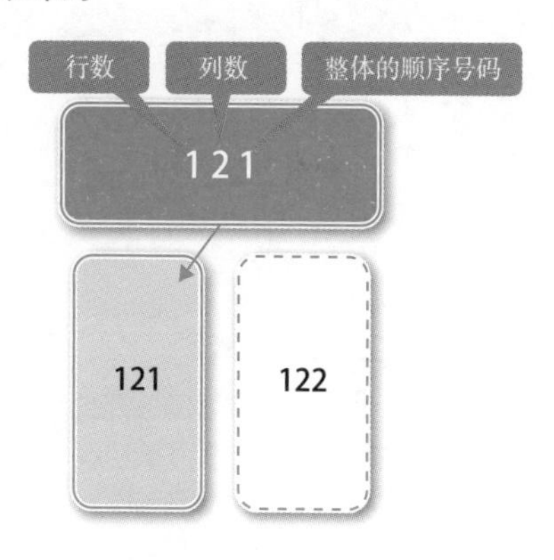

程序如下。

Input

```
import matplotlib.pyplot as plt

plt.subplot(121)
plt.scatter(x, y, s=600, c="pink", alpha=0.5, linewidths="2",
          edgecolors="red")
plt.subplot(122)
plt.scatter(x, y, s=300, c=y, cmap="Greens")

plt.show()
```

Output

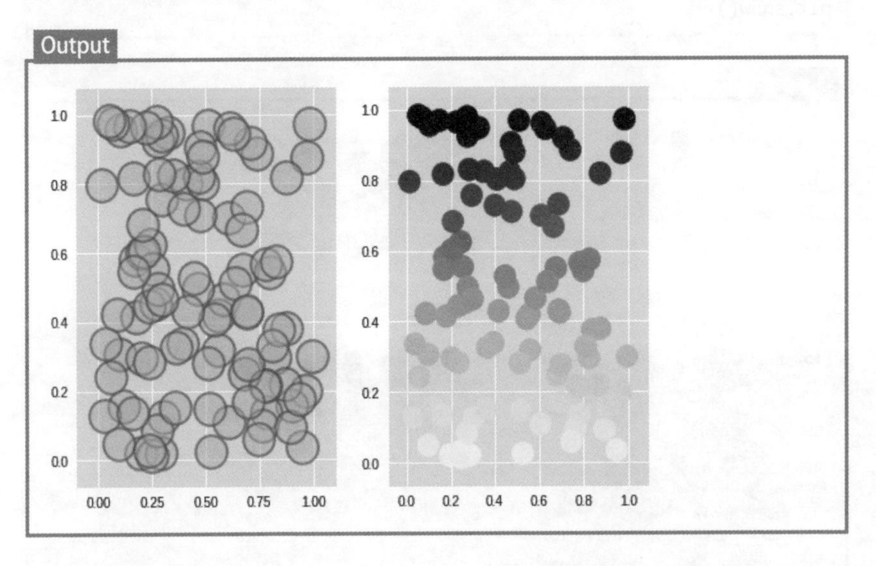

可以横向并排设置。接下来，想把4个图表排列成2行2列的4个图表。程序代码如下。

Input

```
import matplotlib.pyplot as plt

# 2行2列，从左上角开始数的第1个
plt.subplot(221)
```

```
plt.scatter(x, y, s=600, c="white", alpha=0.5, linewidths="2",
            edgecolors="yellow")
# 2行2列，从左上角开始数的第2个
plt.subplot(222)
plt.scatter(x, y, s=300, c=y, cmap="Greens")
# 2行2列，从左上角开始数的第3个
plt.subplot(223)
plt.scatter(x, y, s=600, c="pink", alpha=0.5, linewidths="2",
            edgecolors="red")
# 2行2列，从左上角开始数的第4个
plt.subplot(224)
plt.scatter(x, y, s=300, c=y, cmap="Blues")

plt.show()
```

Output

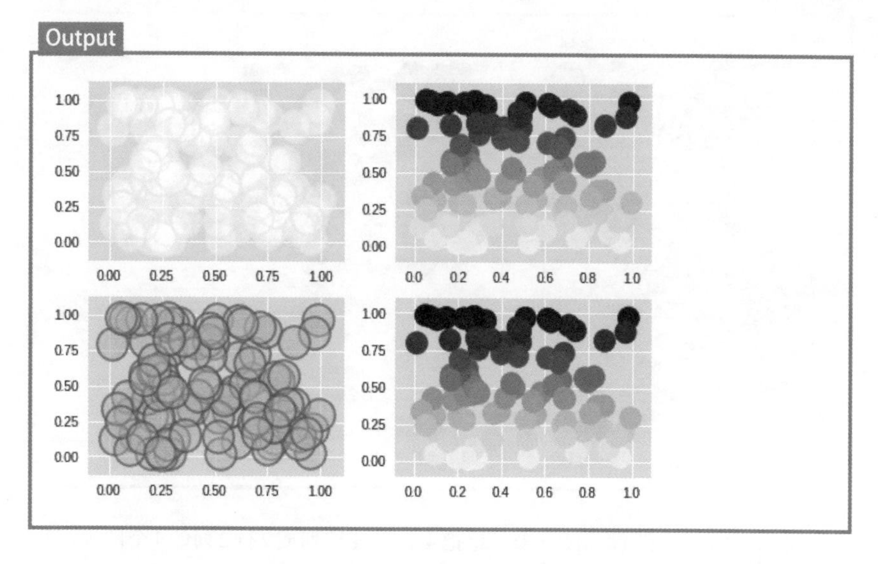

4个图表按预期绘制好了。这个操作在第2部分经常用到，要熟练掌握。

▶ 3.2.8 三维散点图

到目前为止，所有的图表都是二维图表。其实Matplotlib也能漂亮地画出三维图表。首先，来看一下三维散点图。

使用plt.scatter3D()函数绘制三维散点图。程序代码如下。

Input

```
import numpy as np
import matplotlib.pyplot as plt
from mpl_toolkits.mplot3d import Axes3D

# %matplotlib inline

np.random.seed(0)
random_x = np.random.randn(100)
random_y = np.random.randn(100)
random_z = np.random.randn(100)

fig = plt.figure(figsize=(8, 8))

ax = fig.add_subplot(1, 1, 1, projection="3d")

x = np.ravel(random_x)
y = np.ravel(random_y)
z = np.ravel(random_z)

ax.scatter3D(x, y, z)
plt.show()
```

Output

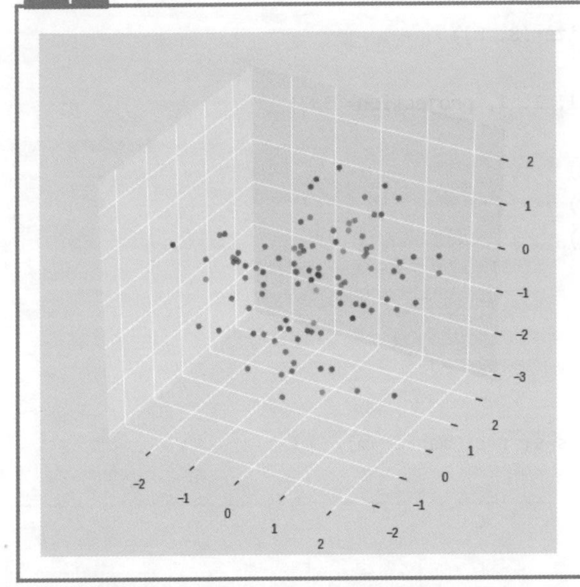

可以看出，随机制作的数据显示在三维空间里。

如果将在二维视觉上很难理解的数据绘制成三维，就可能会更清楚地看见一些数据之间的关系。这在对某些数据进行分析时很有用。

▶ 3.2.9 修改颜色和标识

与二维图形一样，可以改变“点”的样式。例如，可以用红色三角形绘制“点”，该程序代码如下。

Input

```
import numpy as np
import matplotlib.pyplot as plt
from mpl_toolkits.mplot3d import Axes3D

# %matplotlib inline

np.random.seed(0)
random_x = np.random.randn(100)
random_y = np.random.randn(100)
random_z = np.random.randn(100)

fig = plt.figure(figsize=(8, 8))

ax = fig.add_subplot(1, 1, 1, projection="3d")

x = np.ravel(random_x)
y = np.ravel(random_y)
z = np.ravel(random_z)

c = 'r'
m = '^'
s = 300,

ax.scatter3D(x, y, z, s=s, c=c, marker=m)
plt.show()
```

Output

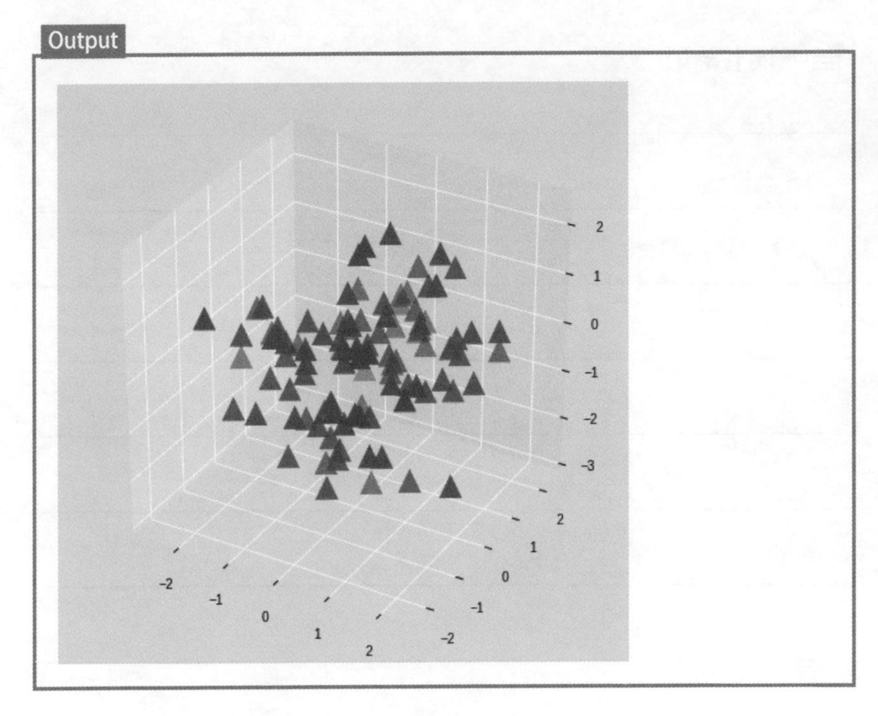

Output显示，已按预期绘制好了图表。

本章已经简单地介绍了Matplotlib的基本功能。如果读者想了解更多关于Matplotlib的信息，请访问https://matplotlib.org/index.html。

读者可以在上面的网站中看到本书中所介绍的内容之外的更多功能。

第3章介绍了Python语言的基本概念和标准库，这些语言经常出现在机器学习和深度学习中。现在，终于要开始机器学习和深度学习的内容了。

读书笔记

第2部分

16个练习带你玩转机器学习

注意：建议把第2部分（第4章和第5章）中介绍的程序在Colaboratory中运行（只能在Colaboratory中运行的是4.7节、4.8节和5.5节的程序）。

可以在Colaboratory中运行的代码，也支持在Raspberry Pi浏览器中运行。注意，4.2节、5.6节和5.7节的程序只支持在Raspberry Pi的实体机上运行，不支持云端运行。除此之外，大多数Python程序都支持在PC和Raspberry Pi中运行，但是，在4.5节及以后章节利用深度学习框架进行的神经网络学习和深度学习中，学习（训练）阶段就在Raspberry Pi中执行会非常困难。

因此，大多数代码学习阶段（见1.2节）在Colaboratory中完成，推理应用阶段可以在Raspberry Pi中执行。

Four

Number Chapter

第4章

Title

机器学习、深度学习的实操练习(初级、中级)

本书可以理解为针对“对机器学习和深度学习很感兴趣，但是不知道从哪里开始”的读者的简单易懂的“学习纲要”。

从常规的图像处理库OpenCV到以机器学习而闻名的scikit-learn，提供了一些“学习的秘诀”。

另外，也会介绍一些目前非常受关注的和有未来前景的深度学习框架。还为经典的深度学习框架PyTorch、来自日本的Chainer和最近流行的TensorFlow提供了学习方法，因为它们早晚都会把代码开放。

请按提供的学习代码输入并尝试执行或改造。

首先，尝试接触和体验机器学习和深度学习。

4.1 初级学习

OpenCV图像处理基础知识

约60分钟

Colaboratory

OpenCV是图像处理中非常重要的库，因此将OpenCV作为第一个知识点来讲，现在介绍OpenCV的基本用法。

首先，为了熟悉如何使用OpenCV，请尝试在Colaboratory中运行代码内容。

准备的环境和工具

- Colaboratory
- OpenCV
- 图片（这里是笔者的照片，本文使用的文件是kawashima01.jpg，也可以使用自己准备的人物图像文件）。

本次练习的目的

- OpenCV的介绍
- 了解和掌握OpenCV概述和基本功能
- 使用OpenCV了解图像处理的基础

▶ 4.1.1 OpenCV简介

OpenCV（https://opencv.org）的正式名称是Open Source Computer Vision Library。OpenCV是一个用于处理开源图像和视频的库。由于本书的重点是图像处理，所以OpenCV是一个不可忽略的主题。

OpenCV提供了在计算机上处理图像和视频所需的各种高级功能。它提供了许多强大的处理功能，如调整图像大小、旋转、去噪、模糊、轮廓提取和灰度转换。OpenCV是通过BSD许可协议的，因此不仅可以用于学术目的，还可以用于商业目的。

在机器学习和深度学习中，OpenCV在预处理图像数据时非常有用。例如，在深度学习中，当学习数据不足时，还经常使用OpenCV旋转和模糊图像数据，以增加学习数据。在本节的最后，将详细描述它的处理方法。

除了处理图像之外，OpenCV还实现了基本机器学习的模块，但本书将重点介绍OpenCV的图像处理。

1. OpenCV的版本

OpenCV在3.0版本发布后，又经过约3年半的开发，目前已经升级为4.0版本。

在编写本书内容时，软件包管理系统提供的已编译二进制软件包有Ubuntu 18.04LTS，而OpenCV在编写本节内容时是3.4.0。

如果使用Raspberry Pi进行测试，则pip自带安装的已编译二进制包是旧的版本。如果希望安装和使用最新版本的OpenCV（不仅限于Raspberry Pi），而不是pip的已编译OpenCV版本，则必须从源代码编译。下面的方法（见4.2节）将详细介绍如何使用Raspberry Pi编译和安装源代码。

本节首先要尝试在Colaboratory中安装OpenCV。

2. 安装OpenCV

首先，在Colaboratory中通过pip安装OpenCV软件包。

Input

```
!pip install opencv-python
```

Output

```
省略
```

3. 版本的确认

尝试导入OpenCV并输出OpenCV版本。

Input

```
import cv2

print(cv2.__version__)
```

Output

```
3.4.3
```

在编写本书时，安装在Colaboratory环境中的OpenCV版本是3.4.3。

并且，本书中后面所表示的软件包版本将都是编写本书时的版本（当具体操作安装时，可能会看到的是所操作时间点的最新版本。并且，命令和程序执行结果的输出内容也可能不同）。

在这里，我们可能会怀疑在刚才的Input中输入了cv2，版本是3.4.3，为什么不是cv3，而是cv2？这是一个问题。

实际上，现在使用的是OpenCV的Python库，它是一个由C++创建的OpenCV API，它可以与Python一起使用。目前，最新的OpenCV API是用C++编写的2.x版。在此之前，也有1.x系列的API，它是用C语言创建的。因此，当Python使用最新的OpenCV时，cv后面的2表示使用C++编写的OpenCV的API版本。本书中，OpenCV将多次出现，请理解cv2这一术语的含义。

接下来，导入Matplotlib以显示图像。Matplotlib是一个库，用于绘制3.2节中介绍的图表。

Input

```
import cv2
import matplotlib.pyplot as plt
```

Output

```
无
```

4. 下载示例图像

我们已经将笔者的照片公开在GitHub上，将用这张照片来尝试OpenCV的各种功能。首先，使用wget命令下载照片。

Input

```
!wget https://github.com/kawashimaken/photos/raw/master/kawashima01.jpg
```

Output

```
--2019-01-26 00:19:36--  https://github.com/kawashimaken/photos/raw/
master/kawashima01.jpg
Resolving github.com (github.com)... 140.82.118.3, 140.82.118.4
Connecting to github.com (github.com)|140.82.118.3|:443... connected.
HTTP request sent, awaiting response... 302 Found
Location: https://raw.githubusercontent.com/kawashimaken/photos/mast
er/kawashima01.jpg [following]
--2019-01-26 00:19:36--  https://raw.githubusercontent.com/kawashima
ken/photos/master/kawashima01.jpg
Resolving raw.githubusercontent.com (raw.githubusercontent.com)...
151.101.0.133, 151.101.64.133, 151.101.128.133, ...
```

```
Connecting to raw.githubusercontent.com (raw.githubusercontent.co
m)|151.101.0.133|:443... connected.
HTTP request sent, awaiting response... 200 OK
Length: 16073 (16K) [image/jpeg]
Saving to: 'kawashima01.jpg'

kawashima01.jpg     100%[===================>]  15.70K  --.-KB/s
in 0.004s

2019-01-26 00:19:36 (3.44 MB/s) - 'kawashima01.jpg' saved
[16073/16073]
```

Column

关于图片的上传

如果使用上述下载的文件，则不需要按照此处的描述上传图像。如果要使用自己准备的照片，请执行以下程序并上传照片。

Input

```
from google.colab import files
uploaded = files.upload()
```

Output

```
无
```

当显示“选择文件”按钮时，可以单击该按钮从PC上传任何图像。

Colaboratory的Notebook会作为Google网盘的文件永久保存，但是Notebook运行时上传的数据、程序创建的数据并不是永久保存的，经过一段时间后，Notebook的运行环境会重置，数据会消失。如果长时间不使用Notebook，应该下载数据并将其保存在本地PC上。

可以使用ls命令检查刚才下载的kawashima01.jpg文件，代码如下。

Input

```
ls
```

Output

```
kawashima01.jpg  sample_data/
```

▶4.1.2 操作办法

下面是OpenCV的典型图像处理方法。

1. 导入图像

下面的程序中，可以使用OpenCV imread(文件名)方法将kawashima01.jpg图像文件作为数据导入。当使用OpenCV处理图像时，imread()方法很有用。

print(img_bgr)显示img_bgr的原始数据。

Input

```
img_bgr = cv2.imread('kawashima01.jpg')
print(img_bgr)
```

Output

```
[[[183 219 219]
  [178 214 214]
  [168 206 206]
  ...
  [255 253 253]
  [255 252 252]
  [255 250 250]]

   ---省略--

 [[223 214 255]
  [197 186 248]
  [164 148 225]
  ...
  [134 139 178]
  [171 177 214]
  [200 209 243]]]
```

通过图像的数据已经可以确认，有很多像[183 219 219]这样的数据排列在一起，即图像上的每个点(像素)。

在[183 219 219]中，各元素分别表示BGR(B为Blue/蓝色、G为Green/绿色、R为Red/红色)成分。

如果这些点(像素)按顺序排列显示，就会变成图像。

接下来，不用图像文件显示图像，而采用Matplotlib的输出功能显示图像。imshow()函数将RGB数据转换为图像并绘图。我们知道show()函数表示显示图像，imshow()函数也包含show，但实际上imshow()函数仅用于准备图像。要实际查看图像，则必须运行plt.show()函数。

Input

```
plt.imshow(img_bgr)
plt.show()
```

Output

我们已经确认了人物的照片。但是直接显示出来的照片颜色有点不协调(因为本书不是彩色印刷，所以读者可能肉眼无法直观感受到)。正如img_bgr这个变量名所暗示的那样，这是因为数据是BGR格式的。再来看看如何保存计算机中的图像数据。

图像在计算机中是如何保存的呢？例如上面的图像，纵向由320个“点”组成，横向也由320个“点”组成。

每个“点”称为像素。此外，一个像素中包含3个元素。这3个元素以RGB

表示。每个像素代表从计算机显示器的那个点上发出的光的颜色。

在大多数情况下，每个RGB发光的亮度表示为0 ~ 255的数值（8位二进制数）。当RGB的值全部为0，即（0,0,0）时，该像素的红色、绿色和蓝色元素全部不发光，显示为黑色。反之，如果RGB的值全部为255，则所有RGB元素都将发光，像素显示为白色。

如果使用NumPy直接分析从文件中检索的数据img_bgr，则结果为（320,320,3），如以下程序的执行结果所示。

np.array(img_bgr)是将img_bgr的Python数组转换为NumPy数组的处理。NumPy数组的内部结构与Python数组的结构不同（如存储dtype、dnim、shape等）。这样转换后，就可以在下一个print(x.shape)中获取和显示尺寸。

Input

```
import numpy as np


x = np.array(img_bgr)
print(x.shape)
```

Output

```
(320, 320, 3)
```

输出（Output）字符串中的前两个320分别表示垂直和横向数据的数量。最后的3表示颜色的通道数是3（BGR）。

顺序不是RGB，而是BGR，所以不是正常的色调。要让plt.imshow()正常绘制照片，必须传递RGB数据。

现在，使用OpenCV方法cv2.cvtColor()将图像数据转换为RGB数据，然后再次显示。

从cv2.COLOR_BGR2RGB这个名称可以得知转换的方法为“从BGR到RGB”。

Input

```
img_rgb = cv2.cvtColor(img_bgr, cv2.COLOR_BGR2RGB)
plt.imshow(img_rgb);
plt.show()
```

Output

在内部，它会重新排序。结果就是正常的照片色调，如上述输出结果。

现在，将BGR数据转换为HSV数据。HSV是用3个元素表示图像的数据结构（H为Hue/色调，S为Saturation/饱和度，V为Value（Brightness）/亮度）。

Input

```
img_hsv = cv2.cvtColor(img_bgr, cv2.COLOR_BGR2HSV)
plt.imshow(img_hsv)
plt.show()
```

Output

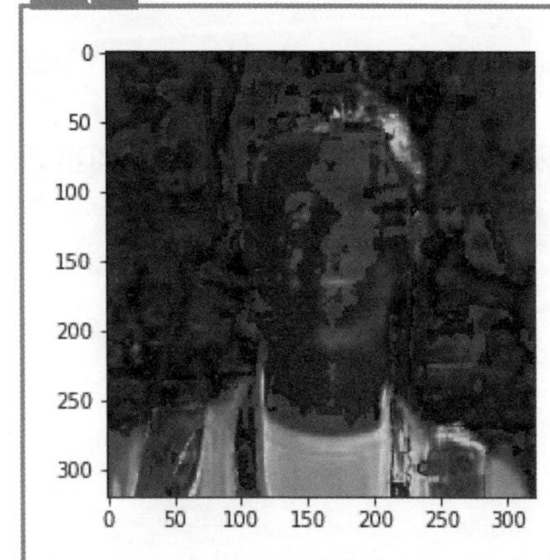

这将是一种截然不同的色调。

接下来，尝试将RGB数据转换为灰度数据。

Input

```
img_gray = cv2.cvtColor(img_rgb, cv2.COLOR_RGB2GRAY)
plt.imshow(img_gray)
plt.show()
```

Output

2. 保存图像

接下来，我们将了解如何在OpenCV中存储图像文件。例如，如果想保存上面的灰度图像，可以使用cv2.imwrite(文件名，图像数据)，代码如下。

Input

```
cv2.imwrite('gray_kawashima.jpg', img_gray)
```

Output

```
True
```

用ls命令检查一下图像文件是否已经创建。

Input

```
ls
```

Output

```
gray_kawashima.jpg  kawashima01.jpg  sample_data/
```

运行程序后，可以看到已创建一个名为gray_kawashima.jpg的文件。

3. 裁剪

当想要裁剪图像的一部分时，可以执行裁剪操作。裁剪的本质是只提取数据数组的一部分。

首先来看一下裁剪处理之前的数据尺寸。

Input

```
img_bgr = cv2.imread('kawashima01.jpg')

img_rgb = cv2.cvtColor(img_bgr, cv2.COLOR_BGR2RGB)

size = img_rgb.shape
print(size)
```

Output

```
(320, 320, 3)
```

结果为（320,320,3），即长和宽为320像素，具有3个RGB通道的数据。

现在想把纵向和横向都做成一半的尺寸。参照对比刚才的画像，大概是在人物的嘴的位置以上的部分。

Input

```
new_img = img_rgb[:size[0] // 2, : size[1] // 2]
print(new_img.shape)
#
plt.imshow(new_img);
plt.show()
```

Output

```
(160, 160, 3)
```

数据数组的大小为(160,160,3)，数据数组的大小变成了原来的1/4。颜色通道仍然是RGB，但只有照片的整体大小改变了。

这次，裁剪图片右下角的部分。

Input

```
new_img = img_rgb[size[0] // 2:, size[1] // 2:]
print(new_img.shape)
#
plt.imshow(new_img);
plt.show()
```

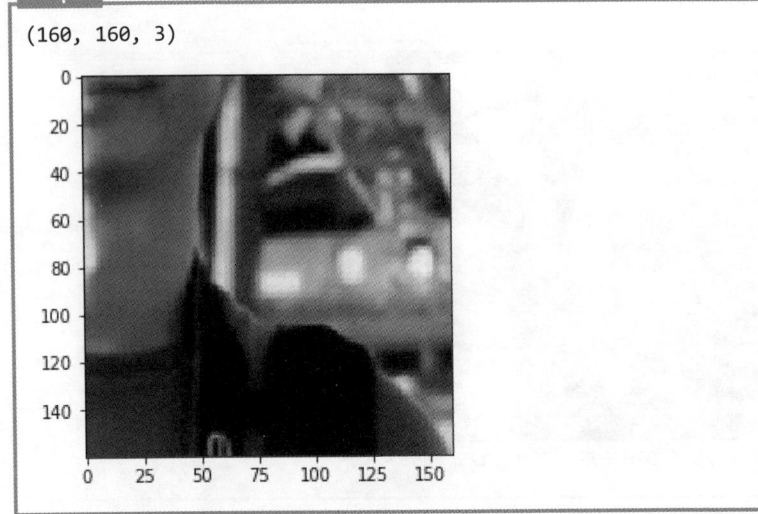

右下角的1/4被裁剪出来。

这样一来，数据的排列和图像的对应关系就变得容易理解了。

作为练习，请尝试裁剪出左上角的1/3正方形。

请考虑，裁剪是否可以理解为取出图像数据数组的一部分？

4. 调整

下面介绍如何调整图像大小。调整图像大小就是改变OpenCV中的图像数据数组大小。然后将修改后的数组大小传递给cv2.resize()。

Input

```
img_rgb = cv2.cvtColor(img_bgr, cv2.COLOR_BGR2RGB)


size = img_rgb.shape
print(size)
resized_img = cv2.resize(img_rgb, (img_rgb.shape[1] * 2, img_rgb.shape[0] * 2))
print(resized_img.shape)
#
plt.imshow(resized_img);
plt.show()
```

Output

```
(320, 320, 3)
(640, 640, 3)
```

在放大的情况下，像素数增加了，但是不清楚在显示器上像素数是否已经改变。要确认尺寸，请检查图像垂直轴和水平轴上的数字。

现在将图像缩小。缩小图像将使图像数据数组的大小变小。将修改后的数组大小传递给cv2.resize()。

Input

```
resized_img = cv2.resize(img_rgb, (img_rgb.shape[1] // 4, img_rgb.shape
[0] // 4))
print(resized_img.shape)
#
plt.imshow(resized_img);
plt.show()
```

Output

```
(80,80,3)
```

缩小到1/4之后，可以把上面的数字再改一下，缩小到1/10。图像显示看起来像是打了马赛克。

5. 旋转图像

旋转图像可以使用cv2.warpAffine()函数（仿射变换）。

warpAffine()参数的含义如下。

- 第1个参数：要转换的图像数据（本例中为img_rgb）。
- 第2个参数：转换矩阵cv2.getRotationMatrix2D。
- 第3个参数：要输出的图像的大小[本例中为img_rgb.shape[:2]，即img_rgb.shape(320,320,3)的前两个数据，在本例中为(320,320)]。

在cv2.getRotationMatrix2D()中必须创建一个传递给warpAffine()的参数。getRotationMarix2D() 3个参数的含义如下。

- 第1个参数：旋转中心（图像中心）。
- 第2个参数：旋转角度（尝试旋转45°）。
- 第3个参数：放大倍率（参数值为1表示尺寸保持不变）。

图像根据以上参数，可以在这里设置如何转换目标图像的“指令”。

Input

```
import numpy as np
import matplotlib.pyplot as plt

img_bgr = cv2.imread('kawashima01.jpg')
img_rgb = cv2.cvtColor(img_bgr, cv2.COLOR_BGR2RGB)
```

```
#
mat = cv2.getRotationMatrix2D(tuple(np.array(img_rgb.shape[:2]) / 2),
45, 1.0)

result_img = cv2.warpAffine(img_rgb, mat, img_rgb.shape[:2])

#
plt.imshow(result_img);
plt.show()
```

Output

运行程序后，可以检查图像是否旋转。

可尝试更改 getRotationMatrix2D() 的参数，查看效果。

例如，旋转 135°，缩小至 0.5 倍，代码如下。

Input

```
mat = cv2.getRotationMatrix2D(tuple(np.array(img_rgb.shape[:2]) / 2),
135, 0.5)

result_img = cv2.warpAffine(img_rgb, mat, img_rgb.shape[:2])

#
```

```
plt.imshow(result_img);
plt.show()
```

Output

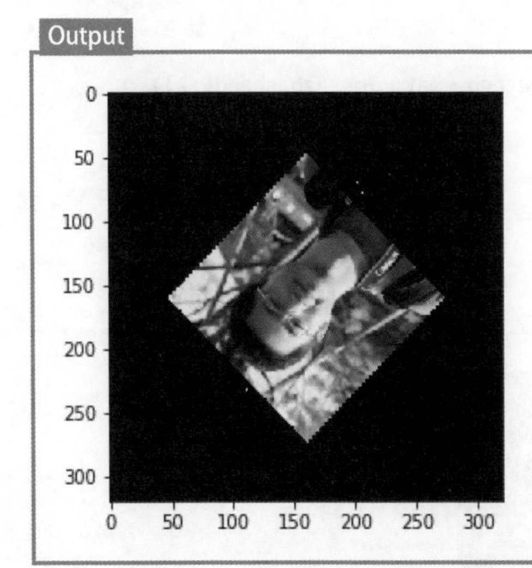

可以看出，按指定方式旋转并缩小了尺寸。

除了getRotationMatrix2D()函数，还可以使用cv2.flip()函数绕x轴翻转。

6. 色调转换

现在改变一下照片的色调。从RGB转换为LAB，可以制作出气氛很不一样的照片。LAB是用3个元素表示图像的数据结构（L为亮度，A为红-绿分量，B为黄-蓝分量），OpenCV使各种数据结构之间的相互转换变得简单。

Input

```
import matplotlib.pyplot as plt

img_bgr = cv2.imread('kawashima01.jpg')
#
result_img = cv2.cvtColor(img_rgb, cv2.COLOR_RGB2LAB)

#
plt.imshow(result_img);
plt.show()
```

Output

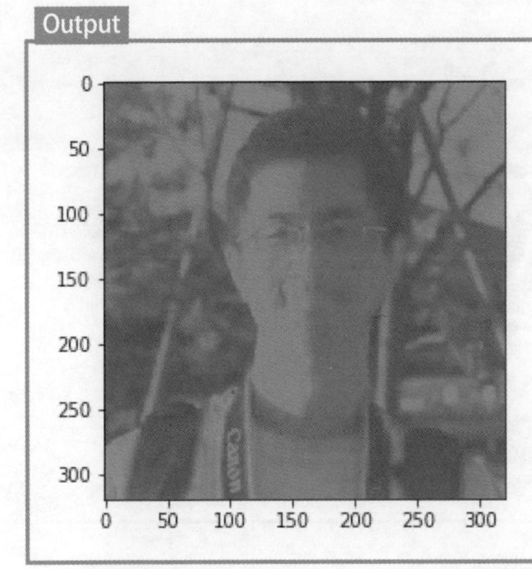

7. 图像二值化

将比指定值更亮的像素或比指定值更暗的像素设置为相同的值，以减小图像的大小，这一过程称为图像二值化（Image Binarization），也称为阈值处理。

在这里使用 cv2.threshold() 函数实现图像二值化。

Input

```
import matplotlib.pyplot as plt


img_bgr = cv2.imread('kawashima01.jpg')
img_rgb = cv2.cvtColor(img_bgr, cv2.COLOR_BGR2RGB)
#
retval, result_img = cv2.threshold(img_rgb, 95, 128, cv2.THRESH_TOZERO)


#
plt.imshow(result_img);
plt.show()
```

Output

图像二值化之后，人物大致形象还在。

再进行一些实验，使用THRESH_BINARY作为第4个参数，并适当地更改第2个和第3个参数。

Input

```
#img_rgb = cv2.cvtColor(img_bgr, cv2.COLOR_BGR2RGB)
retval, result_img = cv2.threshold(img_rgb, 100, 255, cv2.THRESH_BINARY)

#
plt.imshow(result_img);
plt.show()
```

Output

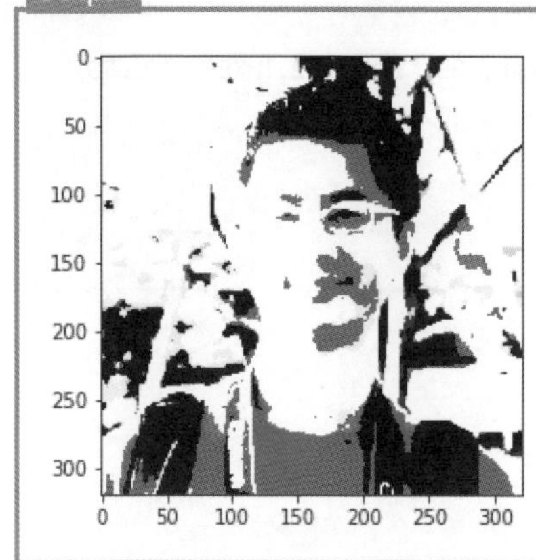

这样图像改变了很多。除了图像视觉上的变化之外，文件所占空间（文件大小）也很戏剧性地显著减小了。请下载文件，并尝试操作，对比处理前后所占空间的变化。

8. 模糊处理

可以使用cv2.GaussianBlur()函数对图像进行模糊处理。

Input

```
import matplotlib.pyplot as plt

img_bgr = cv2.imread('kawashima01.jpg')
img_rgb = cv2.cvtColor(img_bgr, cv2.COLOR_BGR2RGB)
#
result_img = cv2.GaussianBlur(img_rgb, (15, 15), 0)

#
plt.imshow(result_img);
plt.show()
```

Output

这张照片给人一种模糊的失焦感觉。

9. 降噪

在黑暗的地方拍照后，冲洗出来的照片经常会在暗部沾上一些无关的色点，这叫噪点。对于有噪点的部分，可以使用以下方法去除噪点（降噪），即cv2.fastNlMeansDenoisingColored()函数。

Input

```
import matplotlib.pyplot as plt

img_bgr = cv2.imread('kawashima01.jpg')
img_rgb = cv2.cvtColor(img_bgr, cv2.COLOR_BGR2RGB)

result_img = cv2.fastNlMeansDenoisingColored(img_rgb)


plt.imshow(result_img);
plt.show()
```

Output

对照片进行去噪处理后，人的皮肤给人一种光滑的感觉。

10. 缩放

这里的缩放是指对图像过滤处理后所产生的效果，这种方法也称为形态学变换。在形态学变换中，过滤器也称为结构元素（内核）。

其中，使用的过滤器为

[[0,1,0],
 [1,0,1],
 [0,1,0]]

过滤器可以是任选的。关键在于各自的膨胀和收缩处理。这次的图像是彩色图像，为了简化说明，假设目标图像是黑白图像，数据只有1和0。

在膨胀处理中，对目标图像和滤波器执行或（OR）操作，如1.3节中描述的卷积处理。也就是说，如果目标图像和滤镜中有一个为1，则输出为1。因此，目标图像的区域1将被放大。相反，收缩处理对目标图像和滤镜执行和（AND）操作。仅当目标图像和滤镜均为1时，才将输出设置为1。因此，目标图像的区域1将缩小。

用于膨胀处理的函数是cv2.dilate()，下面来看看应用的结果。

Input

```
import numpy as np
import matplotlib.pyplot as plt

img_bgr = cv2.imread('kawashima01.jpg')
img_rgb = cv2.cvtColor(img_bgr, cv2.COLOR_BGR2RGB)

filt = np.array([[0, 1, 0],
                 [1, 0, 1],
                 [0, 1, 0]], np.uint8)

result_img = cv2.dilate(img_rgb, filt)



plt.imshow(result_img);
plt.show()
```

通过膨胀处理，人物的眼睛变细了。

接下来，进行收缩处理。使用相同的过滤器，但代码是cv2.erode()。

Input

```
import numpy as np
import matplotlib.pyplot as plt

img_bgr = cv2.imread('kawashima01.jpg')
img_rgb = cv2.cvtColor(img_bgr, cv2.COLOR_BGR2RGB)

filt = np.array([[0, 1, 0],
                 [1, 0, 1],
                 [0, 1, 0]], np.uint8)

result_img = cv2.erode(img_rgb, filt)



plt.imshow(result_img);
plt.show()
```

Output

经过处理，人物的眼睛清晰起来了。相同的过滤器，但使用了cv2.erode()函数。

11. 轮廓提取

在图像处理中，当要指定目标对象时，经常会有一个轮廓提取过程。查找轮廓的方法是cv2.findContours()。

Input

```
import cv2
import matplotlib.pyplot as plt

img_bgr = cv2.imread('kawashima01.jpg')
img_gray = cv2.cvtColor(img_bgr, cv2.COLOR_BGR2GRAY)
retval, thresh = cv2.threshold(img_gray, 88, 255, 0)
img, contours, hierarchy = cv2.findContours(thresh, cv2.RETR_EXTERNAL,
cv2.CHAIN_APPROX_SIMPLE)

result_img = cv2.drawContours(img, contours, -1, (0, 0, 255), 3)


#
plt.imshow(result_img);
plt.show()
```

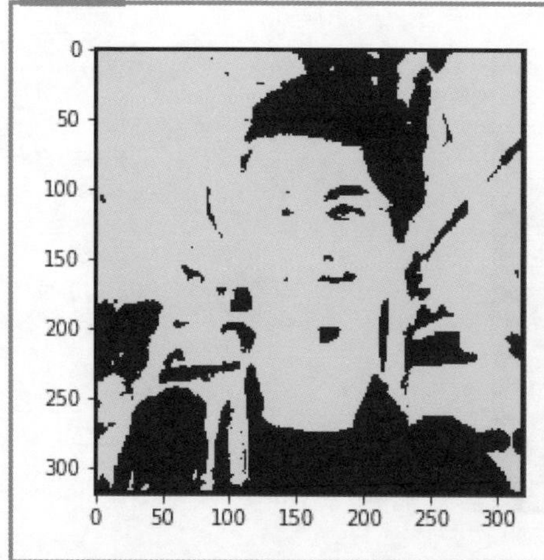

处理后的图像轮廓是特定的。

到此为止，已经介绍了一些处理图像的程序，并且各自作为独立的程序尝试运行过了。但是，在实际工作中使用OpenCV时，需要同时结合多个处理，而不仅仅靠单独某个程序来获得目标结果。接下来，将介绍一些综合性的操作办法。

12. 图像数据稀释

在准备机器学习或深度学习所需的学习数据时，如果学习数据不足，则可通过增加数据数量来解决。一种方法是稀释图像数据（在第2部分第5章的内容中，在学习饮料瓶和易拉罐的图像之前，就是使用这种技术进行预处理的）。

使用OpenCV，可以通过反转、更改阈值或模糊化来增加同一对象的图像数量。

Input

```
import os

import cv2



def make_image(input_img):
    # 图像大小
    img_size = input_img.shape
    filter_one = np.ones((3, 3))
```

```
    # 反转用
    mat1 = cv2.getRotationMatrix2D(tuple(np.array(input_img.shape[:2]) /
2), 23, 1)
    mat2 = cv2.getRotationMatrix2D(tuple(np.array(input_img.shape[:2]) /
2), 144, 0.8)

    # 用于填充方法的函数
    fake_method_array = np.array([
        lambda image: cv2.warpAffine(image, mat1, image.shape[:2]),
        lambda image: cv2.warpAffine(image, mat2, image.shape[:2]),
        lambda image: cv2.threshold(image, 100, 255, cv2.THRESH_TOZE
RO)[1],
        lambda image: cv2.GaussianBlur(image, (5, 5), 0),
        lambda image: cv2.resize(cv2.resize(image, (img_size[1] //
5, img_size[0] // 5)), (img_size[1], img_size[0])),
        lambda image: cv2.erode(image, filter_one),
        lambda image: cv2.flip(image, 1),
    ])

    # 执行图像转换过程
    images = []

    for method in fake_method_array:
        faked_img = method(input_img)
        images.append(faked_img)

    return images


# 载入图像
target_img = cv2.imread("kawashima01.jpg")

# 稀释图像数据
fake_images = make_image(target_img)

# 创建保存图像的文件夹
if not os.path.exists("fake_images"):
    os.mkdir("fake_images")
```

```
for number, img in enumerate(fake_images):
    # 首先，指定要保存的目录“fake_images/”并将其编号
    cv2.imwrite("fake_images/" + str(number) + ".jpg", img)
```

Output

```
无
```

数据稀释处理后，可以运行ls命令查看生成的稀释后的文件列表。

Input

```
ls fake_images
```

Output

```
0.jpg  1.jpg  2.jpg  3.jpg  4.jpg  5.jpg  6.jpg
```

由kawashima01.jpg创建了6个文件，可以查看到这些多出来的文件。

如果打算使用另一张图片多次运行上述程序，则最好删除稀释的文件。如有必要，请使用以下命令删除该文件（例如，有一张图片A，可以将它稀释为7张；如果要追加另一张图片B用于别的用途，则可以将B稀释为7张，但要用rm代码删除不再需要的A）。另外，请注意运行此命令删除的图像文件再运行下面的程序会出错，而且此命令删除的文件无法恢复。

Input

```
!rm fake_images/*
```

Output

```
无
```

接下来，创建一个程序来展示制作的稀释图片数据。

Input

```
import numpy as np
import cv2
import matplotlib.pyplot as plt
```

```
# 设置列数
NUM_COLUMNS = 4
# 行
ROWS_COUNT = len(fake_images) % NUM_COLUMNS
# 列
COLUMS_COUNT = NUM_COLUMNS

# 用于保留图表对象
subfig = []
# 确定figure（配置）对象创建大小
fig = plt.figure(figsize=(12, 9))

#
for i in range(1, len(fake_images) + 1):
    # 按顺序添加第i个subfig对象
    subfig.append(fig.add_subplot(ROWS_COUNT, COLUMS_COUNT, i))

    img_bgr = cv2.imread('fake_images/' + str(i - 1) + '.jpg')
    img_rgb = cv2.cvtColor(img_bgr, cv2.COLOR_BGR2RGB)
    subfig[i - 1].imshow(img_rgb)

# 图表之间横向和纵向间隙的调整
fig.subplots_adjust(wspace=0.3, hspace=0.3)

plt.show()
```

Output

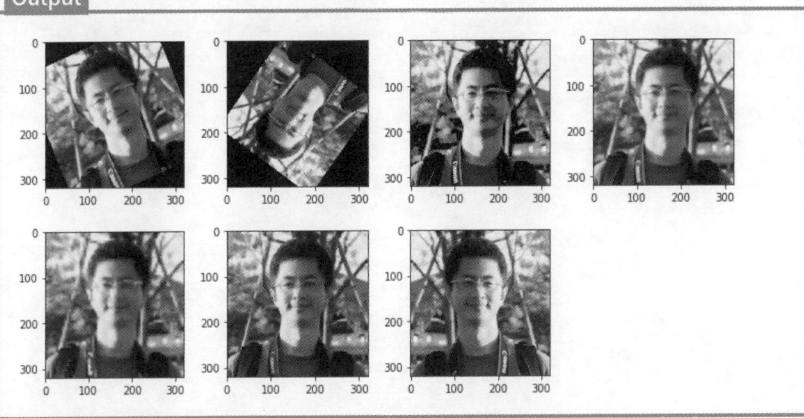

这样，在机器学习、深度学习的时候，能帮助你解决数据采集不足的问题。

例如，如果有100张图片，可以用这个方法将图片增加到700张（$n\times7$个）。

▶4.1.3 总结

本节简要介绍了OpenCV的基本功能。当然，这只是OpenCV众多功能中的一小部分。对OpenCV感兴趣的朋友一定要深入了解一下它的更多内容。

在下面的教学中，将使用Raspberry Pi从OpenCV源代码编译并安装，以创建人脸识别程序。

4.2 初级学习

在Raspberry Pi中利用OpenCV进行人脸识别

约30分钟

—— Colaboratory + Raspberry Pi ——

本节将通过Raspberry Pi使用常规图像处理库OpenCV来练习人脸识别的示例代码，学习人脸识别的基本思路。

使用Raspberry Pi和专用摄像头模块，轻松实现人脸识别。作为人工智能的第一个实验，这将是一个有趣的学习体验。

从视频中可以识别出人脸的信息，是一种非常快乐且有成就感的技术。

我们还将尝试通过源代码编译和安装OpenCV，以便在Raspberry Pi中使用新版本的OpenCV。

环境和工具的准备

- Raspberry Pi
- OpenCV源代码
- 摄像头模块

本次练习的目的

- 更好地理解OpenCV
- 使用Raspberry Pi编译和安装OpenCV
- 使用OpenCV运行人脸识别程序

▶ 4.2.1 在Raspberry Pi中启用OpenCV

4.1节在Colaboratory中尝试了OpenCV的基本功能。本节需要在Raspberry Pi中使用新版本的OpenCV。

1. 编译和安装OpenCV

在Raspberry Pi的不同版本中，实现编译并安装OpenCV源代码需要花费不同的时间。例如，Raspberry Pi Zero W大约需要8.5小时、Raspberry Pi Zero大约需要14小时、Raspberry Pi 3B+大约需要2.2小时。但笔者认为，一旦自己完成编译和安装，就会加深理解，学习效果也会更好。

另一种方法是在另一台高性能计算机上进行交叉编译，并使用二进制文件，但这些操作在本书中并没有讲解。感兴趣的朋友可以去挑战一下。但是请注意，如果通过pip安装的OpenCV不是最新版本，则可能会在后续练习中出现错误。建议可以在GitHub上安装和使用已编译的OpenCV二进制文件，但请确保所用的安装文件来自可靠的开发源。

下面开始介绍OpenCV的编译和安装。

2. 准备Raspbian

要准备Raspberry Pi的操作系统(Raspbian),请参阅Raspberry Pi官网(https://www.raspberrypi.org)教程。准备好后,使用microSD卡启动它。启动终端,然后在命令行中运行,这需要一段时间。

这个菜单中使用的命令有很多,在本书数据文件夹下的scripts文件夹中已有汇总准备。如果需要,对于那些较长的命令可以直接复制运行。

3. Expand Filesystem

Raspbian如果不实施一次"Expand Filesystem",就无法使用microSD卡的全部区域。笔者准备了32 GB的microSD卡,如果不能使用所有的区域就太可惜了,所以执行这个步骤。无论microSD卡的容量如何,都需要执行此步骤。

```
$ sudo raspi-config ©
```

当Raspberry Pi设置界面打开时,请选择7 Advanced Options,如图4-2-1所示。

▼图4-2-1　选择7 Advanced Options

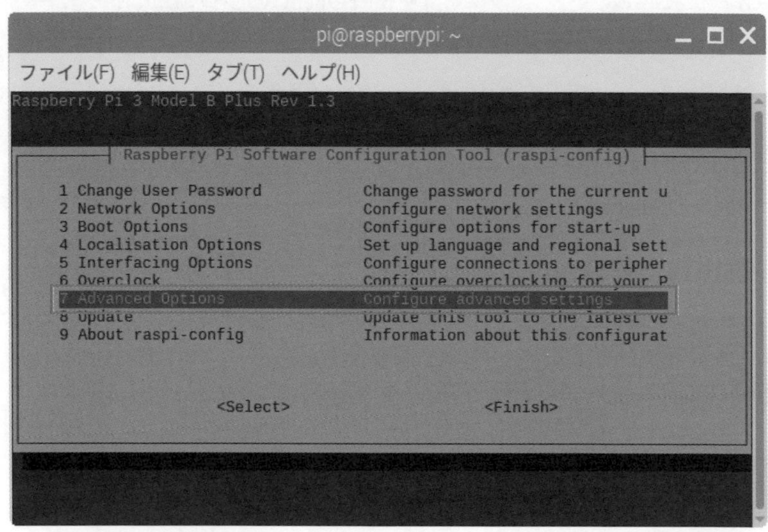

如图4-2-2所示,选择A1 Expand Filesystem,然后扩展文件系统。

▼图4-2-2 选择A1 Expand Filesystem

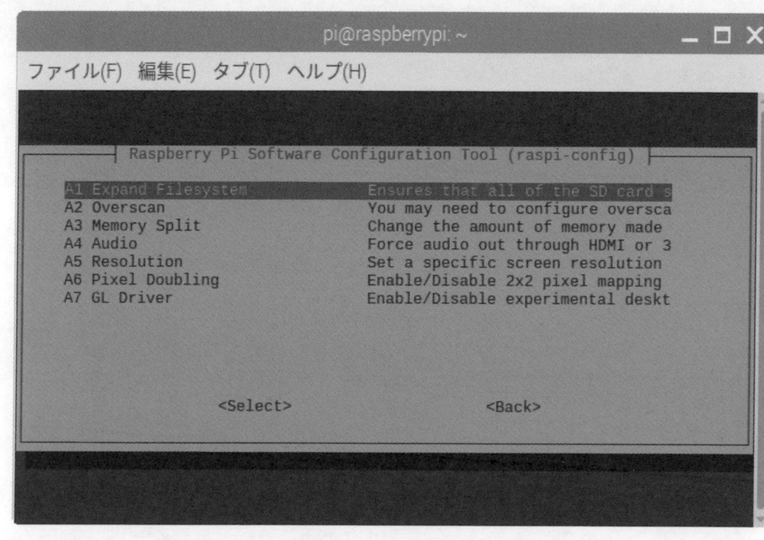

之后，在结束设置时会提示是否重新启动（见图4-2-3）。

▼图4-2-3 提示是否重新启动的界面

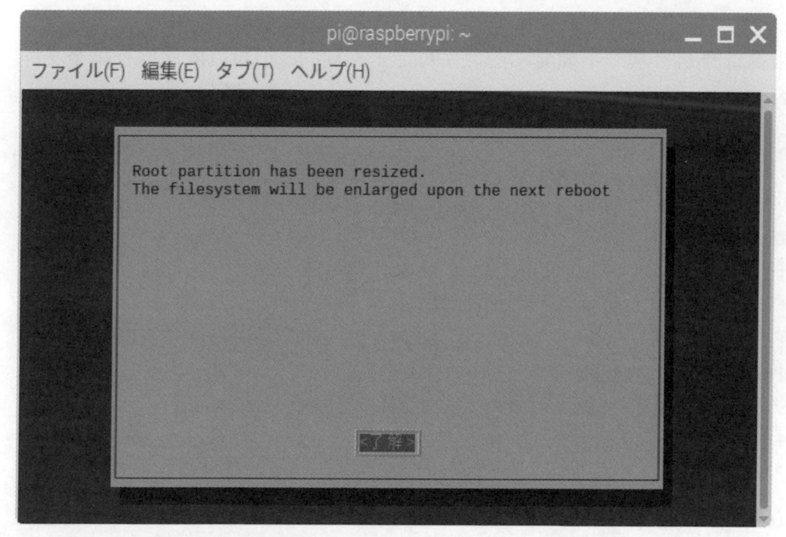

单击“了解”(确定)按钮，返回到上一个界面，然后单击“終了”(结束)按钮，提示是否重新启动（见图4-2-4）。在这里，单击“はい”(是)按钮，重新启动。

▼图4-2-4　确认重新启动画面

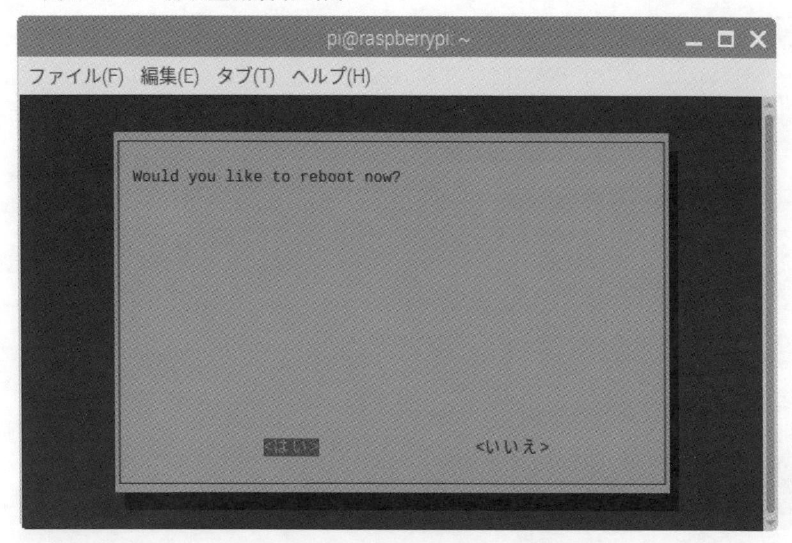

重新启动后，使用以下命令查看文件系统中可用空间的大小。

```
$ df -h ©
```

根据计算机环境，下面显示的数字可能是不同的，但可以依此检查每个文件夹的容量。

文件系统	大小	已使用	剩余	使用%	安装位置
/dev/root	29G	5.0G	23G	18%	/
devtmpfs	460M	0	460M	0%	/dev
tmpfs	464M	0	464M	0%	/dev/shm
tmpfs	464M	13M	452M	3%	/run
tmpfs	5.0M	4.0K	5.0M	1%	/run/lock
tmpfs	464M	0	464M	0%	/sys/fs/cgroup
/dev/mmcblk0p1	44M	23M	22M	52%	/boot
tmpfs	93M	0	93M	0%	/run/user/1000

在笔者的环境中使用了32 GB的SD卡。查看文件系统/dev/root，发现它已经使用了18%以上。

4. 更新系统

需要更新系统，则执行以下命令。如果没有更新的软件包，则直接结束。

```
$ sudo apt-get update ©
$ sudo apt-get upgrade ©
$ sudo rpi-update ©
```

sudo rpi-update部分是固件更新（见图4-2-5）。如果使用最新的Raspberry Pi Camera，请运行它。

▼图4-2-5　固件更新界面

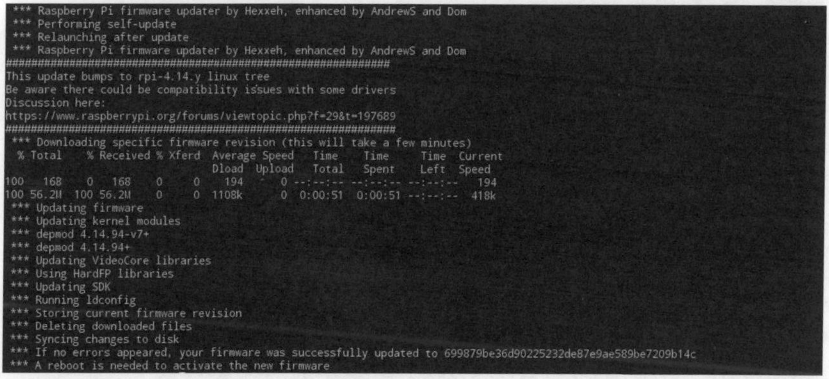

```
 *** Raspberry Pi firmware updater by Hexxeh, enhanced by AndrewS and Dom
 *** Performing self-update
 *** Relaunching after update
 *** Raspberry Pi firmware updater by Hexxeh, enhanced by AndrewS and Dom
#############################################################
This update bumps to rpi-4.14.y linux tree
Be aware there could be compatibility issues with some drivers
Discussion here:
https://www.raspberrypi.org/forums/viewtopic.php?f=29&t=197689
#############################################################
 *** Downloading specific firmware revision (this will take a few minutes)
  % Total    % Received % Xferd  Average Speed   Time    Time     Time  Current
                                 Dload  Upload   Total   Spent    Left  Speed
100   168    0   168    0     0    194      0 --:--:-- --:--:-- --:--:--   194
100 56.2M  100 56.2M    0     0  1108k      0  0:00:51  0:00:51 --:--:--  418k
 *** Updating firmware
 *** Updating kernel modules
 *** depmod 4.14.94-v7+
 *** depmod 4.14.94+
 *** Updating VideoCore libraries
 *** Using HardFP libraries
 *** Updating SDK
 *** Running ldconfig
 *** Storing current firmware revision
 *** Deleting downloaded files
 *** Syncing changes to disk
 *** If no errors appeared, your firmware was successfully updated to 699879be36d90225232de87e9ae589be7209b14c
 *** A reboot is needed to activate the new firmware
```

如果在这里找不到更新，则可以跳过此步骤。

```
$ sudo reboot now ©
```

重新启动后，操作系统处于最新状态。这样就是准备好了。

5. 增加swapfile大小

接下来，我们改变swapfile的大小。首先打开/etc下的dphys-swapfile文件（/etc文件夹是放置系统和应用程序配置文件的文件夹）。

```
$ sudo nano /etc/dphys-swapfile ©
```

找到文件中名为CONF_SWAPSIZE的部分，并进行如下更改（见图4-2-6）。

```
# CONF_SWAPSIZE=100
CONF_SWAPSIZE=2048
```

▼图4-2-6　CONF_SWAPSIZE 编辑界面

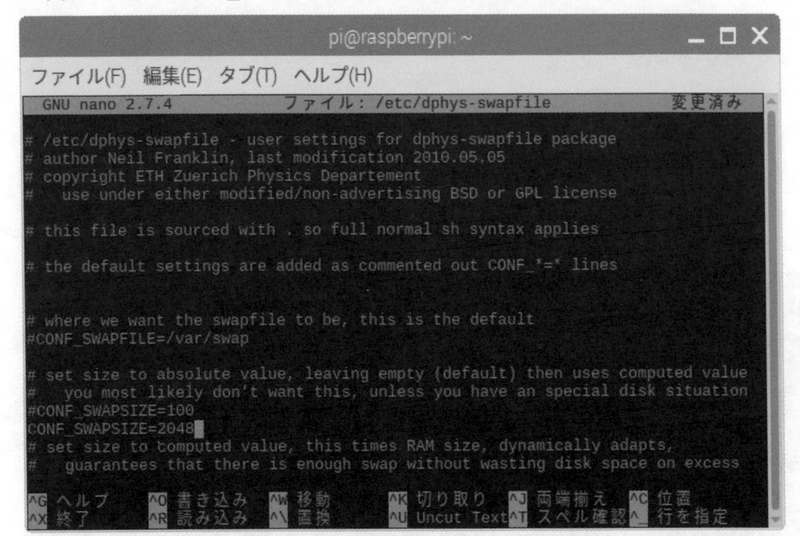

默认情况下，CONF_SWAPSIZE为100，在此将其设置为2048。

修改后，用l+x组合键关闭文件。会提示是否要保存，用输入y+©回答并覆盖保存文件。文件编辑界面也将关闭，并返回到正常的终端界面。

接下来，重新启动dphys-swapfile服务以启用此设置（暂停一次，然后启动）。

```
$ sudo /etc/init.d/dphys-swapfile stop ©
```

暂停的结果在终端中显示如下。

```
[ ok ] Stopping dphys-swapfile (via systemctl): dphys-swapfile.service.
```

再启动一次。

```
$ sudo /etc/init.d/dphys-swapfile start ©
```

终端显示如下。

```
[ ok ] Starting dphys-swapfile (via systemctl): dphys-swapfile.service.
```

通过以下命令检查新设置是否已启用。可以确认Swap的total为2047。

```
$ free -m ©
```

```
         total    used    free   shared  buff/cache   available
Mem:       927     107     481       15         337         741
Swap:     2047       0    2047
```

这样一来，系统就准备好了。下一步是做好编译之前的准备。

6. 安装所需的软件包

安装编译OpenCV时所需的软件包。所需的时间取决于互联网线路速度以及已经安装的软件和程序库。如果已经安装了以下这些软件包，也可以跳过此步骤。运行以下命令后，将显示要安装的软件包列表。如果发现有需要安装的软件包，请输入y+©继续。

```
$ sudo apt-get install build-essential cmake pkg-config ©
```

安装处理各种图像格式(如JPEG、PNG和TIFF)时所需的软件包。

```
$ sudo apt-get install libjpeg-dev libtiff5-dev libjasper-dev libpng12-dev ©
```

安装处理视频所需的软件包。

```
$ sudo apt-get install libavcodec-dev libavformat-dev libswscale-dev
libv4l-dev ©
$ sudo apt-get install libxvidcore-dev libx264-dev ©
```

安装GUI所需的gtk软件包。

```
$ sudo apt-get install libgtk2.0-dev libgtk-3-dev ©
$ sudo apt-get install libatlas-base-dev gfortran ©
$ sudo apt-get install python2.7-dev python3-dev ©
```

7. 准备OpenCV源代码

完成这些任务后，请返回到主目录。

```
$ cd ~ ©
```

这次使用OpenCV3.4.4,下载并展开它。

在默认用户pi的主目录下创建一个名为workspace的文件夹，并在那里执行编译工作(本书中的所有工作都在workspace文件夹下执行)。第3章也创建了workspace文件夹，如果没有workspace，则可以使用以下命令创建文件夹。

```
$ mkdir workspace ©
```

下面进行编译工作。首先，下载并解压缩OpenCV源代码。下载使用wget命令；解压缩使用unzip命令。

```
$ cd workspace ©
$ wget -O opencv.zip https://github.com/opencv/opencv/archive/3.4.4.zip ©
$ unzip opencv.zip ©
```

接下来，下载并解压缩OpenCV的配置库(Contrib Libraries)的非自由模块(Non-free Modules)的源代码。

```
$ wget -O opencv_contrib.zip https://github.com/opencv/opencv_contri
b/archive/3.4.4.zip ©
$ unzip opencv_contrib.zip ©
```

8. 准备编译

解压缩后，将创建两个文件夹：opencv-3.4.4和opencv_contrib-3.4.4。

opencv-3.4.4是OpenCV主体源代码的文件夹，首先转到这个目录继续编译工作。

```
$ cd opencv-3.4.4/ ©
$ mkdir build ©
$ cd build ©
```

用上述最后两个命令创建一个名为build的工作文件夹，并移动到该文件夹。

然后，运行下一个较长的命令来进行预编译设置。

```
$ cmake -D CMAKE_BUILD_TYPE=RELEASE \
        -D CMAKE_INSTALL_PREFIX=/usr/local \
        -D INSTALL_C_EXAMPLES=OFF \
        -D INSTALL_PYTHON_EXAMPLES=ON \
        -D OPENCV_EXTRA_MODULES_PATH=~/workspace/opencv_contrib-3.4.4/modules \
        -D BUILD_EXAMPLES=ON \
        -D ENABLE_NEON=ON ..  ©
```

请小心输入“-D OPENCV_EXTRA_MODULES_PATH=~/workspace/opencv_contrib-3.4.4/modules”，请检查要工作的文件夹和要编译的OpenCV的版本号。

这个命令的执行时间取决于计算机环境，通常需要几分钟。在完成此命令的执行后进行编译。

9. 开始编译

编译命令为make。输入以下命令。

```
$ sudo make -j4 ©
```

-j4是使用多核的指示。编译取决于环境，笔者的Raspberry Pi3B+花费了大约2.5个小时（见图4-2-7）。

▼图4-2-7　OpenCV编译中

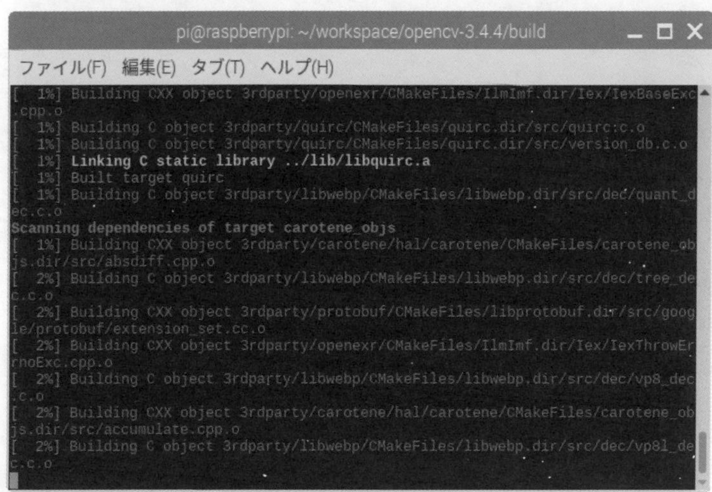

如果发生错误，请执行以下命令，暂时清除正在运行的工作，并再次编译。

```
$ sudo make clean ©
$ sudo make ©
```

编译结束后，如图4-2-8所示。

▼图4-2-8　编译结束

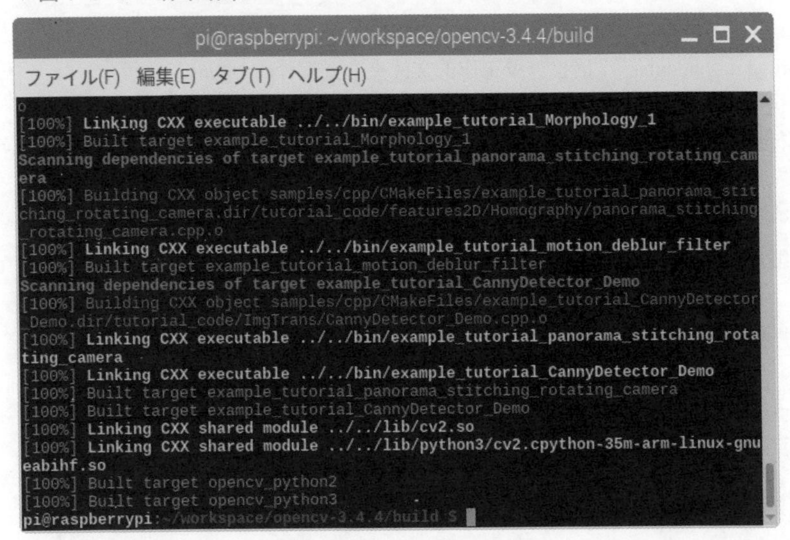

10. 安装

编译将创建一个可从Python程序引用的so文件。so文件是已编译的OpenCV二进制文件，可以导入到Python程序中使用。

通过执行make install命令，可以将所需的二进制文件放置在适当的位置。ldconfig命令还可以更新共享库的配置文件，并更新最新库的缓存。

```
$ sudo make install ©
$ sudo ldconfig ©
```

进行make install命令也需要几分钟。完成后，结果如图4-2-9所示。

▼图4-2-9 make install完成

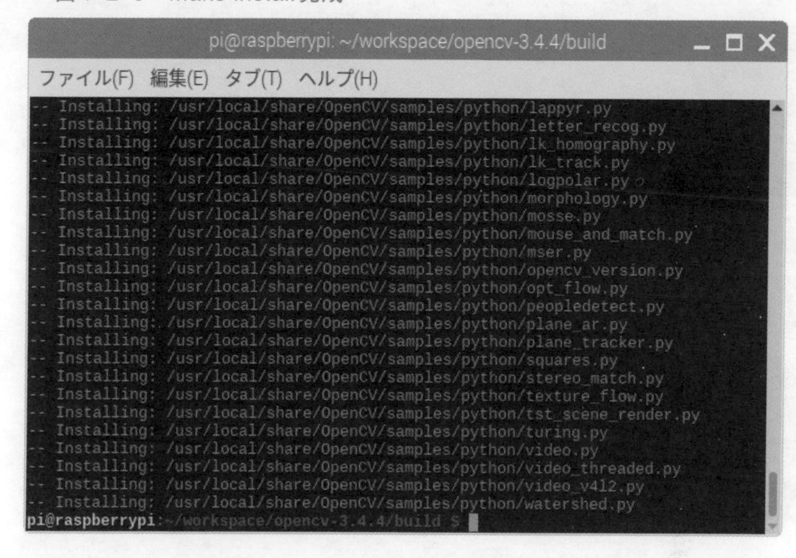

11. 允许引用OpenCV的so文件

实际上，在安装完成后，Python仍然不能使用OpenCV模块。

这个界面实际上是一个设置界面，允许Python程序在运行时找到并使用OpenCV模块。如果不执行此步骤，将收到“未找到OpenCV”错误。

编译和安装完成后，将创建so文件（cv2.cpython-34m-arm-linux-gnueabihf.so）。

创建的文件位于/usr/local/python/cv2/python-3.5文件夹中。浏览文件夹并确认。

```
$ cd /usr/local/python/cv2/python-3.5 ©
```

移动到这个目录后，可以用ls命令确认名为cv2.cpython-35m-arm-linuxgnueabihf.so的文件（见图4-2-10）。

▼图4-2-10 确认so文件

```
pi@raspberrypi: /usr/local/python/cv2/python-3.5
ファイル(F) 編集(E) タブ(T) ヘルプ(H)
-- Installing: /usr/local/share/OpenCV/samples/python/logpolar.py
-- Installing: /usr/local/share/OpenCV/samples/python/morphology.py
-- Installing: /usr/local/share/OpenCV/samples/python/mosse.py
-- Installing: /usr/local/share/OpenCV/samples/python/mouse_and_match.py
-- Installing: /usr/local/share/OpenCV/samples/python/mser.py
-- Installing: /usr/local/share/OpenCV/samples/python/opencv_version.py
-- Installing: /usr/local/share/OpenCV/samples/python/opt_flow.py
-- Installing: /usr/local/share/OpenCV/samples/python/peopledetect.py
-- Installing: /usr/local/share/OpenCV/samples/python/plane_ar.py
-- Installing: /usr/local/share/OpenCV/samples/python/plane_tracker.py
-- Installing: /usr/local/share/OpenCV/samples/python/squares.py
-- Installing: /usr/local/share/OpenCV/samples/python/stereo_match.py
-- Installing: /usr/local/share/OpenCV/samples/python/texture_flow.py
-- Installing: /usr/local/share/OpenCV/samples/python/tst_scene_render.py
-- Installing: /usr/local/share/OpenCV/samples/python/turing.py
-- Installing: /usr/local/share/OpenCV/samples/python/video.py
-- Installing: /usr/local/share/OpenCV/samples/python/video_threaded.py
-- Installing: /usr/local/share/OpenCV/samples/python/video_v4l2.py
-- Installing: /usr/local/share/OpenCV/samples/python/watershed.py
pi@raspberrypi:~/workspace/opencv-3.4.4/build $ cd /usr/local/python/cv2/python-
3.5
pi@raspberrypi:/usr/local/python/cv2/python-3.5 $ ls
cv2.cpython-35m-arm-linux-gnueabihf.so
pi@raspberrypi:/usr/local/python/cv2/python-3.5 $
```

使用别名(cv2.so)复制此文件(cv2.cpython-35m-arm-linux-gnueabihf.so)。对于so文件，今后就使用这个文件名。使用别名cv2.so复制的文件将是今后实际使用的文件。

```
$ sudo cp cv2.cpython-35m-arm-linux-gnueabihf.so cv2.so ©
```

此cv2.so文件必须位于/usr/local/lib/python3.5/dist-packages中。例如，当运行程序python3app.py时，程序会在这个目录中寻找依赖的库。通过将其放置在这里，Python 3将识别OpenCV包。

使用以下命令移动工作位置。

```
$ cd /usr/local/lib/python3.5/dist-packages ©
```

允许Python 3识别模块。在上述目录中创建符号链接。

```
$ sudo ln -s /usr/local/python/cv2/python-3.5/cv2.so cv2.so ©
```

运行环境已经准备好，OpenCV编译也已完成，现在可以使用Python 3程序了(当运行python3命令时)。实际上，不需要将文件复制到这里，只要贴上一个虚拟的链接，就可以到达实际的文件。

12. 返回swapfile的大小

将swapfile的大小恢复为100。打开/etc下的dphys-swapfile文件。

```
$ sudo nano /etc/dphys-swapfile ©
```

将CONF_SWAPSIZE恢复为100。在文件中找到名为CONF_SWAPSIZE的部分，并对其进行如下更改。

```
# CONF_SWAPSIZE=2048
CONF_SWAPSIZE=100
```

使用l+x组合键关闭文件。当系统询问是否要保存该文件时，输入y+©回答并覆盖和保存文件。

像增加swapfile大小时一样，重新启动dphys-swapfile服务。

```
$ sudo /etc/init.d/dphys-swapfile stop ©
$ sudo /etc/init.d/dphys-swapfile start ©
$ free -m ©
```

最后一个命令是检查内存的命令，验证内存是否已恢复到原来的状态。

13. 安装后的检查

最后，检查一下OpenCV是否正确安装。

```
$ python3 ©
Python 3.5.3 (default, Sep 27 2018, 17:25:39)
[GCC 6.3.0 20170516] on linux
Type "help", "copyright", "credits" or "license" for more information.
>>> import cv2 ©
>>> cv2.__version__ ©
'3.4.4'
>>>
```

如果要退出，请输入exit() ©。

如果没有问题，将执行上述命令，并确保OpenCV版本号（3.4.4）正确。

如果显示正常，则说明Raspberry Pi没有问题，并且成功安装了OpenCV。

接下来，准备相机模块。

▶ 4.2.2 操作办法

1. Raspberry Pi相机模块的准备

Raspberry Pi的专用相机模块已经问世（见图4-2-11和图4-2-12）。笔者拥有的版本是V2.1。Raspberry Pi的专用相机模块可以直接连接到Raspberry Pi的GPU，在视频处理等方面的性能略有提高。

▼图4-2-11　Raspberry Pi 相机模块

▼图4-2-12　用于与本体连接的Raspberry Pi相机模块

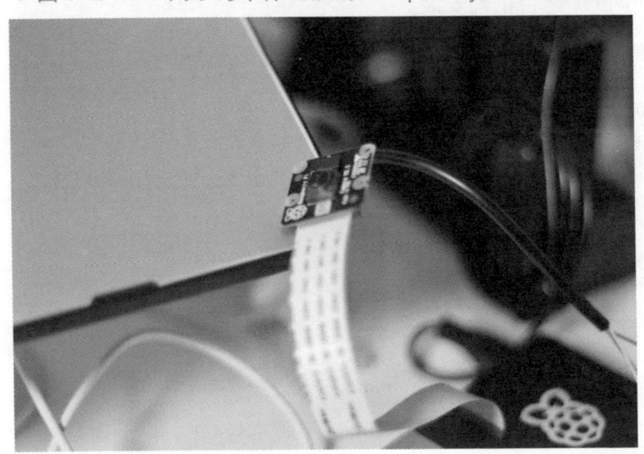

2. 安装PiCamera软件包

只连接PiCamera仍然无法正常工作，还需要安装所需的软件包picamera。请执行以下命令。

```
$ sudo pip3 install picamera ©
```

3. 配置Raspberry Pi以使用PiCamera

接下来，将配置Raspberry Pi以使用PiCamera。请执行以下命令。

```
$ sudo raspi-config ©
```

执行该命令时，将显示Raspberry Pi设置界面。如图4-2-13所示，选择5 Interfacing Options(界面选项)。

▼图4-2-13 选择5 Interfacing Options

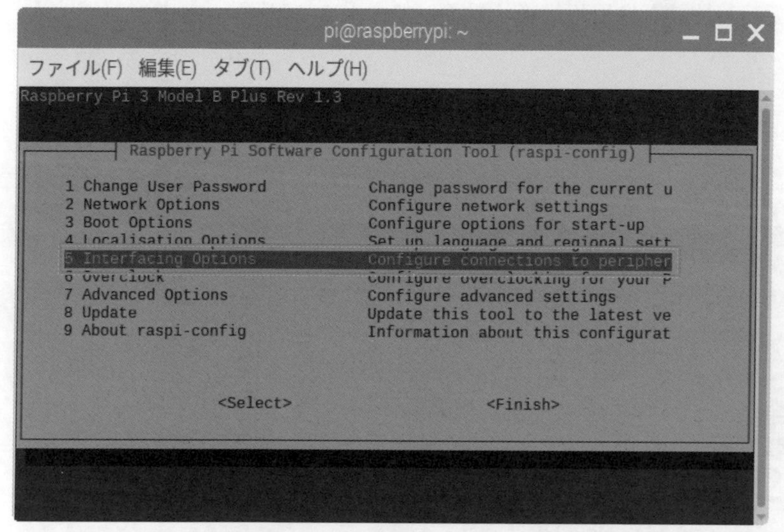

接着，如图4-2-14所示，选择P1 Camera Enable/Disable connection to the Raspberry Pi Camera(P1相机启用/禁用连接到the Raspberry Pi相机)以允许相机的使用。因为默认情况下即使连接了相机也不能使用，需要在此处设置启用。

▼图4-2-14　Camera配置菜单选项

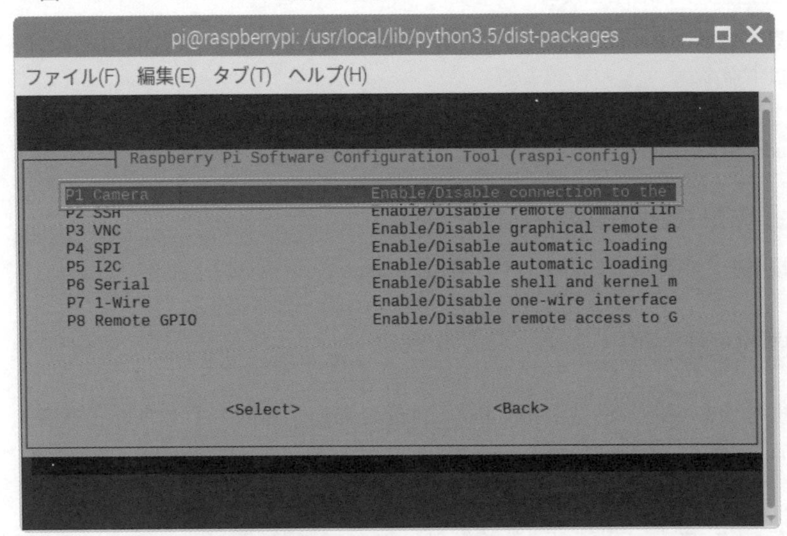

接下来是是否启用相机确认界面，如图4-2-15所示。单击“はい”（是）按钮。

▼图4-2-15　是否启用相机

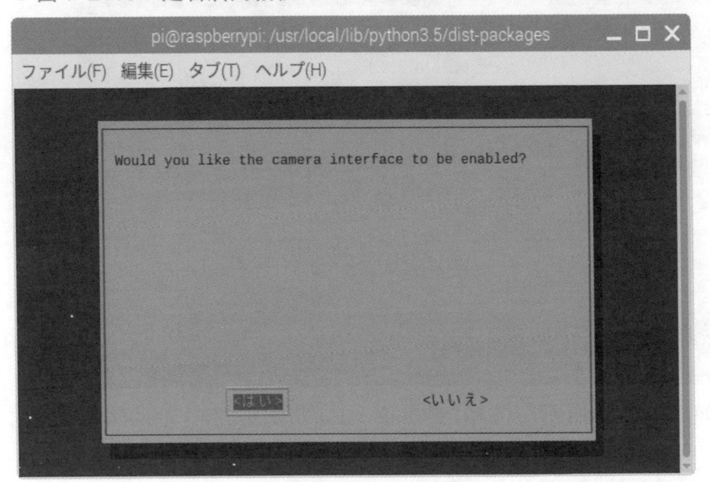

接下来，会显示设置已启用界面，如图4-2-16所示。

▼图4-2-16 设置已启用

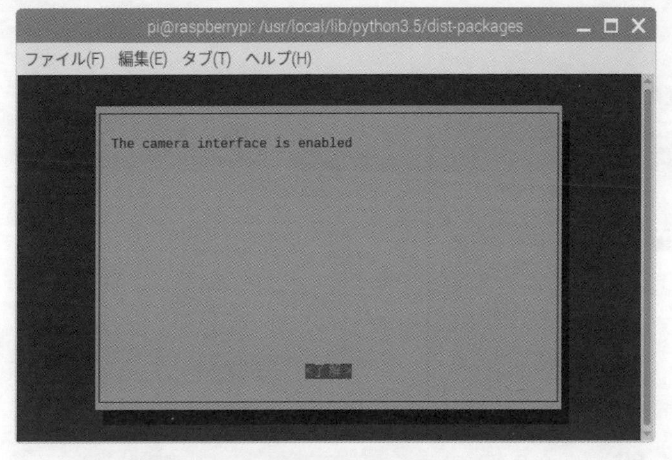

单击“了解”(确定)按钮结束配置程序即可完成。因为最后需要重启，所以在设定界面的末尾显示为reboot。

4. 相机的动作确认

当Raspberry Pi重新启动后，检查摄像头是否已成功连接并正常工作。

转到主目录的workspace，然后尝试运行下面的命令，如图4-2-17所示。

```
$ raspistill -o test.jpg ©
```

▼图4-2-17 运行raspistill命令的界面

然后，通过文件资源管理器可以确认在主目录下的workspace中创建了test.jpg（见图4-2-18）。

▼图4-2-18　创建了test.jpg

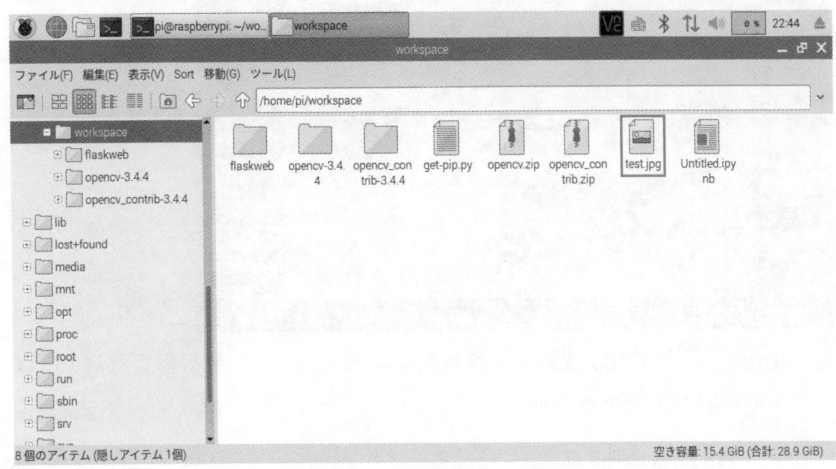

双击test.jpg的图标，确认这是不是用相机拍的照片。

5. 执行OpenCV示例代码

转到workspace文件夹，在nano或Thonny等编辑器中，创建名为find_face.py的程序。在find_face.py中编写以下程序。

在程序中的注释中对程序的操作进行了说明。下载了本书数据的读者，可以将book-ml/python/04-02.py直接复制到workspace文件夹中使用。

```
# -*- coding: utf-8 -*-

import cv2
import time
from picamera import PiCamera
from picamera.array import PiRGBArray

# 帧尺寸
FRAME_W = 320
FRAME_H = 240

# 级联分类器用于人脸识别
```

```
cascadeFilePath = '/usr/local/share/OpenCV/lbpcascades/lbpcascade_frontalface.xml'
# 设置分类器
frontalFaceCascadeClf = cv2.CascadeClassifier(cascadeFilePath)

# 创建相机实例
v_camera = PiCamera()
# 设置相机的分辨率
v_camera.resolution = (FRAME_W, FRAME_H)
# 设置相机的帧频(FPS)
v_camera.framerate = 16
# 从v_camera获取图像的RGB数组。可以直接用numpy处理
rawCapture = PiRGBArray(v_camera, size=(FRAME_W, FRAME_H))
# time模块的sleep函数，在这里会停1s
time.sleep(1)

# v_camera.capture_continuous是继续无限检索映像，直到明确发出停止指令
for raw_camera_data in v_camera.capture_continuous(rawCapture, format="bgr",
use_video_port=True):
    # 将图像数组数据赋给变量frame
    frame = raw_camera_data.array
    # 将获取的BGR数据转换为灰度
    gray_image = cv2.cvtColor(frame, cv2.COLOR_BGR2GRAY)
    # 展平数据
    gray_image = cv2.equalizeHist(gray_image)
    # 人脸检测
    multipleFaces = frontalFaceCascadeClf.detectMultiScale(gray_image, 1.1,
3, 0, (20, 20))
    # 线条颜色
    line_color = (255, 102, 51)
    # 字符颜色
    font_color = (255, 102, 51)
    # 在检测到的脸上画边框
    for (x, y, width, height) in multipleFaces:
        # 用线条将找到的脸围起来
        cv2.rectangle(frame, (x, y), (x + width, y + height), line_color, 2)
        # 在脸上显示单词FACE
        cv2.putText(frame, 'FACE', (x, y), cv2.FONT_HERSHEY_SIMPLEX, 0.7,
font_color, 1, cv2.LINE_AA)

    # 在视频中显示
```

```
    cv2.imshow('Video', frame)
    # 处理键盘输入
    key = cv2.waitKey(1) & 0xFF
    rawCapture.truncate(0)
    # 输入q退出程序
    if key == ord("q"):
        break
# 退出过程，关闭程序创建的所有窗口
cv2.destroyAllWindows()
```

6. 下载分类器

人脸识别需要一个分类器（分类器稍后会介绍）。通过运行以下命令获取用于人脸识别的分类器。在与先前的Python程序（04-02.py）相同的目录中运行以下命令进行下载。

```
$ wget https://github.com/opencv/opencv/blob/master/data/lbpcascade
s/lbpcascade_frontalface.xml ©
```

7. 执行和结果

分类器准备好后，运行程序。执行以下命令。

```
$ python3 find_face.py ©
```

几秒钟后，将出现一个视频窗口。如果把相机对准照片，或者你自己，应该能检测出你的脸。

如图4-2-19所示，检测到了一个人的面部，当然也可以检测到多张面部，大家一定要尝试一下（这里用的是笔者的照片）。

很快就检测成功了。现在还可以试着改变程序中的各种数值，去实验一下会发生什么变化。

▼图4-2-19　人脸识别的执行结果

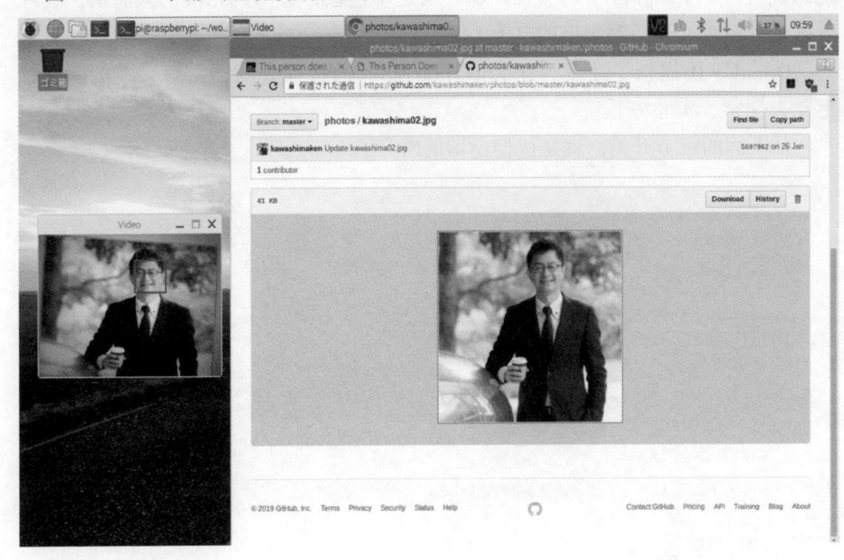

8. 检测方法

下面将介绍如何检测此程序。使用的是级联分类器Haar-Like特征分类器（lbpcascade_frontalface.xml）。

Haar-Like特征分类器对图像明暗差产生的特征作出“反应”，识别并存储特定区域的亮部像素和暗部像素之间的差值作为特征量。与按原样使用图像的像素值的情况相比，它不受照明条件变化和噪声的影响。

例如，脸部的眼睛部分，有一些共同的特征：鼻上明亮，鼻下暗。所以通过学习很多这样的特征，就可以捕捉锁定到整个人脸的位置。用这个方法和原理，实现了快速对面部的检测识别。

Haar-Like特征分类器的一个缺点是，如果不是正面脸，当头部倾斜或向下时，检测精度明显下降，几乎无法检测到那些脸朝下的人的照片。

▶4.2.3 总结

本节使用OpenCV体验了人脸识别的实现方式。虽然编译阶段花了一点时间，但是就程序的操作来说，的确比想象的简单。

通过使用现有的分类器，大家也可以很容易地尝试实现一些“高大上”的创造。例如，大家可以把这个人脸识别的程序改造一下，试着发散思维。将装有人脸识别程序的Raspberry Pi与扬声器、马达等连接，检测到相应的人脸后，就可以进行打招呼、开门等简单的电子工作。

OpenCV还提供了许多其他类似Haar-Like的特征分类器。感兴趣的朋友一定要去探索、实验一下。

从下面的章节开始，就是机器学习的内容了。

4.3 初级学习

Iris(鸢尾花)数据集分类法

约60分钟

Colaboratory

通过下面两个工具，将学习关于机器学习的基本知识。

首先，先了解scikit-learn的基本用法，然后再看如何使用Iris数据集学习和分类(predict)，Iris数据集分类法在机器学习领域很有名。

scikit-learn提供的是一套完整的数据，因此将检查每个特征量。因为这是第一个练习，所以要亲自去查看数据，确认内容。

此外，还应尝试使用Iris数据集以图形方式表示支持向量机(SVM, Support Veltor Machine)的行为(SVM将在稍后介绍)。

在机器学习中，还会学习超平面的概念，这对常见的分类任务很有帮助。

需要准备的环境和工具

- Colaboratory
- scikit-learn
- Iris(鸢尾花)数据集

本次练习的目的

- 掌握scikit-learn的基本知识
- 了解scikit-learn的特点
- 加深对机器学习的数据结构的理解
- 了解scikit-learn操作
- 了解SVM基础知识
- 了解超平面

▶4.3.1 scikit-learn简介

有些读者可能是第一次接触scikit-learn，所以下面先来了解一下scikit-learn的概况。

1.scikit-learn是Python的机器学习框架

scikit-learn(https://scikit-learn.org/stable)是一个面向Python的机器学习框架。

scikit-learn支持广泛的机器学习函数。scikit-learn网站提供了丰富的教程内容，尤其是对于机器学习的学习者，它应该是一本非常宝贵的教材。scikit-learn具有BSD许可证，可供商业使用(https://github.com/scikit-learn/scikit-learn/blob/master/COPYING)。

2. scikit-learn的特征

scikit-learn的主要特征如下。

- 支持机器学习中使用的各种函数。
- 包含样本数据。因此，可以通过它立即进行机器学习。从现在开始将要学习的内容也包含在该数据集中，所以接下来的数据准备将因此而变得省力，同时也不需要特征量的提取等操作，通过它可以马上取得数据，开始各种各样的实验。
- 提供了验证机器学习结果的功能。
- 旨在方便与机器学习中常用的其他Python数值计算库（如Pandas、NumPy、SciPy和Matplotlib）配合使用。
- 提供一致且易于理解的API。

例如，生成模型实例时，要学习的代码如下。

```
fit()
```

预测时（使用预训练模型时）使用predict()函数。

```
predict()
```

3. scikit-learn的数据集类型

下面看一下scikit-learn的数据集中有什么数据。scikit-learn库预先准备了许多数据集。

例如，在本书撰稿的时间节点，scikit-learn就有如表4-3-1所列的7种练习数据集（Toy Datasets）。

▼表4-3-1　scikit-learn的数据集列表

数据集	数据加载方法
波士顿住宅房地产价格数据集（用于学习回归）	datasets.load_boston()
乳腺癌数据集（用于学习分类）	datasets.load_breast_cancer()
鸢尾花的测量数据集（用于学习分类）	datasets.load_iris()
葡萄酒数据集（用于学习分类）	datasets.load_wine()
手写数字数据集（用于学习分类）	datasets.load_digits()
糖尿病患者的诊断数据（用于学习回归）	datasets.load_diabetes()
生理学特征与运动能力的关系（用于学习多元回归）	datasets.load_linnerud()

除此之外，scikit-learn还提供了9种大型数据集（Real World Datasets）、自动生成数据集（Generated Datasets）。

还可以从外部加载数据集。

scikit-learn提供了不同类型的数据集，使机器学习的入门和学习变得非常容易。对于初学者来说是非常难得的机器学习库。

从现在开始，将在Colaboratory中使用scikit-learn来查看鸢尾花数据集。

4. 安装scikit-learn

首先，安装scikit-learn，以便在Colaboratory中使用。

Input

```
!pip install -U scikit-learn
```

Output

```
省略
```

5. 检查scikit-learn的版本

检查scikit-learn的版本。

Input

```
import sklearn

print(sklearn.__version__)
```

Output

```
0.20.1
```

在编写本书时，scikit-learn的版本为0.20.1，这可能与读者运行时显示的版本不同。

6. 理解课题

鸢尾花数据集有时也称为Anderson's Iris dataset。这是20世纪30年代学术论文中提到的统计学上的一个著名课题。

这个课题是根据鸢尾花的数据，对鸢尾花的种类进行分类。

根据给出的鸢尾花的数据，对这3种鸢尾花中的哪一种进行分类，这是本次的课题。

7. 熟悉数据

鸢尾花的数据集包含150条数据记录。分别记录了4种特征量：鸢尾花的萼长（sepal length）、鸢尾花的萼宽（sepal width）、鸢尾花的瓣长（petal length）、鸢尾花的瓣宽（petal width）。除了4种特征量以外，特征量名称、鸢尾花的种类如图4-3-1所示。将在稍后运行程序时对每一个进行说明。

实际上，鸢尾花的种类有3种：Iris Setosa、Iris Versicolor和Iris Virginica（见图4-3-1）。

▼图4-3-1 鸢尾花数据集

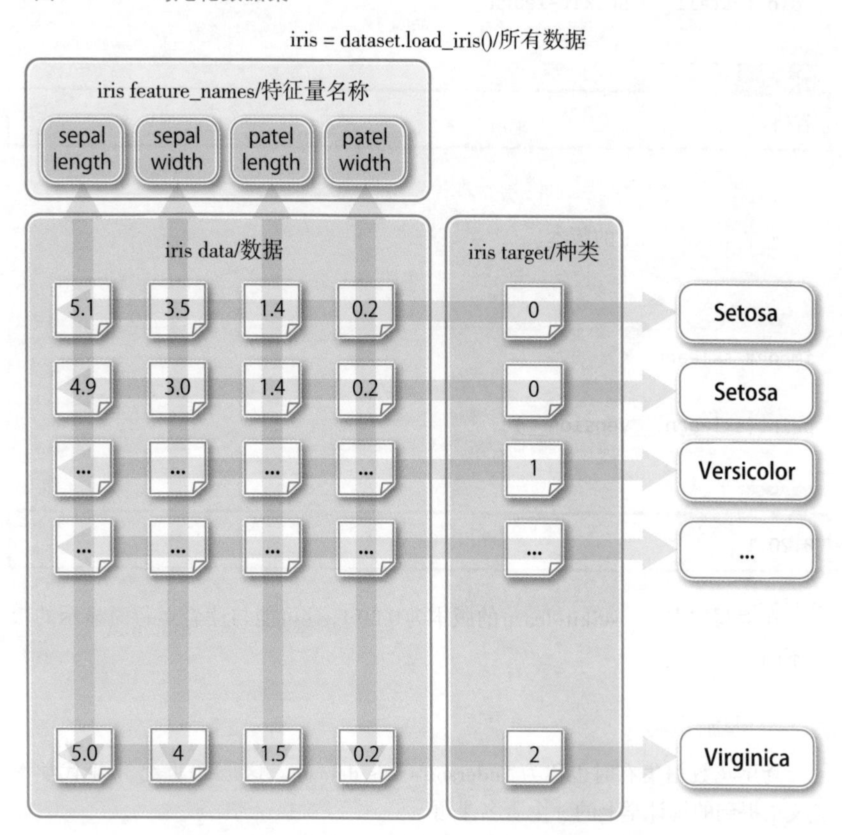

导入sklearn的数据集，然后使用datasets.load_iris()方法加载数据。

Input

```
import matplotlib.pyplot as plt
#
from sklearn import datasets


# 获取鸢尾花的数据
iris = datasets.load_iris()
```

Output

```
无
```

下面来看一下特征量的名称。特征量的名称存储在iris.feature_names中。

Input

```
print(iris.feature_names)
```

Output

```
['sepal length (cm)', 'sepal width (cm)', 'petal length (cm)', 'petal
width (cm)']
```

可以确认有4个特征量(见图4-3-2)。

- sepal length (cm) (萼片长度)
- sepal width (cm) (萼片宽度)
- petal length (cm) (花瓣长度)
- petal width (cm) (花瓣宽度)

▼图4-3-2 鸢尾花的petal(花瓣)和sepal(萼片)

8. 以表格形式查看数据

下一步，将使用Pandas，以表格的形式查看数据。Pandas是Python中数据分析的辅助工具，它的特点是能够以表格形式查看、处理和分析数据。

Input

```
import pandas as pd

pd.DataFrame(iris.data, columns=iris.feature_names)
```

Output

```
    sepal length (cm)sepal width (cm) petal length (cm) petal width (cm)
0        5.1              3.5              1.4              0.2
1        4.9              3.0              1.4              0.2
2        4.7              3.2              1.3              0.2
3        4.6              3.1              1.5              0.2
4        5.0              3.6              1.4              0.2
5        5.4              3.9              1.7              0.4
6        4.6              3.4              1.4              0.3
7        5.0              3.4              1.5              0.2
8        4.4              2.9              1.4              0.2
9        4.9              3.1              1.5              0.1
10       5.4              3.7              1.5              0.2
11       4.8              3.4              1.6              0.2
12       4.8              3.0              1.4              0.1
13       4.3              3.0              1.1              0.1
    --- 省略 ---
149      5.9              3.0              5.1              1.8
         150 rows × 4 columns
```

鸢尾花的种类不同，其花瓣和萼片的大小也不同，这一点显而易见。本次课题的任务就是找到隐藏在这个数据背后的相关性。

9. 查看所有数据

在原始状态下查看所有的数据。

Input

```
# 显示所有的数据
print(iris.data)
```

Output

```
[[5.1 3.5 1.4 0.2]
 [4.9 3.  1.4 0.2]
 [4.7 3.2 1.3 0.2]
 [4.6 3.1 1.5 0.2]
 [5.  3.6 1.4 0.2]
   --- 省略 ---
 [6.7 3.  5.2 2.3]
 [6.3 2.5 5.  1.9]
 [6.5 3.  5.2 2. ]
 [6.2 3.4 5.4 2.3]
 [5.9 3.  5.1 1.8]]
```

可以看到它有4个特征量。

10. 查看一个特征量

现在以表格的形式来查看一个特征量(这里指的是萼片的长度)。从iris_data中提取数据并传递给Pandas以形成表格。iris.data[:, :1]是Python切片。iris.data是一个二维数组。第1部分中的start:end指定要检索的二维数组中行的范围，但由于start和end都被省略，所以这意味着检索所有行。第2部分中的start:end指定要从二维数组中提取的列的范围，这里的":1"表示要提取第一列。结果是检索二维数组iris.data的第一列中的所有数据行。

因为iris.feature_names[: 1]是一维数组，因此取出第一个特征量名称。

Input

```
# 第一个特征量
first_one_feature = iris.data[:, :1]
pd.DataFrame(first_one_feature, columns=iris.feature_names[:1])
```

Output

```
sepal length (cm)
0      5.1
```

```
1      4.9
2      4.7
3      4.6
4      5.0
5      5.4
6      4.6
7      5.0
8      4.4
9      4.9
10     5.4
11     4.8
12     4.8
  --- 省略 ---
149    5.9
150 rows × 1 columns
```

这是关于萼片长度的数据。

接下来，来看前两个特征量——萼片的长度和宽度。在上面数据的基础上再增加一列。现在从iris.data[: , : 1]变为iris.data[: , : 2]。然后，与之前的处理相同，通过切片从所有数据中提取两列中的所有行。

Input

```
# 提取前两个特征量[sepal length (cm) sepal width (cm)]
first_two_features = iris.data[:, :2]
# 显示前两列数据（本次使用的数据）
print(first_two_features)
```

Output

```
[[5.1 3.5]
 [4.9 3. ]
 [4.7 3.2]
 [4.6 3.1]
 [5.  3.6]
  --- 省略 ---
 [6.7 3. ]
 [6.3 2.5]
 [6.5 3. ]
```

```
 [6.2 3.4]
 [5.9 3. ]]
```

如上面的结果所示，可以确认显示了第1个“两列”。

最初的数据有了4列，也就是4个“特征量”。

这次，将尝试只显示其中最后的“两列”中的两个“特征量”（花瓣的长度和宽度）。现在从iris.data[: , : 2]变为iris.data[: , 2 :]。然后，与之前的处理相同，从所有数据中提取从第2列到最后（最后两个特征量）的所有行的切片处理中的数据。

Input

```
# 0、1、2、3中的2、3数据
# 提取最后两个特征量[petal length (cm) petal width (cm)]
last_two_features = iris.data[:, 2:]
# 显示后两列的数据（此次使用的数据）
print(last_two_features)
```

Output

```
[[1.4 0.2]
 [1.4 0.2]
 [1.3 0.2]
 [1.5 0.2]
 [1.4 0.2]
 --- 省略 ---
 [5.2 2.3]
 [5.  1.9]
 [5.2 2. ]
 [5.4 2.3]
 [5.1 1.8]]
```

接下来，我们来看看iris.target。iris.target是实际分类，即花的种类的名称。这就是所谓的有教师学习（有监督学习）的教师标签（监督标签）数据。这里使用teacher_labels这个名字（本书是机器学习、深度学习，在有教师学习的情况下，教师标签数据全部以teacher_labels开始）。

Input

```
teacher_labels = iris.target
print(teacher_labels)
```

Output

```
[0 0 0 0 0 0 0 0 0 0 0 0 0 0 0 0 0 0 0 0 0 0 0 0 0 0 0 0 0 0 0 0 0 0 0 0 0
 0 0 0 0 0 0 0 0 0 0 0 0 0 1 1 1 1 1 1 1 1 1 1 1 1 1 1 1 1 1 1 1 1 1 1 1 1
 1 1 1 1 1 1 1 1 1 1 1 1 1 1 1 1 1 1 1 1 1 1 1 1 1 1 2 2 2 2 2 2 2 2 2 2 2
 2 2 2 2 2 2 2 2 2 2 2 2 2 2 2 2 2 2 2 2 2 2 2 2 2 2 2 2 2 2 2 2 2 2 2 2 2
 2 2]
```

输出数据中的0、1、2指的是每个鸢尾花的类型(0：Setosa，1：Versicolor，2：Virginica)。

分类是指，如果只放入输入数据，如花瓣的宽度和长度，分类器(或预训练模型)会判断数据属于Setosa、Versicolor和Virginica中的哪一类。最终目标是让机器学习能够准确地做到这一点。

将包含所有特征量的数据变量命名为all_features。然后，从all_features中选择一个特征量，并绘制一个图形。

到目前为止，已经确认了原始数据，接下来我们会根据数据作一个更通俗易懂的平面图表来研究数据的特征。

接下来，将以图表的形式来查看数据。

- 首先，不使用所有的特征量，而是使用第1列和第2列的特征量(萼片的长度和宽度)通过teacher_labels生成散点图。
- 接下来，将使用第3列和第4列(花瓣长度和宽度)的特征量通过teacher_labels生成散点图。
- 最后，把所有的特征量通过主成分分析进行压缩后，用三维散点图来表示数据的分布。

11. 使用第1列和第2列中的数据

首先，尝试使用第1列和第2列的特征量(萼片的长度和宽度)，使用plt.scatter()创建散点图。

Input

```
# 这是包含全部第一特征量的鸢尾花数据
all_features = iris.data

x_min, x_max = all_features[:, 0].min(), all_features[:, 0].max()
y_min, y_max = all_features[:, 1].min(), all_features[:, 1].max()

plt.figure(2, figsize=(12, 9))
```

```
plt.clf()
# 绘制散点图
plt.scatter(all_features[:, 0], all_features[:, 1], s=300, c=teache
r_labels, cmap=plt.cm.Set2,
            edgecolor='darkgray')
plt.xlabel('Sepal length')
plt.ylabel('Sepal width')
plt.grid(True)
```

Output

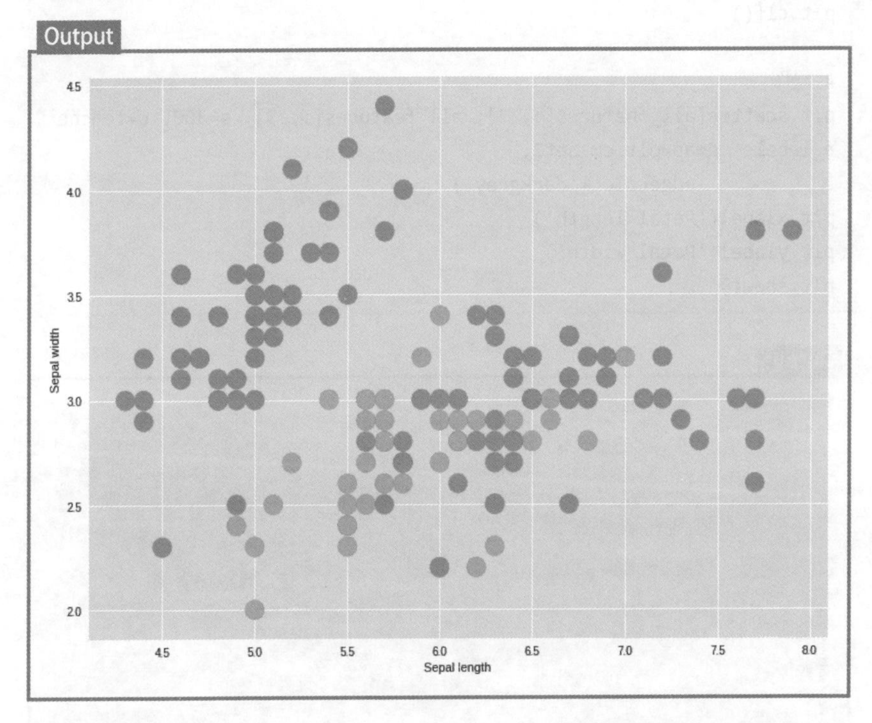

这是前两个特征量(萼片的长度和宽度)。因为本书是黑白印刷,所以在纸面上看不出颜色,这些按颜色实际上是分成3类。左上的区域的蓝点聚集成一片很漂亮的湛蓝色,而右下的区域则是两种颜色的点交叉混杂在一起。下面用另一个特征值来绘制一个图表。

12. 使用第3列和第4列的数据

现在,将使用第3列和第4列的花瓣长度(petal length)和花瓣宽度(petal width)数据。

与上面的过程一样，使用all_features[:，2]检索第3列中的数据，使用all_features[:，3]检索第4列中的数据。通过此数据使用plt.scatter()创建散点图。

Input

```
x_min, x_max = all_features[:, 2].min(), all_features[:, 3].max()
y_min, y_max = all_features[:, 2].min(), all_features[:, 3].max()

plt.figure(2, figsize=(12, 9))
plt.clf()

# 绘图
plt.scatter(all_features[:, 2], all_features[:, 3], s=300, c=teache
r_labels, cmap=plt.cm.Set2,
            edgecolor='darkgray')
plt.xlabel('Petal length')
plt.ylabel('Petal width')
plt.show()
```

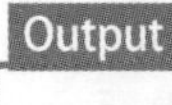

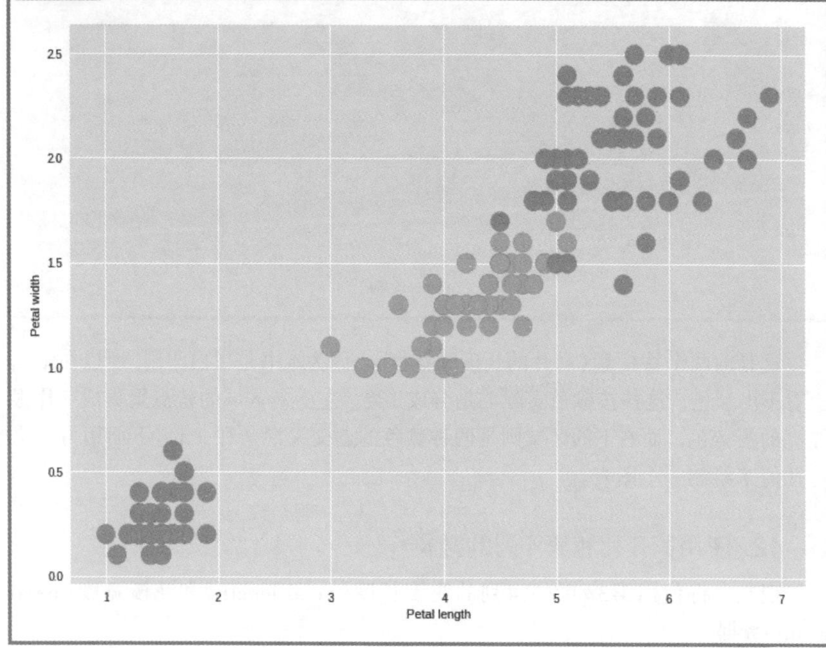

与前面的萼片数据相比，使用第3列和第4列的花瓣的特征量的数据的分组稍微更容易理解一些。

因此，在开始之前，应该预先从不同的角度分析一下对象数据，理解数据的“特征”和“个性”，而不是马上让计算机学习数据，这也是一项重要的工作。

我们在平面上查看数据的特征，会感觉到仅在平面上可能很难“辨别”这些特征。在这种情况下，可以在三维空间中查看数据。

接下来，将数据绘制到一个三维空间中。

下面的程序使用所有特征量。但不是直接使用4个特征量，而是先进行一次PCA（主成分分析）的处理，为了容易画出三维散点图，将特征量从4个“压缩”到3个。PCA是Principal Component Analysis的缩写，业界称为主成分分析。PCA处理可以在无监督机器学习中不丢失多维特征量的“特征（数据相关性）”的前提下，压缩数据的特征量。该操作将在下一行中进行。

reduced_features = PCA(n_components=3).fit_transform(all_features)

将4个特征量进行PCA处理，转换成3个特征量（3列数据），并将其存储在reduced_features中。

然后，可以使用reduced_features绘制三维散点图。

Input

```
# 导入绘制三维图形的工具
from mpl_toolkits.mplot3d import Axes3D

# principal component analysis (PCA)主成分分析
from sklearn.decomposition import PCA

# 这是第二张三维图
# 虽然是相同的数据，但要观察三维表示时的空间结构
# 绘制前3个主成分分析的维度
#
fig = plt.figure(1, figsize=(12, 9))
#
ax = Axes3D(fig, elev=-140, azim=100)

# 降维
reduced_features = PCA(n_components=3).fit_transform(all_features)
# 创建散点图
ax.scatter(reduced_features[:, 0], reduced_features[:, 1], reduced_f
```

4

机器学习、深度学习的实操练习（初级、中级）

```
eatures[:, 2], c=teacher_labels,
           cmap=plt.cm.Set2, edgecolor='darkgray', s=200)
plt.show()
```

Output

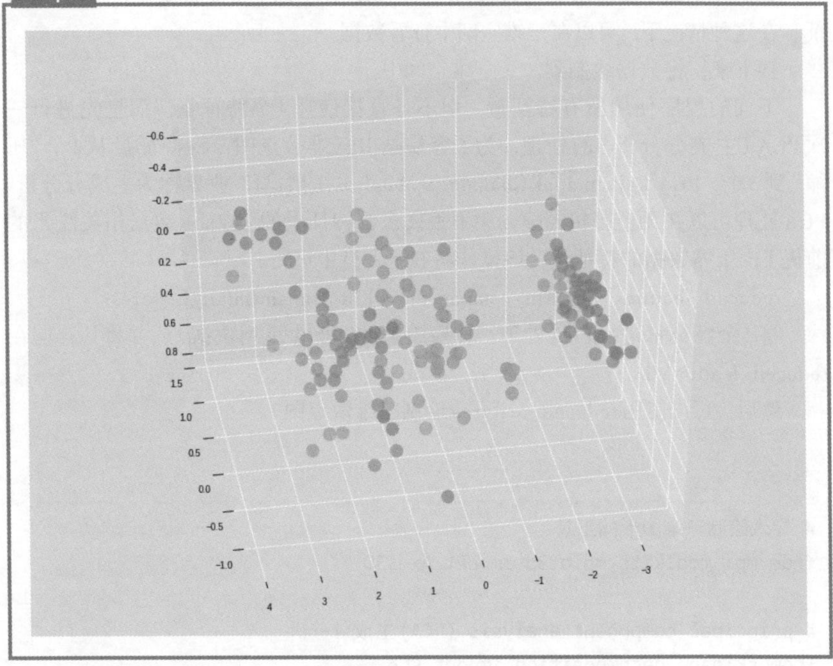

绘制了三维散点图之后，虽然各成分还是有一定程度的混杂，但是就人的肉眼观察来说，至少这3种成分是分明清楚很多了。在感官知觉层面，三维空间比平面更能捕捉到数据分布的特征（相关性）。

我们目前大致掌握了数据的内容和特征等的查看方式。现在开始机器数据学习的练习，首先做一个分类器。

▶ 4.3.2　操作办法

1. 导入所需的软件包

首先导入所需的软件包。

Input

```
from sklearn.svm import SVC

import numpy as np
import sklearn.datasets as datasets
import matplotlib.pyplot as plt
```

Output

无

准备鸢尾花数据。这一次将使用两种类型的数据（Setosa和Versicolor数据）。

Input

```
iris = datasets.load_iris()

# 例如，在前两个特征量的二维数据中使用
first_two_features = iris.data[:, [0, 1]]
teacher_labels = iris.target

# 不以iris virginica为对象
# 也就是说只以iris setosa(0)和iris versicolor(1)为对象（区域的二分割）
first_two_features = first_two_features[teacher_labels != 2]
teacher_labels = teacher_labels[teacher_labels != 2]
```

Output

无

2. 分类和回归

分类和回归是有监督机器学习的重要代表性应用。

这次，使用一个重要的分类支持向量机（SVM）函数。这是scikit-learn中已经实现的方法。

3. 支持向量机

在监督学习的机器学习中，支持向量机（SVM，Support Vector Machine）是一种重要的分类和回归分析函数也是，也是一种从输入的学习数据中计算到每个数据点的距离最大的超平面的方法。

通过使用SVM，可以对数据集中的数据进行分类。如图4-3-3所示，假设有两个类，SVM画出这两个类的边界线。

本次练习使用scikit-learn中搭载的SVC(SVC是一种SVM)。

▼图4-3-3　通过SVM确定类的边界线

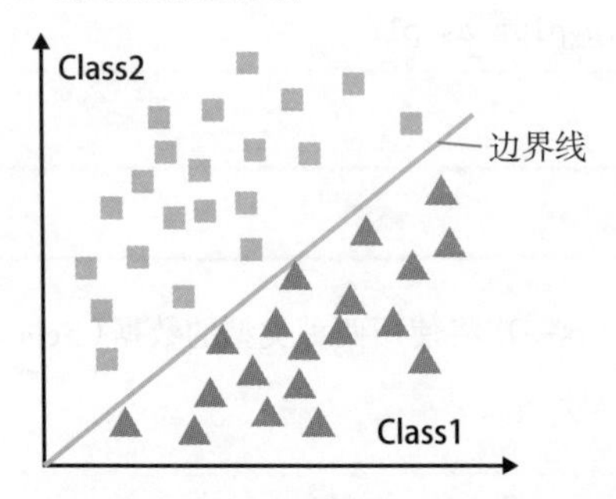

下面介绍Python程序如何通过使用scikit-learn的SVC来实现两种花的(Setosa和Versicolor)分类。

Input

```
# 准备用于分类的支持向量机 (Support Vector Classifier)
model = SVC(C=1.0, kernel='linear')

# “学习”前两个特征量(萼片的长度和宽度)
model.fit(first_two_features, teacher_labels)
```

Output

```
SVC(C=1.0, cache_size=200, class_weight=None, coef0=0.0,
  decision_function_shape='ovr', degree=3, gamma='auto_deprecated',
  kernel='linear', max_iter=-1, probability=False, random_state=None,
  shrinking=True, tol=0.001, verbose=False)
```

只需调用model.fit()函数即可完成机器学习。变量first_two_features是在上面的处理中检索到的Setosa和Versicolor两种花的花萼的长度和宽度数据。

4. 回归系数和误差

接下来，将检查回归系数以进行绘图。这是因为下面的程序会使用回归系数在图表中绘制一条直线进行分类。

Input

```
# 回归系数
print(model.coef_)
# 切片（误差）
print(model.intercept_)
```

Output

```
[[ 2.22720466 -2.24959915]]
[-4.9417852]
```

准备绘制图表。分别从 setosa 和 versicolor 中检索数据以创建散点图。然后，将绘制一条直线，用来将 setosa 和 versicolor 分开。

Input

```
# 确定figure对象创建大小
fig, ax = plt.subplots(figsize=(12, 9))

# ------------------------------------------------------------------------------
# 绘制花的数据
# 只提取iris setosa(y=0)的数据
setosa = first_two_features[teacher_labels == 0]
# 只提取iris versicolor（y=1）的数据
versicolor = first_two_features[teacher_labels == 1]
# 绘制iris setosa数据（白色圆圈）
plt.scatter(setosa[:, 0], setosa[:, 1], s=300, c='white', linewidths=0.5, edgecolors='lightgray')
# 绘制iris versicolor数据（浅红色圆圈）
plt.scatter(versicolor[:, 0], versicolor[:, 1], s=300, c='firebrick', linewidths=0.5, edgecolors='lightgray')
# ------------------------------------------------------------------------------
# 绘制回归直线
# 指定图表的范围
Xi = np.linspace(4, 7.25)
# 绘制超平面（线）
Y = -model.coef_[0][0] / model.coef_[0][1] * Xi - model.intercept_ / model.coef_[0][1]
```

```
# 在图表上绘制线条
ax.plot(Xi, Y, linestyle='dashed', linewidth=3)

plt.show()
```

Output

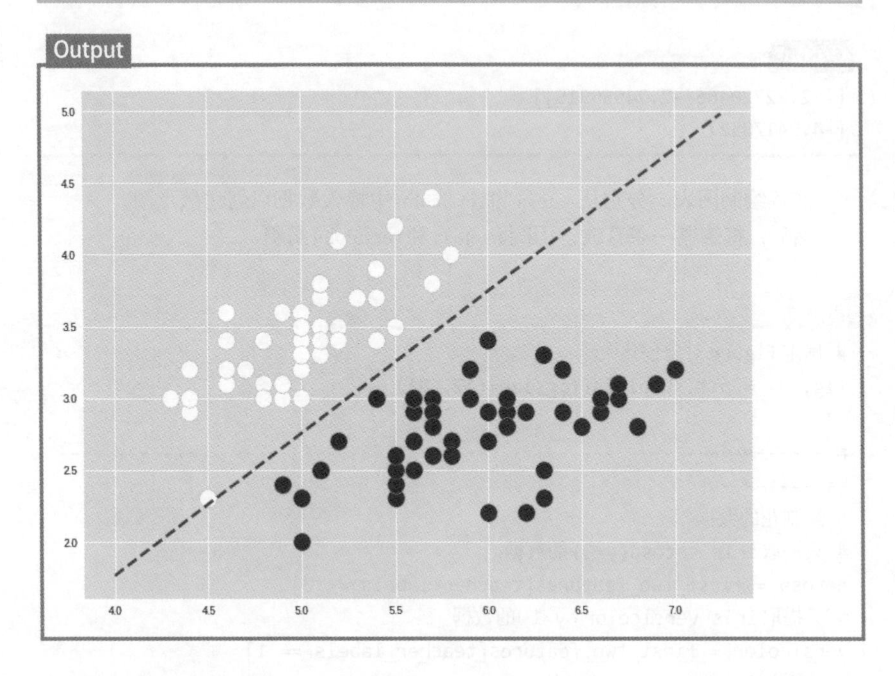

如上述输出的图表所示，得到了边界线。SVC函数是一种SVM，它找到了这个边界，即这是一个超平面（这次是直线）将两个类别分开。这个边界在专业术语中称为超平面。

从某种意义上说，这条界线就是我们想要的“分类器”。有了这个“分类器”，不管什么数据都可以马上对其进行分类。

5. 什么是超平面

超平面（hyper-plane）是一个广义平面。在三维的情况下，一个超平面是将整个三维空间分割成两个空间形成的一个平面的图像。

如果增加到三维以上（假设维数为n），则超平面的维数为n-1，这有点难以想象。

另外，对于二维数据，也就是平面，“超平面”（虽说名词上仍然称之为超平面)这时就是一条直线。如上所述，将鸢尾花数据分两组的“超平面”(这种情况已经是直线了)仍然是最容易理解的表达方式。简而言之，如果数据本身就是二维的，那么n=2，超平面是n−1，所以2−1=1(维)，即此时所谓的“超平面”是一维的直线。

做分类的机器学习，简单来说就是找它的超平面，与维度无关。

6. 交叉验证

评估学习结果，有一种叫作交叉验证的方法，需要用它来评估模型。

更具体地说，我们将数据集划分为训练数据(也称为学习数据)和验证数据，前者用于学习模型，后者用于测量模型的通用性能(在本书中，学习数据使用以train_data开头的变量名，验证数据使用以test_data开头的变量名)。验证数据不用于学习。

scikit-learn实现了一些简化交叉验证的功能，用起来很方便。

使用train_test_split()方法，可以轻松地将数据分为学习数据、学习用教师(监督)标签和验证数据、验证用教师(监督)标签。

Input

```
from sklearn.model_selection import train_test_split
from sklearn.preprocessing import StandardScaler

iris = datasets.load_iris()

# 作为例子在第3、4个特征量的二维数据中使用
last_two_features = iris.data[:, [2, 3]]
# 获取分类标签(教师标签)
teacher_labels = iris.target

# 分为训练数据和测试数据
# 这次训练数据为80%，测试数据为20%
# 控制随机数的参数random_state设置为None，以便每次生成不同的数据
train_features, test_features, train_teacher_labels, test_teacher_la
bels = train_test_split(last_two_features,
                        teacher_labels,
                        test_size=0.2,
                        random_state=None)

# 数据标准化
```

```
sc = StandardScaler()
sc.fit(train_features)

# 标准化后的特征量训练数据和测试数据
train_features_std = sc.transform(train_features)
test_features_std = sc.transform(test_features)

from sklearn.svm import SVC

# 生成线性SVM
model = SVC(kernel='linear', random_state=None)

# 让模型进行训练
model.fit(train_features_std, train_teacher_labels)
```

Output

```
SVC(C=1.0, cache_size=200, class_weight=None, coef0=0.0,
  decision_function_shape='ovr', degree=3, gamma='auto_deprecated',
  kernel='linear', max_iter=-1, probability=False, random_state=None,
  shrinking=True, tol=0.001, verbose=False)
```

现在，我们不绘制图表，而是使用训练数据来检查分类的准确性。

Input

```
from sklearn.metrics import accuracy_score

# 将训练数据分类为预学习模型时的精度
predict_train = model.predict(train_features_std)
# 计算并显示分类精度
accuracy_train = accuracy_score(train_teacher_labels, predict_train)
print('对训练数据的分类精度 : %.2f' % accuracy_train)
```

Output

```
对训练数据的分类精度 : 0.96
```

执行上面程序，结果显示训练数据的准确率（正确率）达到了96%。

接下来，将使用验证数据来验证分类的准确性。

Input

```
# 将验证数据分类为预训练模型时的精度
predict_test = model.predict(test_features_std)
accuracy_test = accuracy_score(test_teacher_labels, predict_test)
#
print('测试数据的分类精度 : %.2f' % accuracy_test)
```

Output

```
测试数据的分类精度 : 0.97
```

使用测试数据时，分类的准确率(正确率)为97%

这是一个创建图形的程序。如果把分类的结果在图表上表现出来会是什么样子? 上面提到的是Setosa和Versicolor，而现在将讨论所有3种。

使用名为mlxtend(https://rasbt.github.io/mlxtend)的库。mlxtend的plot_decision_regions()方法为分类器绘制决策边界。

为此，需要将数据和正确教师标签数据以及分类器传递给plot_decision_regions()方法。

Input

```
import matplotlib.pyplot as plt
from mlxtend.plotting import plot_decision_regions as pdr

# 将特征量数据和教师数据结合起来，用于学习和验证
combined_features_std = np.vstack((train_features_std, test_features_std))
combined_teacher_labels = np.hstack((train_teacher_labels, test_
teacher_labels))

fig = plt.figure(figsize=(12, 8))

# 散点图相关设置
scatter_kwargs = {'s': 300, 'edgecolor': 'white', 'alpha': 0.5}
contourf_kwargs = {'alpha': 0.2}
scatter_highlight_kwargs = {'s': 200, 'label': 'Test', 'alpha': 0.7}

pdr(combined_features_std, combined_teacher_labels, clf=model,
    scatter_kwargs=scatter_kwargs,
    contourf_kwargs=contourf_kwargs,
```

```
    scatter_highlight_kwargs=scatter_highlight_kwargs)
plt.show()
```

Output

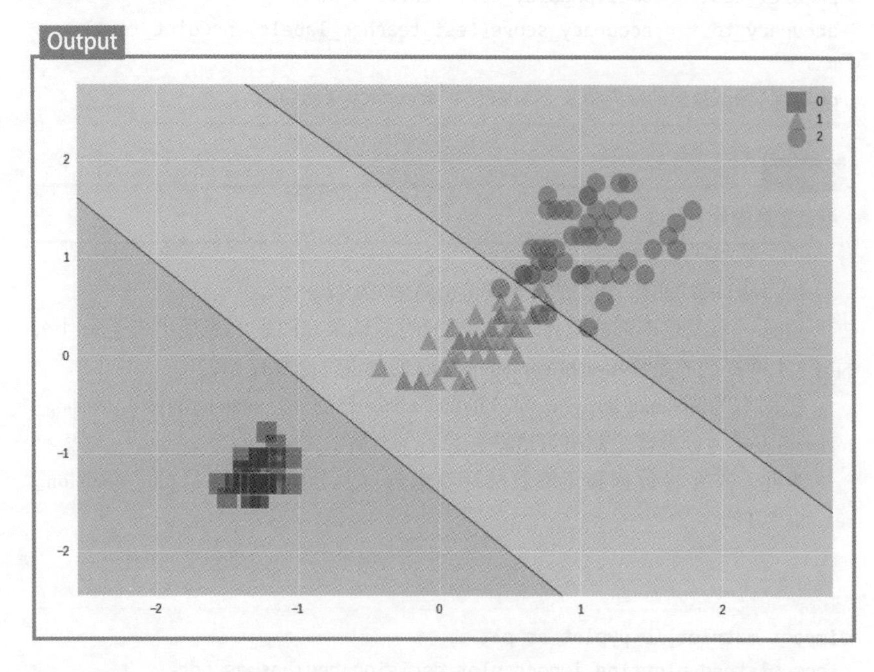

可以看到3个区域被线段隔开。3个区域由两条线划分，这两条线是划分3个类别的“超平面”。通过直接利用现有库的功能，可以轻松地完成机器学习的任务。

接下来，学习的数据是第3个和第4个特征量(花瓣的长度和宽度)，所以根据这个目的制作虚构的数据，然后进行分类(predict)。例如，有一个长为4.1、宽为5.2的鸢尾花，判断这是哪种鸢尾。

Input

```
test_data = np.array([[4.1, 5.2]])
print(test_data)
test_result = model.predict(test_data)
print(test_result)
```

Output

```
[[4.1 5.2]]
[2]
```

结果是 2:Virginica。

这样，就可以用机器学习的结果，对那些真正“无法分类”的鸢尾花进行分类。

7. 进行一种最简单的学习和验证

为了简单起见，使用数据的所有特征量（萼长、萼宽、花瓣长、花瓣宽）。

Input

```
# 提供支持向量机进行分类
model = SVC(C=1.0, kernel='linear', decision_function_shape='ovr')

all_features = iris.data
teacher_labels = iris.target

# 让机器 “学习”
model.fit(all_features, teacher_labels)

# 将数据提供给分类器，并使其分类(predict)
result = model.predict(all_features)

print('教师标签')
print(teacher_labels)
print('机器学习的分类(predict)')
print(result)

# 将数据数存储在total中
total = len(all_features)
# 将目标(正确答案)和分类(Predict)匹配的数量存储在success中
success = sum(result == teacher_labels)

# 显示正确率的百分比
print('正确率')
print(100.0 * success / total)
```

Output

```
教师标签
[0 0 0 0 0 0 0 0 0 0 0 0 0 0 0 0 0 0 0 0 0 0 0 0 0 0 0 0 0 0 0 0 0 0 0 0 0
 0 0 0 0 0 0 0 0 0 0 0 0 0 1 1 1 1 1 1 1 1 1 1 1 1 1 1 1 1 1 1 1 1 1 1 1 1
 1 1 1 1 1 1 1 1 1 1 1 1 1 1 1 1 1 1 1 1 1 1 1 1 1 1 2 2 2 2 2 2 2 2 2 2 2
 2 2 2 2 2 2 2 2 2 2 2 2 2 2 2 2 2 2 2 2 2 2 2 2 2 2 2 2 2 2 2 2 2 2 2 2 2
 2 2]
机器学习的分类(predict)
[0 0 0 0 0 0 0 0 0 0 0 0 0 0 0 0 0 0 0 0 0 0 0 0 0 0 0 0 0 0 0 0 0 0 0 0 0
 0 0 0 0 0 0 0 0 0 0 0 0 0 1 1 1 1 1 1 1 1 1 1 1 1 1 1 1 1 1 1 1 1 1 1 1 1
 1 1 1 1 1 1 1 1 1 2 1 1 1 1 1 1 1 1 1 1 1 1 1 1 1 1 2 2 2 2 2 2 2 2 2 2 2
 2 2 2 2 2 2 2 2 2 2 2 2 2 2 2 2 2 2 2 2 2 2 2 2 2 2 2 2 2 2 2 2 2 2 2 2 2
 2 2]
正确率
99.33333333333333
```

使用所有的特征量进行学习时，正确率为99.3%。

8. 分类

从all_features中仅提取一个数据让它进行评估。这个数据是数据集中的数据，是“真实的”数据，将其命名为test_data。

Input

```
test_data = all_features[:1, :]
print(test_data)
test_result = model.predict(test_data)
print(test_result)
```

Output

```
[[5.1 3.5 1.4 0.2]]
[0]
```

这是学习时用过的数据，当然也被正确地分类了。使用0号标签，即0：Setosa。

那么，接下来对虚构的数据进行分类（predict）。

Input

```
test_data = np.array([[2, 3, 4.1, 5.2]])
print(test_data)
test_result = model.predict(test_data)
print(test_result)
```

Output

```
[[2.  3.  4.1 5.2]]
[2]
```

结果是2，即分类的结果是2：Virginica。当然，这是一个虚构的数据，所以请找到真正的鸢尾花，亲手测量花瓣和萼片，并在上面的模型中进行分类。

▶4.3.3 总结

第一次机器学习的练习感觉怎么样？这是机器学习中最有名的练习课题，你理解了吗？

这样一来，大家也可以借助机器学习来进行鸢尾花的分类工作了。

准备好数据，让机器学习，然后使用“预训练模型”（学习完成的模型）对未知数据进行分类（predict），在运行程序时体会到这一系列流程，应该能加深理解。这次练习虽然只是鸢尾花的分类操作，但因为解决问题的方法、数据的准备、学习的函数（算法）等方面是通用的，所以这一套操作也可以应用于其他课题。

在本次练习中，我们尝试使用SVM进行分类，但还有许多其他的分类函数。感兴趣的读者一定要研究其他分类函数并实际操作一下。

现在，进行下一个练习，即另一个典型的scikit-learn函数。

4.4 初级学习

机器学习中基于scikit-learn的手写数字识别方法

约60分钟

Colaboratory

4.3节的练习中，我们使用scikit-learn的鸢尾花数据学习了机器学习的基础。然而，使用的鸢尾花数据并不是鸢尾花的图像，而是萼片和花瓣的长度和宽度的数值数据，并不是实物本身的数据。本次的练习中我们将直接使用手写数字的图像数据。

需要准备的环境和工具

- Colaboratory
- scikit-learn的手写数字图像数据

本次练习的目的

- 了解scikit-learn手写数字数据集
- 重申学习方法
- 建立图像数据学习的认识
- 加深对机器学习基本概念的理解
- 加深对NumPy和Matplotlib的理解

▶4.4.1 调查手写数字的图像数据的特征量

本次练习的对象数据是手写数字的图像数据。一组数据为8×8尺寸的图像，总共64像素，即有64个特征量，也叫64维数据。

1. 导入数据集模块

首先，导入数据集。

Input

```
from sklearn import datasets
```

Output

```
无
```

然后检索数据。通过scikit-learn使用datasets.load_digits()方法提取手写数据集。

Input

```
# 加载名为digits的数据集
digits = datasets.load_digits()
```

Output

```
无
```

2. 查看数据

手写数据集如图4-4-1所示。我们先来看看原始手写数据。

▼图4-4-1 scikit-learn手写数据

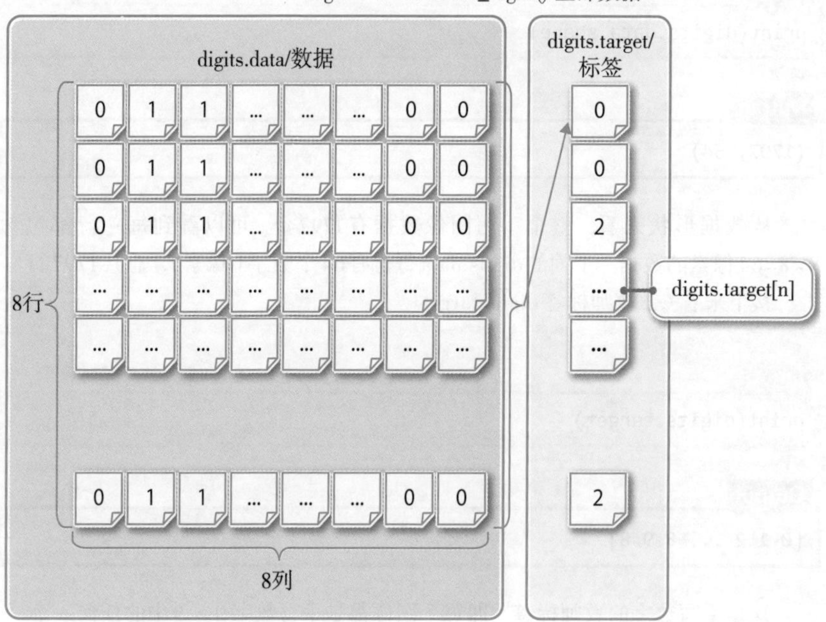

Input

```
print(digits.data)
print('维度：',digits.data.ndim)
```

Output

```
[[ 0.  0.  5. ...  0.  0.  0.]
 [ 0.  0.  0. ... 10.  0.  0.]
 [ 0.  0.  0. ... 16.  9.  0.]
 ...
 [ 0.  0.  1. ...  6.  0.  0.]
 [ 0.  0.  2. ... 12.  0.  0.]
 [ 0.  0. 10. ... 12.  1.  0.]]
维度 : 2
```

结果却仅此一项，运行下面的程序，查看digits.data的形状。

Input

```
print(digits.data.shape)
```

Output

```
(1797, 64)
```

从数据形状来看，整个手写图像数据有1797个。可以看到每一行都包含8×8=64像素的数据。上面的digits.data每行有64个数字（像素），总共1797行。

接下来看一下教师标签digits.target。

Input

```
print(digits.target)
```

Output

```
[0 1 2 ... 8 9 8]
```

这是手写数字的教师标签，即每个图像都是手写数字0 ~ 9中的任何一个。

接下来，试着取出第3个数据。

Input

```
digits.images[2]
```

Output

```
array([[ 0.,  0.,  0.,  4., 15., 12.,  0.,  0.],
       [ 0.,  0.,  3., 16., 15., 14.,  0.,  0.],
       [ 0.,  0.,  8., 13.,  8., 16.,  0.,  0.],
       [ 0.,  0.,  1.,  6., 15., 11.,  0.,  0.],
       [ 0.,  1.,  8., 13., 15.,  1.,  0.,  0.],
       [ 0.,  9., 16., 16.,  5.,  0.,  0.,  0.],
       [ 0.,  3., 13., 16., 16., 11.,  5.,  0.],
       [ 0.,  0.,  0.,  3., 11., 16.,  9.,  0.]])
```

这是一个数字的图像。仅用8×8的数字数组来表示。虽然很难理解，但是粗略地把数据数值较大的地方连接起来，总觉得应该能看出这是数字2。接下来就把这个数据绘制成一幅图片。

3. 将数据绘制为图像

使用matplotlib.pyplot.imshow绘制图像。

Input

```
from sklearn import datasets
import matplotlib.pyplot as plt

# 显示第3个数字
plt.imshow(digits.images[2], cmap=plt.cm.gray_r, interpolation='nearest')
plt.show()
```

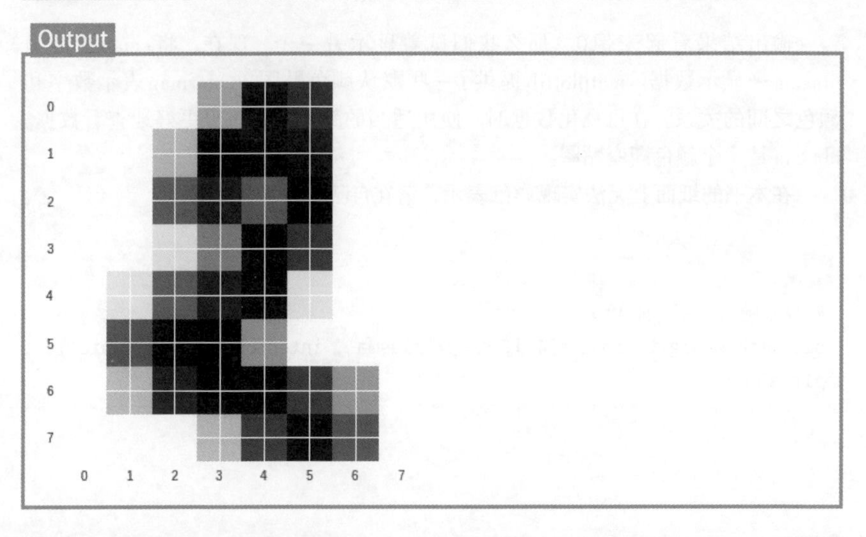

输出结果有点难懂。对于人类来说，对图片进行分类有时也很难。

再画一个数字。

Input

```
# 如编号31（因为数组中的元素从0开始计数，所以第31个元素要取自第30号）
plt.imshow(digits.images[30], cmap=plt.cm.gray_r, interpolation='nearest')
plt.show()
```

Output

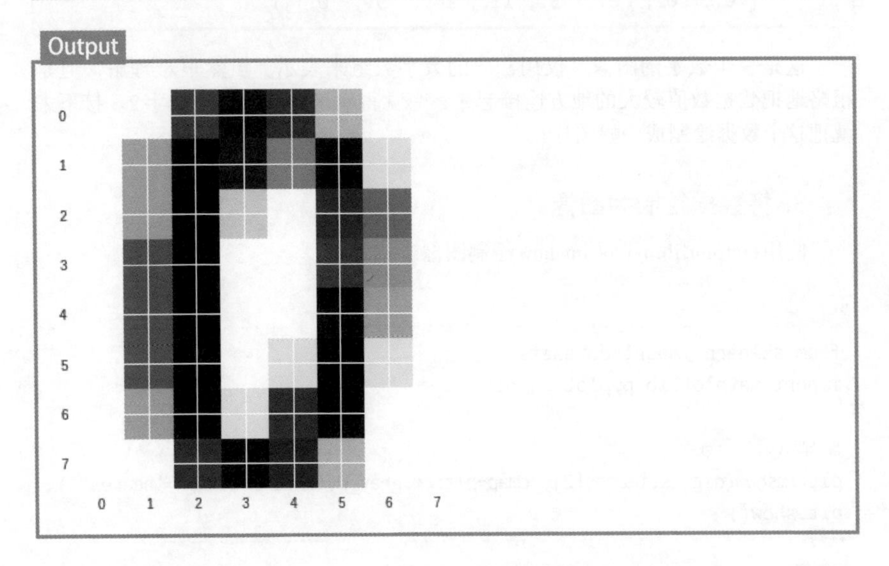

输出结果看起来像0。那么我们试着显示另一个。现在，将cmap指定为plasma来显示数据。matplotlib提供了一些默认颜色贴图。colormap表示数字和颜色之间的关系。在可视化数据时，使用适当的颜色映射可以更好地查看数据。plasma是一个颜色渐变贴图。

在本书的纸面上无法实现彩色表示，请在自己的设备上尝试。

Input

```
# 显示随机数字（如48）
plt.imshow(digits.images[47], cmap='plasma', interpolation='bicubic')
plt.show()
```

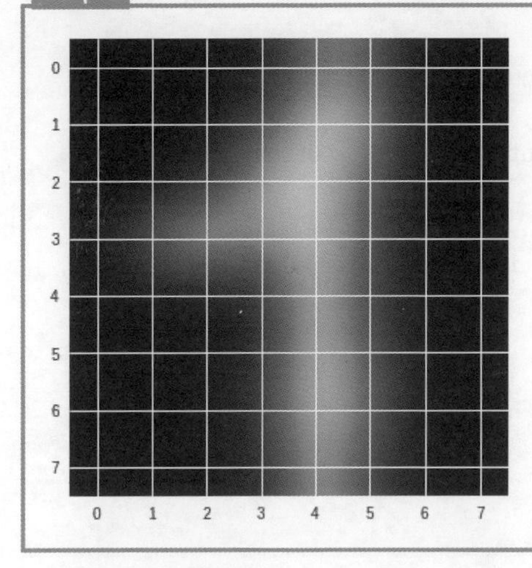

输出结果是数字1。

4. 绘制多个数据

有关如何绘制数据，可参阅3.2节。

Input

```
import numpy as np

# 用于显示数字的行数和列数
# 行
ROWS_COUNT = 4
# 列
COLUMNS_COUNT = 4

DIGIT_GRAPH_COUNT = ROWS_COUNT * COLUMNS_COUNT
# 用于保存数据对象
subfig = []
# x轴数据
x = np.linspace(-1, 1, 10)

# 确定figure对象创建大小
fig = plt.figure(figsize=(12, 9))
```

```
for i in range(1, DIGIT_GRAPH_COUNT + 1):
# 添加到按顺序的第i个subfig中
    subfig.append(fig.add_subplot(ROWS_COUNT, COLUMNS_COUNT, i))
    # y轴数据（n次表达式）
    y = x ** i
    subfig[i - 1].imshow(digits.images[i],interpolation='bicubic',
cmap='viridis')

# 图表之间横向和纵向间隙的调整
fig.subplots_adjust(wspace=0.3, hspace=0.3)
plt.show()
```

Output

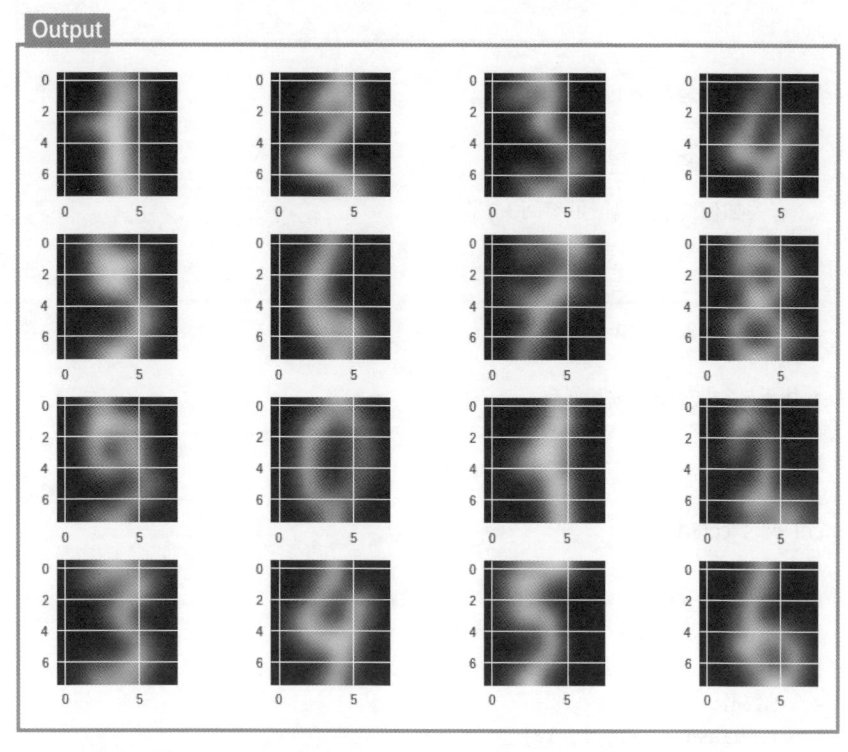

可以清楚地确认这个数据集是由这样的手写数字构成的。这样的数字数据一共有1797个。每个数字都有大约180个图像数据。

接下来，把这1797个数字数据集中的图像显示在一个三维空间中。

5. 在三维空间中查看手写数字的数据集

有关绘制三维数据的程序，可参阅3.2节。

Input

```
from sklearn import decomposition
from mpl_toolkits.mplot3d import Axes3D

# 加载手写数字数据并将其存储在变量digits中
digits = datasets.load_digits()

# 将一组特征量存储在变量X中，将目标存储在变量y中
all_features = digits.data
teacher_labels = digits.target
```

Output

```
无
```

getcolor(color)是一个函数，用于指定0 ~ 9的数字数据的颜色。尝试调整颜色以获得更好的结果。

Input

```
def getcolor(color):
    if color == 0:
        return 'red'
    elif color == 1:
        return 'orange'
    elif color == 2:
        return 'yellow'
    elif color == 3:
        return 'greenyellow'
    elif color == 4:
        return 'green'
    elif color == 5:
        return 'cyan'
    elif color == 6:
        return 'blue'
```

```
    elif color == 7:
        return 'navy'
    elif color == 8:
        return 'purple'
    else:
        return 'black'
```

Output

```
无
```

将64个特征量进行降维。当在三维空间中对数据进行可视化处理时，x、y和z轴用于确定数据在三维空间中的位置。因此，需要把64个特征量降维到三维空间。

在此，我们使用scikit-learn实现的PCA主成分分析来执行降维。PCA处理可以在无监督机器学习中不丢失多维特征量的“特征（数据相关性）”的前提下，压缩数据的特征量。

Input

```
# 主成分分析，把维度减到3个
pca = decomposition.PCA(n_components=3)

# 主成分分析将64维的all_features转换为三维three_features
three_features = pca.fit_transform(all_features)
```

Output

```
无
```

接下来，绘制三维散点图，看看手写数字数据在三维空间中的样子。

map(getcolor, teacher_labels)是将teacher_labels的值逐个传递给getcolor()函数的过程。这里的map()在Python中被称为高阶函数，高阶函数可以采用函数作为参数（将getcolor作为map的参数传递），然后将结果转换为列表，并将其传递给变量colors。当绘制三维散点图时，使用教师标签（即0、1、2等数字的名称）来决定颜色。

Input

```
# 确定figure对象创建大小
fig = plt.figure(figsize=(12, 9))

subfig = fig.add_subplot(111, projection = '3d')
# 准备与教师标签(Teacher_Labels)对应的颜色列表
colors = list(map(getcolor, teacher_labels))

# 在三维空间中进行数据的着色描绘
subfig.scatter(three_features[ : , 0 ], three_features[ : , 1 ],
three_features[ : , 2 ], s=50, c=colors, alpha=0.3)

# 显示绘制的图表
plt.show()
```

Output

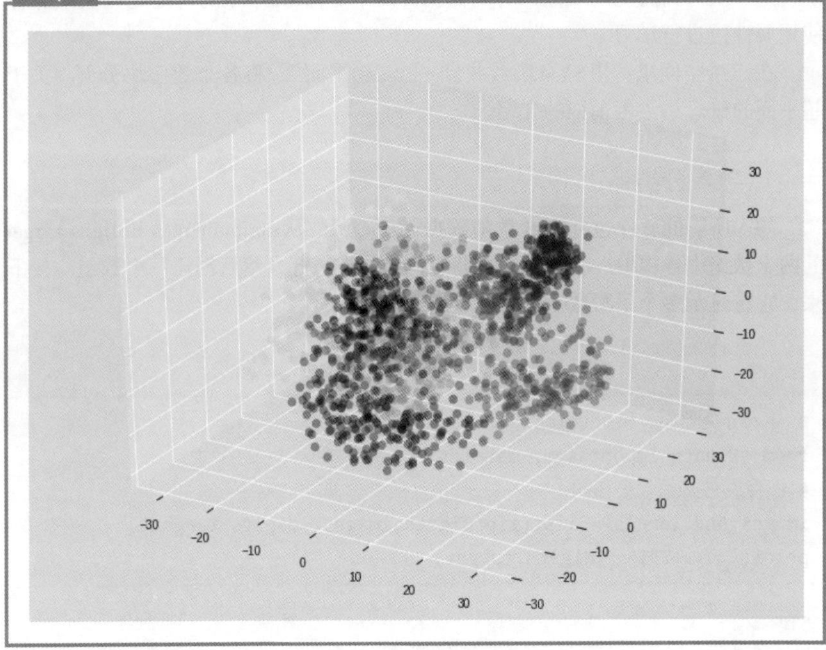

在纸面上看不出颜色的不同，请实际运行确认。在视觉上，可以看到手写数字的每一个数据都聚集在一个三维空间中(这些数据的特征是近似的)。图表上的"块"代表了每个0 ~ 9手写数字的特征。

在图表中，蓝色（数字6）和绿色（数字4）的数据很容易理解。因为它显示在三维空间上，所以它的点的位置是x、y、z的相关关系。此外，x、y和z是通过主成分分析从64个特征量压缩而来的。换句话说，它在三维空间上的位置可以理解为64个特征量之间相关性的体现。64个特征量是指64个像素，所以如果一幅数字图像中所有64个像素的相关性是相同的手写数字，那么应该有很多共同点。例如，同样的手写数字3，虽然因人而异有波动，但是其特征必定是通用的。在三维空间中，一个聚类群体就是一个共同特征的三维表示，那是人类无法表达的共同的特征，但可以通过机器学习找出它，然后用这个三维空间显示出来。

通过了解特征（学习模型），即使是未知的手写数字也可以利用特征（学习模型）进行推理和判别。

▶4.4.2 操作办法

这一次，我们使用图像本身的数据，而不是像4.3节中的鸢尾花数据集那样使用属性值进行学习。

在三维空间里，用SVM函数找到一个"超平面"，将各个数字块分开。关于超平面的概念请参考前面的介绍。

1. 导入分类器

导入所需的软件包并查看教师数据。zip()函数从digits.images和digits.target的两个数组中各提取一个数据，并将它们组合在一起，然后创建一个数组。接下来，它将显示多个手写数字及其标签。

Input

```
# 导入分类器SVM和metrics
from sklearn import svm, metrics
# 图像文件必须大小相同
images_and_labels = list(zip(digits.images, digits.target))
print('教师数据：',digits.target)
```

Output

```
教师数据：[0 1 2 ... 8 9 8]
```

教师数据确认好了，这是判定手写数字是0 ~ 9中哪个数字的标签。

然后，将其分为训练数据和验证数据，绘制并检查训练数据。images_and_labels[:8] 从先前提供的数据提取前 8 个数据，显示检索到的数据、图像和图像标签，这是对数据集内容的检查。当然，也可以通过改变这个数字来改变要显示的图像的数量。

Input

```
# 确定figure对象的大小
fig = plt.figure(figsize=(12, 9))
#
for index, (image, label) in enumerate(images_and_labels[ : 8 ]):
    plt.subplot(2, 4, index + 1)
    # 不显示坐标轴
    plt.axis('off')
    plt.imshow(image, cmap=plt.cm.gray_r, interpolation='nearest')
    plt.title('Train Data: %i' % label)
```

Output

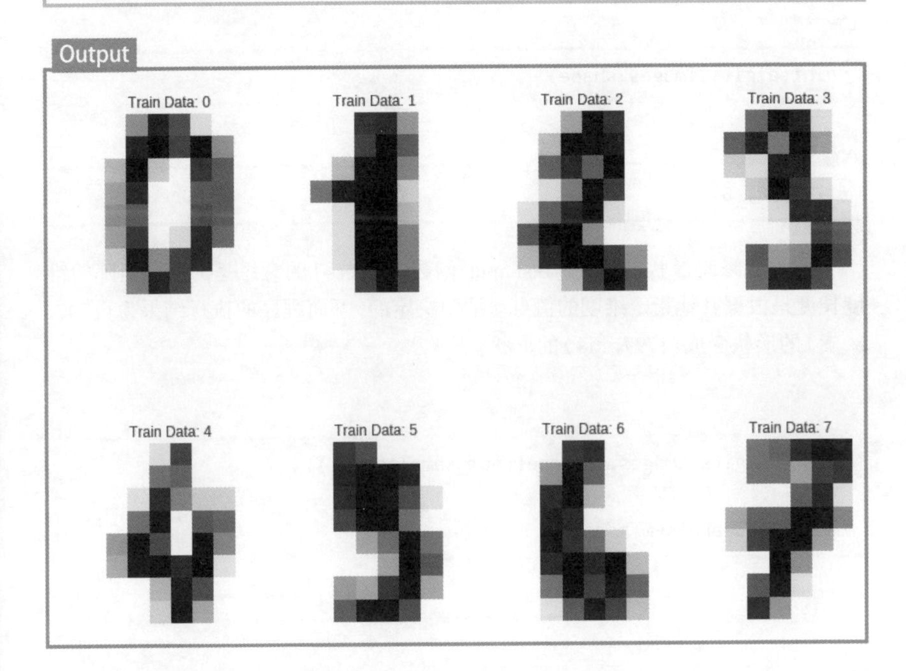

接下来，检查数据的数量。

Input

```
# 数据的数量
num_samples = len(digits.images)
print(num_samples)
```

Output

```
1797
```

现在确认数据的个数为1797个。

2. 重新配置数据

必须将8×8的二维数组转换为长度为64的一维数组，以匹配数据学习的输入格式。因此，下面将更改数据集的形状。

在更改digits.images的形状之前，请使用以下程序检查digits.images的形状。

Input

```
print(digits.images.shape)
```

Output

```
(1797, 8, 8)
```

下面是修改形状的程序。reshape()函数中参数-1的意思是，目标矩阵的维度长度是根据其他指定维度的值自动推测决定的。下面程序的执行结果为(1797, 8, 8)的形状变成(1797, 64)的形状。

Input

```
data = digits.images.reshape((num_samples, -1))

import sklearn.svm as svm
```

Output

```
无
```

请在下面的程序中检查矩阵处理后的形状。从转换前的(1797, 8, 8)变为(1797, 64)。这样就变成了传递给学习的输入数据格式。

Input

```
print(data.shape)
```

Output

```
(1797, 64)
```

3. 创建分类器

创建分类器（SVC）并进行学习。SVC是前一个练习中使用的Support Vector Classifier的缩写。

Model=svm.SVC(gamma=0.001)中的gamma是指“一个训练数据对‘划分’数据的超平面结果的影响范围”。gamma越小，影响范围越远；gamma越大，影响范围越近。完成此练习后，请实际更改此值以查看对结果的影响。

Input

```
model = svm.SVC(gamma = 0.001)

# 用于学习/训练的学习用数据和教师数据
train_features=data[ : num_samples // 2 ]
train_teacher_labels=digits.target[ : num_samples // 2 ]
# 用于验证的训练数据和教师数据
test_feature=data[num_samples // 2 : ]
test_teacher_labels=digits.target[num_samples // 2 : ]

# 将前一半的数据作为训练数据，进行训练
model.fit(train_features,train_teacher_labels)
```

Output

```
SVC(C=1.0, cache_size=200, class_weight=None, coef0=0.0,
  decision_function_shape='ovr', degree=3, gamma=0.001, kernel='rbf',
  max_iter=-1, probability=False, random_state=None, shrinking=True,
  tol=0.001, verbose=False)
```

这样就完成训练了。

剩下一半的数据集用作测试（评估）数据。可以使用classification_report()方法轻松地输出分类的结果。

Input

```
expected = test_teacher_labels
#
predicted = model.predict(test_feature)

from sklearn.metrics import confusion_matrix
from sklearn.metrics import classification_report

print("分类器分类的结果 %s: ¥n %s ¥n" % (model, classification_report
(expected, predicted)))
print("混淆矩阵:¥n %s" % confusion_matrix(expected, predicted))
```

Output

```
分类器的分类结果 SVC(C=1.0, cache_size=200, class_weight=None, coef0=0.0,
  decision_function_shape='ovr', degree=3, gamma=0.001, kernel='rbf',
  max_iter=-1, probability=False, random_state=None, shrinking=True,
  tol=0.001, verbose=False):
              precision    recall  f1-score   support

           0       1.00      0.99      0.99        88
           1       0.99      0.97      0.98        91
           2       0.99      0.99      0.99        86
           3       0.98      0.87      0.92        91
           4       0.99      0.96      0.97        92
           5       0.95      0.97      0.96        91
           6       0.99      0.99      0.99        91
           7       0.96      0.99      0.97        89
           8       0.94      1.00      0.97        88
           9       0.93      0.98      0.95        92

   micro avg       0.97      0.97      0.97       899
   macro avg       0.97      0.97      0.97       899
weighted avg       0.97      0.97      0.97       899


混淆矩阵：
 [[87  0  0  0  1  0  0  0  0  0]
 [ 0 88  1  0  0  0  0  0  1  1]
```

```
 [ 0  0 85  1  0  0  0  0  0  0]
 [ 0  0  0 79  0  3  0  4  5  0]
 [ 0  0  0  0 88  0  0  0  0  4]
 [ 0  0  0  0  0 88  1  0  0  2]
 [ 0  1  0  0  0  0 90  0  0  0]
 [ 0  0  0  0  0  1  0 88  0  0]
 [ 0  0  0  0  0  0  0  0 88  0]
 [ 0  0  0  1  0  1  0  0  0 90]]
```

最后的混合的矩阵叫作混淆矩阵，即实际正确的教师标签（expected）和使用预训练模型进行分类的结果（predicted）之间的距离的矩阵。它显示了与expected相对应的predicted的正确答案。

混淆矩阵的查看方法是按行从左到右，分别从0到9，行是实际预测结果的数据个数。第1行是确定为0的数据数（输入了899个验证数据）；第2行是确定为1的数据数；最后的第10行是被确定为9的数据数。例如，第1行的第5列（第5个）是1。本来，对于0的正确答案，预测结果是4（因为第5个答案是1，所以是4）。当然，这是不正确的。

理想情况下，从第1行最左上角一直到对角线上的最下1行的右下角，全部都是"正确教师标签的数"，对角线上以外的都是0，这样就完美了。而实际上对角线上的数字只有不到90的情况比较多，就像上面所说的那样。同样对角线上以外的部分，也有不为0的地方，这就是误认的数量。

4. 验证和图表

最后使用验证数据进行验证。同时，将绘制分类结果和图像。

Input

```
# 确定figure对象的大小
fig = plt.figure(figsize=(12, 9))

digits_and_predictions = list(zip(digits.images[num_samples // 2 : ],
predicted))
for index, (image, prediction) in enumerate(digits_and_predictions[ : 4 ]):
    plt.subplot(2, 4, index + 5)
    plt.imshow(image, cmap='PiYG', interpolation='bicubic')
    plt.title('Prediction: %i' % prediction)

plt.show()
```

Output

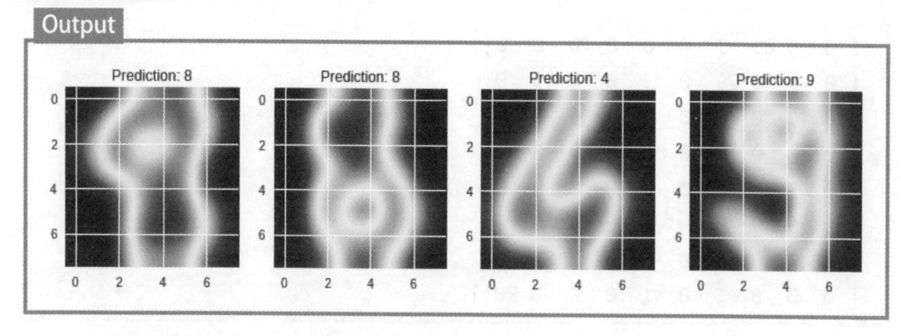

上面显示的图片，恰好全部都是正确答案。

5. 整理一下

到现在，数据已经准备好，分为训练数据和验证数据，进行了训练和后续的验证和分类。

首先简要总结一下这一系列工作的大流程。

- 数据的预处理

关于数据格式化操作，由于scikit-learn数据按原样加载和使用，所以没有进行特别复杂的数据预处理操作。

- 选择模型

这次，选择了scikit-learn的一个SVM作为分类器，还有许多其他分类器函数可供选择。

- 学习模型

scikit-learn使用model.fit()函数。借助scikit-learn框架，可以轻松地执行机器学习。

- 基于模型的预测

把数据传送给要预测的数据模型，使其进行预测。使用model.predict()函数。

▶ 4.4.3 总结

在本次练习中，使用scikit-learn的数据集，尝试了手写数字的机器学习及其验证。通过两个实验，我们认识了SVM算法，当然还用到了其他一些知识点。请一定要熟悉这些知识内容，并动手试一试。

本小节使用scikit-learn进行的练习就是由这两个函数来完成的，有兴趣的读者请充分利用scikit-learn这个机器学习库，掌握机器学习的各种方法和工具。

那么，进入下一个练习吧。从下面的练习开始，将进入深度学习的世界。

4.5 中级学习

Chainer+MNIST手写数字分类实验练习

约60分钟

—— Colaboratory＋Raspberry Pi ——

Chainer是一个源自日本的机器学习框架。

与TensorFlow和PyTorch(见4.7和4.8节)一样，这个框架为深度学习提供了各种高级功能。

需要准备的环境和工具

- Chainer和所需的Python包
- MNIST手写数字数据集
- PC、Raspberry Pi 3B + Colaboratory

本次练习的目的

- 理解Chainer这一深度学习框架的基础
- 了解MNIST手写数字的数据结构
- 使用Chainer学习和分类及创建模型
- 学习如何创建简单的Web应用程序
- 学习如何在Web应用程序中使用预训练模型

▶4.5.1 通过Colaboratory学习/训练，在Raspberry Pi中创建手写识别Web应用程序

在本次练习中，首先将在Colaboratory上通过Chainer介绍神经网络的基本编程方法，并获得一个已学习的模型。

在练习的后半部分中，将学习/训练得到的模型转移到Raspberry Pi，并使用Flask框架创建一个简单的手写识别Web应用程序(参阅本书第3部分)。使用鼠标在浏览器上绘制数字，并将其发送到服务器，服务器使用已学习的模型对数字进行“分类”。虽然这是一个较长的练习，但它的内容很有实践意义。

1. 什么是Chainer

Chainer是一个基于Python的开源深度学习框架，由日本Preferred Networks公司主导开发。这是一个深度学习框架，可以轻松地构建神经网络。

2. 什么是MNIST

本次练习使用MNIST数据集。MNIST（http://yann.lecun.com/exdb/mnist）是Mixed National Institute of Standards and Technology的缩写，是一组手写数字0 ~ 9及其正确标签的数据集，包括70000个手写数字图像。

数据集上的手写字符为28×28像素的图像，为784维数据。使用这784维数据对数字0 ~ 9进行分类。

在4.4节的scikit-learn练习中，使用机器学习的方法体验了手写数字的识别，现在将使用神经网络的方法进行手写数字的机器学习。另外，scikit-learn手写数字的是一个8×8的图像，总共64个像素，而MNIST的数据是28×28的图像，总共有784个像素。MNIST数据的“数量”比scikit-learn数据的“数量”更多，像素特征更多。

可以很容易地在各种机器学习框架中使用MNIST手写数字数据集。

例如，Keras、PyTorch和Chainer也可以加载数据集到同一行中。

那么，下面来看看MNIST的数据。

3. 安装Chainer

使用以下命令完成Chainer的安装。

Input

```
!pip install chainer
```

Output

```
省略
```

4. 检查Chainer版本

然后，导入Chainer并输出版本号。

Input

```
import chainer

print(chainer.__version__)
```

Output

```
5.0.0
```

在撰写本书时，Chainer的版本为5.0.0。

然后，使用chainer.print_runtime_info()方法显示有关Chainer运行环境的信息，如操作系统信息（Ubuntu-18.04-bionic）、Chainer版本信息（5.0.0）和NumPy版本信息（1.14.6）。

Input

```
!python -c 'import chainer; chainer.print_runtime_info()'
```

Output

```
Platform: Linux-4.14.65+-x86_64-with-Ubuntu-18.04-bionic
Chainer: 5.0.0
NumPy: 1.14.6
CuPy:
  CuPy Version          : 5.0.0
  CUDA Root             : /usr/local/cuda
  CUDA Build Version    : 9020
  CUDA Driver Version   : 9020
  CUDA Runtime Version  : 9020
  cuDNN Build Version   : 7201
  cuDNN Version         : 7201
  NCCL Build Version    : 2213
iDeep: 2.0.0.post3
```

5. 导入Chainer基本部件

接下来，将使用Chainer执行深度学习的处理。首先，导入所需的库。

Input

```
import numpy as np
import chainer
```

Output

```
无
```

6. 从MNIST加载数据

Chainer框架提供了一种获取有效的MNIST数据集的方法。可以使用chainer.datasets.get_mnist()方法检索数据，并返回两个数据集。检索数据后，将数据分为train_data(训练数据)和test_data(测试数据)存储。

train_data, test_data=chainer.datasets.get_mnist()是列表类型数据的解包,解包是指展开并代入多个变量。将检索到的两个MNIST数据集分别分配给train_data和test_data。

使用withlabel=True获取数据,以便同时获取教师标签数据。

Input

```
train_data, test_data = chainer.datasets.get_mnist(withlabel=True, ndim=1)
print(train_data)
print(test_data)
```

Output

```
Downloading from http://yann.lecun.com/exdb/mnist/train-images-idx3-
ubyte.gz...
Downloading from http://yann.lecun.com/exdb/mnist/train-labels-idx1-
ubyte.gz...
Downloading from http://yann.lecun.com/exdb/mnist/t10k-images-idx3-
ubyte.gz...
Downloading from http://yann.lecun.com/exdb/mnist/t10k-labels-idx1-
ubyte.gz...
<chainer.datasets.tuple_dataset.TupleDataset object at 0x7f0c682576d8>
<chainer.datasets.tuple_dataset.TupleDataset object at 0x7f0c13230c50>
```

可以看到数据格式是元组(tuple)。

元组是一种Python数据类型。元组与列表类似,但元组在程序中不能更改元素的顺序或数据的内容。像本次练习,学习数据和训练数据都使用元组类型的数据,因为本次练习不能对元素的顺序和数据的内容进行改变。

7. 观察数字图像

下面来看看我们获得的数据。首先,导入Matplotlib以绘制图像。

查看任意数字,在此显示第61个数字。

Input

```
import matplotlib.pyplot as plt


data_location=60
```

```
data, teacher_label = train_data[data_location]
plt.imshow(data.reshape(28, 28), cmap='inferno', interpolation='bicubic')
plt.show()
```

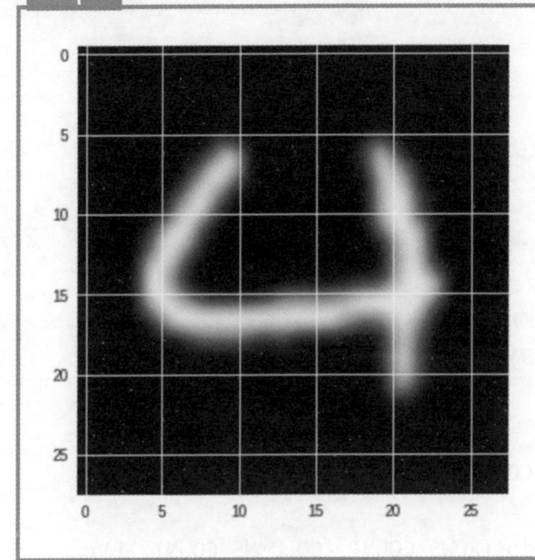

输出的图像看起来是数字4。与在4.4节中scikit-learn的手写数据对比，这里的图像会稍微好一些。因为本次的数据量更大，所以它比scikit-learn的数字要清晰一点。

这次显示的data是一个784维的向量。

接下来，看看这组数据的教师标签数据。

Input

```
print(teacher_label)
```

Output

```
4
```

可以看出，这是图像中的数字4。接下来，将显示多个数字。

Input

```
# 用于显示数字的行数和列数
# 行
ROWS_COUNT = 4
# 列
COLUMNS_COUNT = 4
#
DIGIT_GRAPH_COUNT = ROWS_COUNT * COLUMNS_COUNT
# 用于保存数据对象
subfig = []
# x轴数据
x = np.linspace(-1, 1, 10)

# 确定figure对象的大小
fig = plt.figure(figsize=(12, 9))


for i in range(1, DIGIT_GRAPH_COUNT + 1):
    # 按顺序添加到第i个子图
    subfig.append(fig.add_subplot(ROWS_COUNT, COLUMNS_COUNT, i))
    # y轴数据（n次表达式）
    y = x ** i
    data, teacher_label = train_data[60+i]
    subfig[i - 1].imshow(data.reshape(28, 28),interpolation='bicubi
c', cmap='viridis')

# 调整图表之间的水平和垂直间距
fig.subplots_adjust(wspace=0.3, hspace=0.3)
plt.show()
```

Output

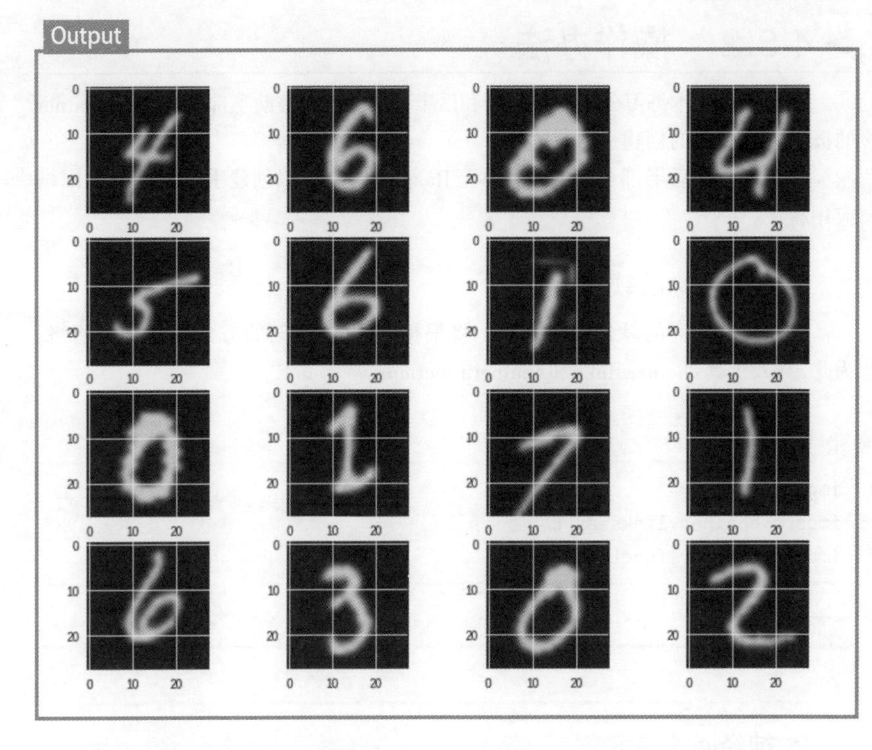

可以看到，有各种书写习惯的手写数字排列在一起。

8. 训练集和测试集的数量

下面来看看训练集和测试集的数量。

Input

```
print('训练集数量：', len(train_data))
print('测试集数量::', len(test_data))
```

Output

```
训练集数量： 60000
测试集数量:: 10000
```

当检索和解包数据集时，数据集数量分别为60000和10000，这也是框架的便利之处。

▶4.5.2　操作办法

如上所述，本练习分为前半部分和后半部分。首先是前半部分，了解Chainer的概念再到模型的创建、下载。

接下来，在后半部分，将模型移至Raspberry Pi，以创建手写数字识别网络应用程序。

1. 导入所需的软件包

首先导入所需的软件包。现在，将根据Chainer框架的方法构建神经网络。为此，导入工具chainer.links和chainer.functions。

Input

```
import chainer
import chainer.links as L
import chainer.functions as F
```

Output

```
无
```

2. 神经网络的定义

在本练习中，我们创建了一个多层感知器（神经网络）的模块（MLP）（见1.3节）。

首先，定义要学习的模型。

MLP的定义继承了Chainer Framework提供的模块chainer.Chain。这是使用Chainer框架定义神经网络时的常用做法。

其中，__init__()和__call__()不是Chainer，而是Python的特殊函数。

__init__()在初始化时执行。在创建模块的实例之后，__call__()可以像函数一样调用。例如，model=MLP()执行__init__()。如果执行model(Input_Data)，则执行__call__()。

Input

```
class MLP(chainer.Chain):
  def __init__(self, number_hidden_units=1000, number_out_units=10):
    # 调用父类构造函数并进行必要的初始化
    super(MLP, self).__init__()
```

```
        with self.init_scope():
            self.layer1=L.Linear(None, number_hidden_units)
            self.layer2=L.Linear(number_hidden_units, number_hidden_units)
            self.layer3=L.Linear(number_hidden_units, number_out_units)

    def __call__(self, input_data):

        result1 = F.relu(self.layer1(input_data))
        result2 = F.relu(self.layer2(result1))
        return self.layer3(result2)
```

Output

```
无
```

在第1行中，通过继承chainer.Chain模块，MLP将具有chainer.Chain的算法、结构、属性等。学习后，可以保存和加载模型，然后将学习过的模型带到Raspberry Pi。

在第2行中，用类的构造函数定义了几个神经网络的配置。

首先，number_hidden_units是中间层（隐藏层）的单元数量，这里为1000；number_out_units是输出层的单元数，这里必须输出0~9的数字分类，所以设为10（与输出分类的数量相同）。

在第6行中，将定义这次的输入层、中间层（隐藏层）和输出层。

第7行中的L.Linear定义为全连接层，但第一个参数为None是因为当数据被输入到层中时，输入单元的数目将自动计算并设置为所需的数目。下一行也是如此。

接下来，将创建已定义的MLP类的实例，实例名为model。

Input

```
model = MLP()
```

Output

```
无
```

layer1（输入层）被定义为Link类，因此它保留了Link类的属性。并且，layer1包含Link类定义的参数，因此可以看到它的参数。

例如，可以查看输入层偏移参数的形状及它的值。

Input

```
print('输入层的偏置参数数组的形状是', model.layer1.b.shape)

print('初始化后，该值为', model.layer1.b.data)
```

Output

```
输入层的偏置参数的形式是 (1000,)
初始化后，该值为 [0. 0. 0. 0. 0. 0. 0. 0. 0. 0. 0. 0. 0. 0. 0. 0. 0. 0. 0.
0. 0. 0. 0. 0.
 0. 0. 0. 0. 0. 0. 0. 0. 0. 0. 0. 0. 0. 0. 0. 0. 0. 0. 0. 0. 0. 0. 0. 0.
 0. 0. 0. 0. 0. 0. 0. 0. 0. 0. 0. 0. 0. 0. 0. 0. 0. 0. 0. 0. 0. 0. 0. 0.
 0. 0. 0. 0. 0. 0. 0. 0. 0. 0. 0. 0. 0. 0. 0. 0. 0. 0. 0. 0. 0. 0. 0. 0.
 --- 省略 ---
 0. 0. 0. 0. 0. 0. 0. 0. 0. 0. 0. 0. 0. 0. 0. 0. 0. 0. 0. 0. 0. 0. 0. 0.
 0. 0. 0. 0. 0. 0. 0. 0. 0. 0. 0. 0. 0. 0. 0. 0. 0. 0. 0. 0. 0. 0. 0. 0.
 0. 0. 0. 0. 0. 0. 0. 0. 0. 0. 0. 0. 0. 0. 0. 0. 0. 0. 0. 0. 0. 0. 0. 0.
 0. 0. 0. 0. 0. 0. 0. 0.]
```

初始化后立即指定1000个单位（感知器），全部用0填满。当然这是因为我们还没有进行学习/训练。学习/训练后再查看一遍，看看它是如何变化的。

同样，也来查看学习前输入层的权重数组。

Input

```
print('学习前输入层的权重数组',model.layer1.W.array)
```

Output

```
学习前输入层的权重数组 None
```

这个输出也是正常的，因为还没有进行学习，所以还没有建立加权的数据数组。当然里面也不会有体现。

接下来，准备使用学习数据。

3. 什么是iterators

iterators是一个迭代器，用于简化连续过程。在深度学习中，经常会使用大量的数据，重复同样的“运算”和“处理”，所以有很多框架准备了迭代器。Chainer提供了如下几个迭代器。

chainer.iterators.SerialIterator

chainer.iterators.MultiprocessIterator

chainer.iterators.MultithreadIterator

chainer.iterators.DaliIterator

SerialIterator是最简单的迭代器，用于按顺序检索数据集中的数据。这次的程序就用这个迭代器。

下面来观察一下程序。

第1行导入迭代器，用于按顺序检索学习数据集。

第3行设置BATCH_SIZE。

然后，从各自的数据集中创建训练数据的迭代器train_iterator和验证数据的迭代器test_iterator。

Input

```
from chainer import iterators

BATCH_SIZE = 100

train_iterator = iterators.SerialIterator(train_data, BATCH_SIZE)
test_iterator = iterators.SerialIterator(test_data, BATCH_SIZE,
                                         repeat=False, shuffle=False)
```

Output

```
无
```

4. 配置Optimizer

Chainer提供了多种优化方法，但现在使用最简单的梯度下降方法optimizers.SGD（如果对其他优化技术感兴趣，请参阅https://docs.chainer.org/en/stable/reference/optimizers.html）。

optimizers.SGD不是从模型进行设置，而是在Optimizer的setup()方法中指定模型。在下面的程序中，SGD的lr参数是learn rate的缩写，称为学习率。如果也调整此参数，则会影响学习的结果。请尝试在Colaboratory中使用不同参数值查看结果的变化。现在暂且将学习率设置为0.01。

Input

```
from chainer import optimizers

optimizer = optimizers.SGD(lr=0.01)
optimizer.setup(model)
```

Output

```
<chainer.optimizers.sgd.SGD at 0x7f0c10cf09b0>
```

5. 验证处理模块

首先导入所需的模块，再设置学习次数MAX_EPOCH。下面的程序引入chainer.dataset.concat_examples()方法，该方法在from chainer.dataset import concat_examples的1行中将数据列表与数组连接。

Input

```
import numpy as np
from chainer.dataset import concat_examples

import matplotlib.pyplot as plt

MAX_EPOCH = 20
```

Output

```
无
```

首先，我们来看一下验证处理模块。它是一个函数的形式，如下面的程序所示。

每次在一个epoch学习后调用并执行testEpoch。请在下面的训练和测试程序中检查调用的位置。

Input

```
def testEpoch(train_iterator,loss):
# 显示学习错误
  print('学习次数:{:02d}-->学习误差 :{:.02f} '.format(
          train_iterator.epoch, float(loss.data)), end='')
```

```
# 验证用的误差与精度
test_losses = []
test_accuracies = []
#
while True:
  test_dataset = test_iterator.next()
  test_data, test_teacher_labels = concat_examples(test_dataset)

  # 将验证数据传递给模型
  prediction_test = model(test_data)

  # 将验证数据的预测值与教师标签数据进行比较，计算损失
  loss_test = F.softmax_cross_entropy(prediction_test, test_teacher_labels)
  test_losses.append(loss_test.data)

  # 计算精度
  accuracy = F.accuracy(prediction_test, test_teacher_labels)

  test_accuracies.append(accuracy.data)

  if test_iterator.is_new_epoch:
    test_iterator.epoch = 0
    test_iterator.current_position = 0
    test_iterator.is_new_epoch = False
    test_iterator._pushed_position = None
    break

  print('验证误差：{：.04f}验证精度：{:.02f}'.format(
       np.mean(test_losses), np.mean(test_accuracies)))
```

Output

无

6. 训练和验证

终于进入训练的过程了。在这里，使用while创建一个主处理循环。循环次数由MAX_EPOCH决定。这里设置为20次，可以尝试设置为5或20次，观察如何影响学习结果。

在循环中，从迭代器中提取数据，然后让它们通过模型训练。

Input

```
while train_iterator.epoch < MAX_EPOCH:
  # 从迭代器中提取训练集
  train_dataset = train_iterator.next()

  # 将训练数据解包到学习数据和教师标签数据中
  train_data, teacher_labels = concat_examples(train_dataset)

  # 通过模型计算预测值
  prediction_train = model(train_data)

  # 将得到的预测值与教师标签数据进行比较，计算训练误差
  loss = F.softmax_cross_entropy(prediction_train, teacher_labels)

  # 计算神经网络中的梯度
  model.cleargrads()
  # 反向传播误差
  loss.backward()

  # 更新参数以反映误差
  optimizer.update()
  # 一次训练（epoch）结束后，计算预测精度
  if train_iterator.is_new_epoch:
    testEpoch(train_iterator,loss)
```

Output

```
训练次数:01 --> 训练误差:0.57 验证误差:0.4963 验证精度 :0.90
验证误差:0.4851 验证精度 :0.92
验证误差:0.4868 验证精度 :0.92
验证误差:0.5063 验证精度 :0.90
验证误差:0.5191 验证精度 :0.89

--- 省略 ---
验证误差:0.1303 验证精度 :0.96
验证误差:0.1297 验证精度 :0.96
验证误差:0.1302 验证精度 :0.96
验证误差:0.1329 验证精度 :0.96
验证误差:0.1335 验证精度 :0.96
```

随着学习的深入，可以看到精度的提高(可能与你的输出略有不同)。这就是由多个感知器组成的神经网络训练的结果。

训练后，再一次查看输入层权重的内容。请执行以下程序。在训练之前，model.layer 1.W.array 是未定义的。训练后，输入层的所有权重数组都被数字填充。这就是训练的“成果”。不仅是输入层，定义的神经网络的整个权重数组的集合也已经是“预训练模型”。

Input

```
print('输入层的偏置参数数组的形状是', model.layer1.b.shape)

print('训练后的输入层值为', model.layer1.b.data)
# 输入层的权重数组
print('训练后的输入层权重数组',model.layer1.W.array)
print('训练后，输入层的权重数组的形状为',model.layer1.W.array.shape)
```

Output

```
输入层的偏置参数数组的形状是 (1000,)
训练后的输入层值为 [ 2.37424974e-03  1.36853820e-02 -4.81440313e-03
7.44349184e-03
  6.15792535e-03 -2.94651883e-03  3.24223493e-03  7.05791870e-03
  1.19094383e-02  1.79354765e-03  2.12251325e-03  7.36099575e-03
  6.69788290e-03  1.15960801e-03  4.63578664e-03  1.47840986e-02
 -4.04570624e-03  7.26203155e-03  3.62025900e-03  6.68507535e-03
--- 省略 ---
  1.81262549e-02 -5.99585255e-05  6.53107790e-03  4.80248593e-03
  4.36806167e-03 -1.82293577e-03  7.11683091e-03  8.76740646e-03
  2.86110211e-02 -4.91078885e-04  1.48832211e-02  1.99571382e-02
  9.10064857e-03 -4.17935755e-03  5.60483616e-03  1.84890139e-03
  1.34626385e-02 -2.84785475e-03 -1.08935041e-02  2.47638281e-02]
训练后的输入层权重数组 [[-0.0203619  -0.04505523 -0.02267165 ...
0.03621635  0.01681228
  -0.01693363]
 [ 0.01716008  0.03080458 -0.01060391 ... -0.01724374 -0.00518886
   0.01669631]
 [-0.03470124  0.02330724 -0.08853719 ...  0.01906068 -0.04616649
  -0.0136602 ]
 ...
```

```
 [ 0.04026327  0.01015668 -0.04173463 ...  0.06720794 -0.02959155
   0.03214978]
 [-0.00104379 -0.0448452   0.03055416 ... -0.00529555  0.00839957
   0.04876965]
 [-0.02028995  0.0627863  -0.02899054 ... -0.0619136  -0.04318894
  -0.03527277]]
训练后，输入层的权重数组的形状为 (1000, 784)
```

7. 预训练模型的保存

导入serializers模块以保存已训练的模型。可以验证chainer-mnist.model是否已创建。

Input

```
from chainer import serializers

serializers.save_npz('chainer-mnist.model', model)

# 检查是否已保存
%ls -la
```

Output

```
total 344
drwxr-xr-x 1 root root   4096 Jan 16 01:34 ./
drwxr-xr-x 1 root root   4096 Jan 16 01:30 ../
-rw-r--r-- 1 root root 333962 Jan 16 01:34 chainer-mnist.model
drwxr-xr-x 4 root root   4096 Jan  8 17:14 .config/
drwxr-xr-x 1 root root   4096 Jan  8 17:15 sample_data/
```

8. 下载预训练模型

可以通过以下程序下载已训练的模型。使用Colaboratory的功能，可以按照以下代码使用浏览器下载任意文件。

Input

```
from google.colab import files
files.download('chainer-mnist.model')
```

Output

```
无
```

接下来是使用预训练模型的应用阶段。这里的应用阶段或者说是使用已训练过的模型进行判定的阶段。

9. 使用预训练模型

现在，有了一个训练模型，下面来确认一下使用这个模型能不能正确识别手写数字。使用训练过的模型时需要注意的是，一定要使用相同的神经网络。因为在训练时定义的神经网络中训练并“记住”了特征，如果使用不同的神经网络，则无法正常工作。

因为需要从测试集中取出所需数据，所以再运行一次 get_mninst() 来准备 test_data。

之后，取出数据（可以/可能是其中的第某个）。在此，data_location=6423。在使用预训练模型进行判断之前，先要认真确认一下。

Input

```
model = MLP()

# 加载已训练的模型文件
serializers.load_npz('chainer-mnist.model', model)

train_data, test_data = chainer.datasets.get_mnist(withlabel=True, ndim=1)
data_location=6423
# 使用一个测试数据
predict_data, predict_lable = test_data[data_location]
plt.imshow(predict_data.reshape(28, 28), cmap='gray')
plt.show()
print('predict_lable:', predict_lable)
```

Output

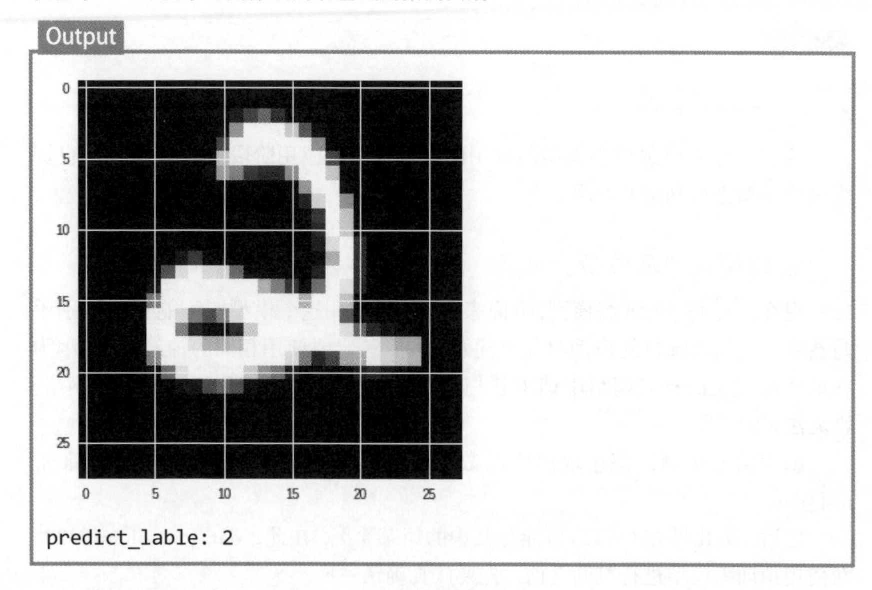

```
predict_lable: 2
```

如果模型的判断结果为2，则为成功(但上面的学习结果显示，其概率为96%，不是100%)。

接下来，我们使用模型来确定。在将数据传递给模型之前，必须在训练时将其转换为数据格式。请参考以下程序。

```
predict_data = predict_data[None, ...]
```

这与训练时的输入数据相同。

Input

```
# 把要分类的数据传递给模型
predict_data = predict_data[None, ...]
#
predict = model(predict_data)
result= predict.array
print(result)
probable_label = result.argmax(axis=1)
print('最有可能的是：', probable_label[0])
```

Output
```
[[ 1.9824224 -6.447914  14.793644   0.7218088  1.0506251 -2.4182048
   5.5060606 -8.450629   0.1327682 -6.2582    ]]
最有可能的是： 2
```

输出显示“最有可能的是：2”，并被识别为2。请改变上述测试用的“数字”(data_location=6423的数字部分)，试着运行。现在，使用Chainer深度学习框架，已经获得了训练MNIST数据集的手写数字识别精度为96%的预训练模型。接下来在Raspberry Pi中使用这个模型。

10. Raspberry Pi的工作

现在，将在Raspberry Pi中工作。使用名为Flask的Web应用程序框架，如第3部分所述。

在Python Web Server中，创建一个Web应用程序Hello World。

在本次练习中，将创建一个名为Flask的Web应用程序框架，制作几个简单的Web应用程序的功能。

接下来的操作与其他的练习也有一点相关性，所以也会稍微介绍一下共同点。

首先，从以下URL获取要使用的Web应用程序的源代码。

https://github.com/Kokensha/book-ml

如果要下载，则使用git命令；如果没有安装git，则使用以下命令安装git，然后复制。

```
$ sudo apt-get install git ©  ←如果未安装git，则运行此命令
$ git clone https://github.com/Kokensha/book-ml ©
```

复制后的文件夹下的docker-python3-flask-ml-app文件夹中，集合了4.5节、4.6节、5.1节、5.3节的代码，并将它们合并到一个Web应用程序中。

笔者复制在用户pi的主目录下的workspace文件夹。在以后讲解的内容，将围绕该文件夹进行。

可以转到docker-python 3-flask-ml-app/app文件夹，然后运行下面的命令，直接启动Flask的Web应用程序(见图4-5-1)。如果要在PC上运行，请参阅本节末尾的解说栏。

所需软件包已在2.1节中参照说明安装完成。

```
$ python3 app.py ©
```

▼图4-5-1　Raspberry Pi的启动界面

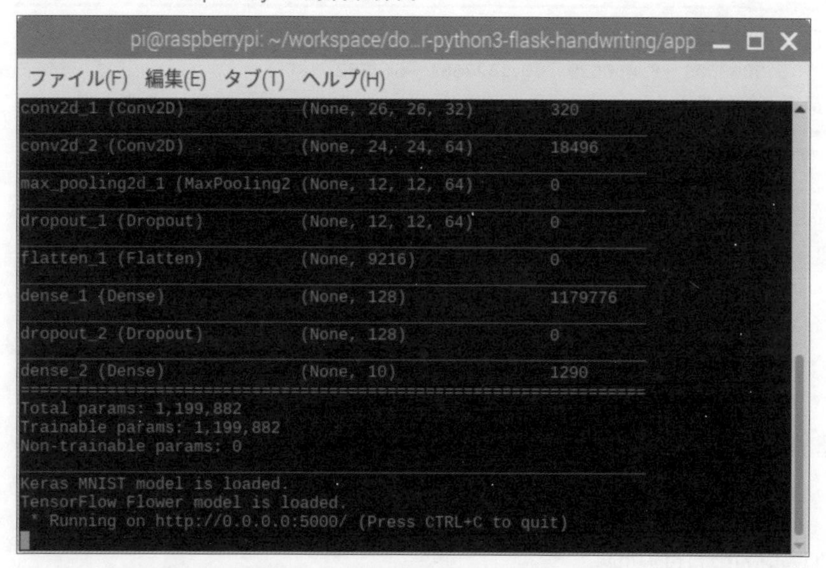

启动后，请尝试从浏览器访问http://0.0.0.0:5000（或http://localhost:5000）。访问后，将看到图4-5-2。

▼图4-5-2　访问http://0.0.0.0:5000

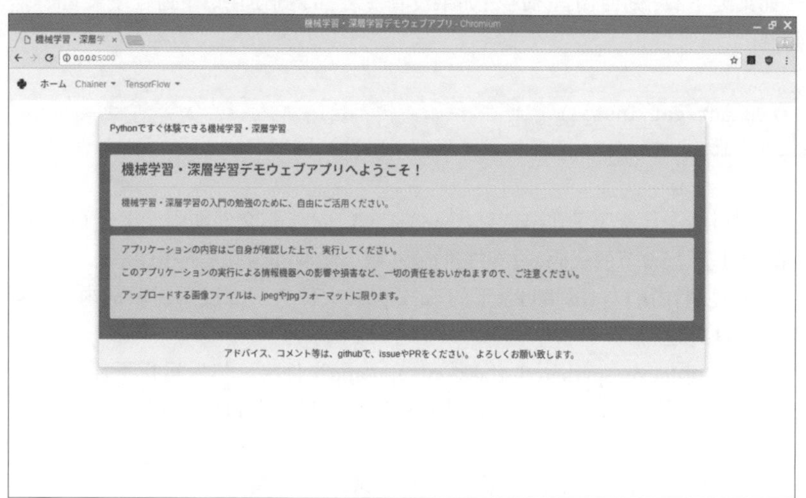

在图4-5-2的左上角，可以看到Chainer和TensorFlow下拉菜单，从菜单中可以访问4个练习案例：4.5、4.6、5.1和5.3。

11. 手写数字的识别

选择Chainer下拉菜单。将鼠标移到左侧的白色方块区域，如图4-5-3所示。在这里写一个0～9的数字，然后单击“AIに聞いてみる”（问问AI）按钮。就会看到右边的浅橙色区域里写的数字的猜测结果。

▼图4-5-3　在Raspberry Pi浏览器中运行的屏幕界面

下面来看看这个网络应用程序的文件夹配置。

Docker-python 3-flask-ml-app/app下存储了Flask应用程序的一组相关文件（见表4-5-1）。

▼ 表4-5-1　分发程序文件夹说明

app.py	启动Flask应用程序的主文件
chainer_dogscats文件夹	包含服务器端程序和已学习的模型，用于4.6节中的练习
chainer_mnist文件夹	包含服务器端程序和学习到的模型，用于本节中的练习
tensorflow_flower文件夹	包含服务器端程序和学习过的模型，用于5.3节中的练习
kares_mnist文件夹	包含服务器端程序和学习过的模型，用于5.1节中的练习
images文件夹	存储客户端(浏览器)发送的手写数字文件或上传的照片文件
static文件夹	包含客户端（浏览器）使用的CSS和JavaScript文件
templates文件夹	包含每个页面的html模板

与本次练习相关的文件有以下4个，（通用）是除本次练习以外共同使用的文件。

- static/js/app.js（通用）
- app.py（通用）
- templates/chainer.html
- chainer_mnist/mnistPredict.py

首先是app.js，当访问localhost时，它被加载并运行。

```
function initOnLoad()
```

index.html下属的header.html中的初始化调用如下。

```
<body onload="initOnLoad();">
```

当加载页面时，“initOnLoad()；”被执行。执行时，将调用以下函数。

```
function initDrawFunc() {
    main_canvas = document.getElementById("main_canvas");
    if (main_canvas) {
        main_canvas.addEventListener("touchstart", touchStart, false);
        main_canvas.addEventListener("touchmove", touchMove, false);
        main_canvas.addEventListener("touchend", touchEnd, false);
        main_canvas.addEventListener("mousedown", onMouseDown, false);
        main_canvas.addEventListener("mousemove", onMouseMove, false);
        main_canvas.addEventListener("mouseup", onMouseUp, false);
        canvas_context = main_canvas.getContext("2d");
        canvas_context.strokeStyle = "black";
        canvas_context.lineWidth = 18;
        canvas_context.lineJoin = "round";
        canvas_context.lineCap = "round";
        clearCanvas();
    }
}
```

准备一个canvas，在上面的程序中输入手写数字。有关使用鼠标绘制的详细信息，请参阅源代码。

12. 发送图像数据

将呈现的字符数据发送到服务器。app.js的下一部分是将手写字符数据发送到服务器的过程。

```
function sendDrawnImage2Chainer() {
    //首先隐藏结果
    $('#answer').html('');
    var image = document.getElementById("main_canvas").toDataURL('image/png');
    image = image.replace('image/png', 'image/octet-stream');
    $.ajax({
            type: "POST",
            url: "/chainer",
            data: {
                "image": image
            }
        })
        .done((data) => {
            //返回结果后，查看
            $('#answer').html('<span class="answer-text">' + data['result']
+ '</span>');
        });
}
```

使用jQuery的Ajax功能，将绘制到canvas的内容发送到服务器。发送目的地是http://localhost/chainer，方式为POST。

接下来，看一下接收它的服务器端是如何处理的。

13. 接收图像数据

在服务器端接收数据，并在app.py中的下一部分进行处理。

```
@app.route('/chainer', methods=['GET', 'POST'])
def chainer():
    if request.method == 'POST':
        result = getAnswerFromChainer(request)
        return jsonify({'result': result})
    else:
        return render_template('chainer.html')
```

以下函数处理由POST方法发送到目录/chainer中的图像数据。

```
result = getAnswerFromChainer(request)
```

使用getAnswerFromChainer()进行处理，然后将结果返回到result。

下面来看看getAnswerFromChainer()。

```
def getAnswerFromChainer(req):
    prepared_image = prepareImage(req)
    result = mnistPredict.result(prepared_image)
    return result
```

getAnswerFromChainer()处理request并在prepareImage(req)中处理图像。必须根据训练时使用的MNIST数据格式进行处理。

将处理后的图像数据传递给mnistPredict.result()以供预测。下面来看看它们的处理方式。

```
def prepareImage(req):
    image_result = None
    image_string = regexp.search(r'base64,(.*)', req.form['image']).group(1)
    nparray = np.fromstring(base64.b64decode(image_string), np.uint8)
    image_nparray = cv2.imdecode(nparray, cv2.IMREAD_COLOR)
    # 将图像转换为黑色背景和白色字符，就像学习数据一样
    image_nega = 255 - image_nparray
    # 转换为灰度模式
    image_gray = cv2.cvtColor(image_nega, cv2.COLOR_BGR2GRAY)
    image_result = cv2.resize(image_gray, (28, 28))
    cv2.imwrite('images/mnist_number.jpg', image_result)
    return image_result
```

在prepareImage()中，将从浏览器发送的数据由字符串转换为数字数组，然后将其转换为灰度并返回，最后作为图像保存。这是为了确认生成的图像，确定使用的是图像数组数据，而不是图像文件。

然后，在后续的处理中，可以对浏览器发来的数据进行“分类”，就像验证时对MNIST的手写数字数据进行分类一样。

下面的mnistPredict.result()使用在Colaboratory中创建的学习模型，来输入和“分类”实际发送到该服务器的手写数字数据。

```
result = mnistPredict.result(prepared_image)
```

ministPredict的整个程序如下。

```
# -*- coding: utf-8 -*-
# ----------------------------------------------------------------------------
#
#
```

```
import os

import chainer
import chainer.functions as F
import chainer.links as L
from chainer import serializers

# ------------------------------------------------------------------
#
# 学习模型的定义
class MLP(chainer.Chain):
    def __init__(self, number_hidden_units=1000, number_out_units=10):
        # 调用父类构造函数并进行必要的初始化
        super(MLP, self).__init__()
        #
        with self.init_scope():
            self.layer1 = L.Linear(None, number_hidden_units)
            self.layer2 = L.Linear(number_hidden_units, number_hidden_units)
            self.layer3 = L.Linear(number_hidden_units, number_out_units)

    def __call__(self, input_data):
        #
        result1 = F.relu(self.layer1(input_data))
        result2 = F.relu(self.layer2(result1))
        return self.layer3(result2)


# 已训练的模型
chainer_mnist_model = MLP()
serializers.load_npz(
    os.path.abspath(os.path.dirname(__file__)) + '/chainer-mnist.model',
    chainer_mnist_model)
print('Chainer MNIST model is loaded.')


def result(input_image_data):
    # print('交付的图像数据\n')
    # print(input_image_data)
    # print('\n')

    input_image_data = input_image_data.astype('float32')
    input_image_data = input_image_data.reshape(1, 28 * 28)
    # print('数组形状转换\n')
```

```
    # print(input_image_data)
    # print('\n')

    input_image_data = input_image_data / 255
    # print('除以255\n')
    # print(input_image_data)
    # print('\n')

    input_image_data = input_image_data[None, ...]
    # print('小批处理形状\n')
    # print(input_image_data)
    # print('\n')

    # input_image_data = chainer_mnist_model.xp.asarray(input_image_data)
    predict = chainer_mnist_model(input_image_data)
    result = predict.array
    probable_label = result.argmax(axis=1)

    # print('模型的判定结果\n')
    # print(result)
    # print('\n')

    print('最终结果\n')
    print(probable_label[0])
    print('\n')

    return str(probable_label[0])
```

正如我们在本节的前半部分所提到的，这一部分必须与MLP在学习阶段的配置相同。可以复制规定模型定义的一部分，而不改变基本原则。MLP是“操作办法”最早定义的神经网络。也叫Lumathilaya感知器。

然后，使用result()函数加载模型，以预测该模型。

最后，可以在predict_label[0]中检索概率最大的标签，将获取的predict_label[0]返回给浏览器，浏览器可以接收并显示它。下面的app.js后面的函数描述了浏览器接收的过程。

```
function sendDrawnImage2Chainer()
```

此函数在发送到服务器后，在服务器端处理完成后执行done()部分。在data['result']中，实际存储了4和7等分类的结果字符串。将其原封不动地显示在HTML中。这样就可以在浏览器的屏幕上看到AI的判定结果。

```
.done((data) => {
    //返回结果后，查看
    $('#answer').html('<span class="answer-text">' + data['result'] + '</span>');
});
```

这样我们就完成了一系列的过程，从浏览器到服务器，再到服务器上用模型进行分类，然后把分类的结果返回到浏览器，最后再显示出来。

▶4.5.3 总结

使用Chainer，能够将通过深度学习获得的手写数字的预训练模型嵌入到Web应用程序中。Raspberry Pi使用Raspberry Pi的CPU进行处理，因此，与PC环境相比，Raspberry Pi的处理速度稍慢。单击“问问AI”按钮，需要几秒钟才能有结果。

虽然已经简单地说明了处理流程，但是关于详细的原理，请仔细检查下载的源代码以了解更多细节。

Column

可以在Docker上试一试

对于PC，可以使用Docker启动。Docker的用法不在本书范围内，有兴趣的读者可以通过链接了解如何使用Docker(https：//www.docker.com)。

在Docker中开发和验证应用程序时，可以将所需的特定版本的Python、所需的软件包等全部安装在虚拟环境中，因此可以并行开发许多不同配置的项目。因为不需要在主机PC上安装任何内容，并且主机PC不受任何影响，它作为开发的方法之一而备受推崇。

要在Docker上运行本书中的Web应用程序，请在docker-python3-flask-ml-app下运行以下命令。

```
$ docker-compose up ©
```

第一次启动需要一点时间来下载docker image并构建docker image，但从第二次启动开始，它将变得很快。

```
server_1  | Chainer Dogs & Cats model is loaded.
server_1  | Chainer MNIST model is loaded.
server_1  | ___________________________________________________
```

```
server_1  | Layer (type)                 Output Shape              Param #
server_1  | =================================================================
server_1  | conv2d_1 (Conv2D)            (None, 26, 26, 32)        320
server_1  | _________________________________________________________________
server_1  | conv2d_2 (Conv2D)            (None, 24, 24, 64)        18496
server_1  | _________________________________________________________________
server_1  | max_pooling2d_1 (MaxPooling2 (None, 12, 12, 64)        0
server_1  | _________________________________________________________________
server_1  | dropout_1 (Dropout)          (None, 12, 12, 64)        0
server_1  | _________________________________________________________________
server_1  | flatten_1 (Flatten)          (None, 9216)              0
server_1  | _________________________________________________________________
server_1  | dense_1 (Dense)              (None, 128)               1179776
server_1  | _________________________________________________________________
server_1  | dropout_2 (Dropout)          (None, 128)               0
server_1  | _________________________________________________________________
server_1  | dense_2 (Dense)              (None, 10)                1290
server_1  | =================================================================
server_1  | Total params: 1,199,882
server_1  | Trainable params: 1,199,882
server_1  | Non-trainable params: 0
server_1  | _________________________________________________________________
server_1  | Keras MNIST model is loaded.
server_1  | TensorFlow Flower model is loaded.
server_1  |  * Serving Flask app "app" (lazy loading)
server_1  |  * Environment: production
server_1  |    WARNING: Do not use the development server in a produ
ction environment.
server_1  |    Use a production WSGI server instead.
server_1  |  * Debug mode: off
server_1  | Using TensorFlow backend.
server_1  |  * Running on http://0.0.0.0:5000/ (Press CTRL+C to quit)
```

还包括其他示例代码，因此将加载每个模型。

```
Running on http://0.0.0.0:5000/ (Press CTRL+C to quit)
```

如果出现上述文字，则尝试在浏览器中访问http://0.0.0.0:5000。

4.6 中级学习

用Chainer建立狗猫识别网络应用程序

120分钟

Colaboratory＋Raspberry Pi

本练习的内容是在4.5节练习内容的基础上，用Chainer构建卷积神经网络，并进行机器学习。

在本次练习中将第一次体验深度学习。将狗和猫的照片数据用于机器学习。

与上次练习一样，前半部分是在Colaboratory中处理，直到完成机器学习。在后半部分中，将把训练过的模型复制到Raspberry Pi，然后完成一个Web应用程序，从浏览器上传照片、将照片发送到服务器，并使其区分狗和猫。

需要准备的环境和工具

- Chainer
- Cat和Dog数据集
- Colaboratory
- GPU

本次练习的目的

- 了解如何使用Chainer
- 了解如何使用Chainer配置卷积神经网络

▶4.6.1 准备数据

本次使用的狗和猫的照片数据是Kaggle比赛中使用的数据。这些数据公开显示在Kaggle（https://www.kaggle.com）上的图像分析项目中的狗和猫分类竞赛课题（https://www.kaggle.com/c/dogs-vs-cats）中。全世界的人都可以参与其中。狗和猫的数据文件可以通过创建一个Kaggle账户来下载。

Kaggle是世界上最大规模的机器学习竞赛平台，经常会举办很多比赛，有兴趣的读者一定要去看看。

1. 准备Chainer和CuPy

首先导入Chainer。

Input

```
import chainer
```

Output

```
无
```

仅导入Chainer无法使用GPU。要使用GPU，必须单独导入CuPy。

Input

```
import cupy
```

Output

```
无
```

2. 下载数据集

请登录Kaggle并下载数据集。在这里省略Kaggle账户注册的步骤。

用wget命令下载狗和猫的照片。

3. 检查下载的文件

显示文件列表并检查下载的文件。将下载的文件命名为dogscats.zip。

Input

```
ls
```

Output

```
dogscats.zip  sample_data/
```

4. 解压缩数据集

解压缩文件。

Input

```
!unzip dogscats.zip
```

Output

```
Archive:  dogscats.zip
inflating: dogscats/sample/train/cats/cat.2921.jpg
  inflating: dogscats/sample/train/cats/cat.394.jpg
```

```
inflating: dogscats/sample/train/cats/cat.4865.jpg
inflating: dogscats/sample/train/cats/cat.3570.jpg
--- 以下省略 ---
```

解压缩文件后，训练数据被解压缩并保存如下。

dogscats/train/dogs/dog.xxx.jpg

dogscats/train/cats/cat.xxx.jpg

验证数据被解压并保存如下。

dogscats/valid/dogs/dog.xxx.jpg

dogscats/valid/cats/cat.xxx.jpg

测试数据被解压并保存如下。

dogscats/test/dogs/dog.xxx.jpg

dogscats/test/cats/cat.xxx.jpg

到这里，数据就准备好了。

▶ 4.6.2 操作办法

操作之前，首先要看一下数据的内容，熟悉数据。

1. 检查训练数据（任意图像）

导入所需的软件包，从上面的训练数据文件夹中选择所需的图像文件，并将其设置为下面的train_image_path。在此，将其命名为cat.3533.jpg。

Input

```
from PIL import Image

train_image_path = './dogscats/train/cats/cat.3533.jpg'
Image.open(train_image_path)
```

Output

```
省略
```

2. 确认验证数据（任意图像）

现在，可以从验证数据文件夹中查看任何图像。

Input

```
from PIL import Image

valid_image_path = './dogscats/valid/cats/cat.4282.jpg'
Image.open(valid_image_path)
```

Output

```
省略
```

这里省略了输出内容，但的确是猫的照片。图像大小或许不同，请确认一下。

3. 把训练数据和验证数据分开

将前面检查的每个文件夹设置为路径变量，这是因为它是TransformDataset类型。

Input

```
cats_images_train_path = 'dogscats/train/cats/'
dogs_images_train_path = 'dogscats/train/dogs/'
cats_images_valid_path = 'dogscats/valid/cats/'
dogs_images_valid_path = 'dogscats/valid/dogs/'

image_and_teacher_label_list = []
```

Output

```
无
```

4. get_image_teacher_label_list() 函数的定义

这次，获取了狗和猫的数据，不过，狗和猫的画像和正确教师标签没有关联。需要将每个图像与该图像的教师标签组合在一起。现在定义的函数是一个列表，列出了图像数据和相应的教师标签数据，教师标签为“0:猫”“1:狗”。

该函数的参数是文件夹和教师标签数据。处理后，所有图像文件将被全部扫描，并将图像和标签作为一组返回。

Input

```
import os
```

```
def get_image_teacher_label_list(dir, label):
    filepath_list = []
    files = os.listdir(dir)
    for file in files:
        filepath_list.append((dir + file, label))
    return filepath_list
```

Output

```
无
```

5. 列出训练数据和验证数据

在本例中，使用前面程序的get_image_teacher_label_list()函数将图像标签数据和教师标签数据构建为元组。

Input

```
# 训练数据为猫的图片文件夹，标签为“0:猫”
image_and_teacher_label_list.extend(get_image_teacher_label_list(cats
_images_train_path, 0))
# 训练数据为狗的图片文件夹，标签为“1:狗”
image_and_teacher_label_list.extend(get_image_teacher_label_list(dogs
_images_train_path, 1))
# 验证数据为猫的图片文件夹，标签为“0:猫”
image_and_teacher_label_list.extend(get_image_teacher_label_list(cats
_images_valid_path, 0))
# 验证数据为狗的图片文件夹，标签为“1:狗”
image_and_teacher_label_list.extend(get_image_teacher_label_list(dogs
_images_valid_path, 1))
```

Output

```
无
```

下面确认一下元组的内容。

Input

```
print(image_and_teacher_label_list)
```

Output

```
[('dogscats/train/cats/cat.4430.jpg', 0), ('dogscats/train/cats/cat
.244.jpg', 0), ('dogscats/train/cats/cat.4131.jpg', 0),
 --- 以下省略 ---
```

所有图像都包含教师标签数据，如('dogscats/train/cats/cat.4430.jpg'，0)。

6. 图像数据格式的规范化

当使用Chainer Convolution2D等时，需要确保数据格式是可接受的。Convolution 2D是定义卷积层的类，我们会用这个类来构建卷积神经网络的卷积层。关于卷积层，请参阅1.3节。

transpose(2,0,1)用于将PIL转换为np.array；而transpose(1,2,0)用于将np.array转换为PIL。PIL是Pillow包。需要将Pillow的数据结构更改为NumPy的np.array，这是因为Pillow和NumPy的内部数组结构不同。

Input

```
# 让图像数据可以用于Chainer的Convolution2D
# 最后为开头(x,y,color) => (color,x,y)
def data_reshape(width_height_channel_image):
    image_array = np.array(width_height_channel_image)
    return image_array.transpose(2, 0, 1)
```

Output

```
无
```

当第一次检查图像时，每个图像的大小都是不同的。因此，需要调整以便统一图像大小。在这里，长和宽都是128像素。现在将所有图像调整到此大小。

Input

```
INPUT_WIDTH = 128
INPUT_HEIGHT = 128
```

Output

```
无
```

7. 数据形状转换结果确认

查看用于 Convolution 2D 的数据形状转换结果。

Input

```
import cv2

# 阵列转换前的图像数据的形状（图像宽度、高度、通道）
image_before_reshape = cv2.imread('./dogscats/train/cats/cat.9021.jpg')
print(image_before_reshape.shape)

# 阵列转换后的图像数据的形状
image_after_reshape = data_reshape(image_before_reshape)
print(image_after_reshape.shape)
```

Output

```
(251, 216, 3)
(3, 251, 216)
```

可以看到通道的顺序也发生了变化。

8. 图像预处理函数 adapt_data_to_convolution2d_format()

下面程序中的 adapt_data_to_convolution2d_format() 函数执行以下预处理。

- 调整图像大小

如果继续使用 train 和 valid 文件夹下的图像，则图像的大小可能会不同，因此需要统一图像的大小。

可以使用此函数将所有图像统一到相同的大小。第 10 行中的 img.resize 是 Pillow 的功能。

- Image.LANCZOS

同样在第 10 行，但它是在 resize 时指定的过滤器。resize 后画质很好，但处理速度稍慢。

关于其他过滤器，还有 NEAREST、BOX、BILINEAR、HAMMING 和 BICUBIC，每个过滤器都有不同的特征。一定要试试。

- 转换图像数据

第 13 行对应于使用的数据格式，如 Chainer Convolution2D。

Input

```
def adapt_data_to_convolution2d_format(input_image):
    image, label = input_image

    # 将图像数据转换为8位无符号整数
    image = image.astype(np.uint8)
    # 在准备Chainer的内部数据时，已经做了image.transpose(2, 0, 1),
    # 所以[最后为开头(x, y, color)=>(color, x, y)]
    # 为了正确调整大小，返回一次数据的结构[开头为最后=>(x, y, color)]
    image = Image.fromarray(image.transpose(1, 2, 0))

    # 这是一个常见的调整图像大小的过程。请参阅第5章的第一个练习
    result_image = image.resize((INPUT_WIDTH, INPUT_HEIGHT), Image.LANCZOS)

    # 调整大小后，将图像数据放回Chainer Convolution2D中[再一次，设定
    # 最后为开头=>(color, x, y)]
    image = data_reshape(result_image)

    # 将数据转换为0 ~ 1的值
    image = image.astype(np.float32) / 255

    return image, label
```

Output

```
无
```

9. 创建数据集

这一次是针对有教师学习（有监督学习）的情况。如果要创建一组图像和标签，最好使用LabeledImageDataset。

到目前为止，为了让LabeledImageDataset制作数据，我们已经准备了一套图像和它的教师标签数据（0-猫，1-狗）。

只需把之前的程序创建的图像和教师标签数据传递进去，就可以创建数据集。

Input

```
from chainer.datasets import LabeledImageDataset

dogscats_dataset = LabeledImageDataset(image_and_teacher_label_list)
```

Output

无

此外，要使用LabeledImageDataset，必须先转换图像的格式，然后才能将其传递给模型。例如，RGB图像和灰度图像必须转换为相同的数据格式，否则会出错。

对于dogscats_dataset，使用指定的adapt_data_to_convolution2d_format()函数预处理数据。格式化的数据集存储在transformed_dataset中。

Input

```
from chainer.datasets import TransformDataset

transformed_dataset = TransformDataset(dogscats_dataset, adapt_data_
to_convolution2d_format)
```

Output

无

现在，终于配置好了数据集，可以在Chainer中处理下载的“未处理的”狗和猫数据了。现在把它交给Chainer。

10. 把训练数据和测试数据分开

将预处理数据分为训练数据（train_data）和测试数据（test_data）。

Input

```
from chainer import datasets

# 把预处理后的数据分开
train_data, test_data = datasets.split_dataset_random(transformed_da
taset, int(len(transformed_dataset) * 0.8), seed=0)
```

Output

无

datasets.split_dataset_random()是一种方便的方法，可将datasets模块提供

的数据集随机分成两部分。

第1个参数是要分离的目标数据集。

第2个参数是第1个数据集的大小，这里设置为int(len(transformed_dataset)*0.8)，20000个。

第3个参数是随机数种子(其中seed=0)。随机把训练数据和测试数据分开。

此函数返回两个数据集。

它们分别存储在train_data(用于训练)和test_data(用于测试)中。

Input

```
print(int(len(transformed_dataset) * 0.8))
print(len(train_data))
print(len(test_data))
```

Output

```
0000
20000
5000
```

检查train_data的内容。

Input

```
print(train_data)
```

Output

```
<chainer.datasets.sub_dataset.SubDataset object at 0x7fbf200b3588>
```

检查train_data后，可以确认它是dataset的SubDataset对象。这样就可以说准备好了数据。

接下来，准备一个卷积神经网络模型。首先，导入所需的软件包。

Input

```
import chainer
import chainer.functions as F
import chainer.links as L
from chainer import training, serializers, Chain, optimizers, iterators
from chainer.training import extensions, Trainer
```

Output

无

接下来，将进行必要的设置。如果不使用GPU，则将GPU_ID设置为-1。这次将使用Colaboratory的GPU。此外，还需要设置训练的批量大小和训练次数。

Input

```
GPU_ID = 0
BATCH_SIZE = 64
MAX_EPOCH = 10
```

Output

无

MAX_EPOCH越大，则处理次数越多，处理时间越长。在这里，把重复训练的次数设置为10，大家可以采用这个数值，也可以尝试其他各种数值，然后观察一下后面学习的结果。一定会加深理解。

11. 配置CNN

在之前的练习中，使用MLP（多层感知器）构建了一个训练模型。在这次的练习中，使用CNN（卷积神经网络）对模型进行训练。有关MLP和CNN的说明，请参阅1.3节。

就像4.5节中的练习一样，将在继承Chainer的基础上创建分类。

Input

```
class CNN(Chain):
    # 构造函数
    def __init__(self):
        super(CNN, self).__init__()

        with self.init_scope():
            self.conv1 = L.Convolution2D(None, out_channels=32, ksize
=3, stride=1, pad=1)
            self.conv2 = L.Convolution2D(in_channels=32, out_channels
=64, ksize=3, stride=1, pad=1)
```

```
            self.conv3 = L.Convolution2D(in_channels=64, out_channels
=128, ksize=3, stride=1, pad=1)
            self.conv4 = L.Convolution2D(in_channels=128, out_channels
=256, ksize=3, stride=1, pad=1)
            self.layer1 = L.Linear(None, 1000)
            self.layer2 = L.Linear(1000, 2)


    #
    def __call__(self, input):
        func = F.max_pooling_2d(F.relu(self.conv1(input)), ksize=2,
stride=2)
        func = F.max_pooling_2d(F.relu(self.conv2(func)), ksize=2,
stride=2)
        func = F.max_pooling_2d(F.relu(self.conv3(func)), ksize=2,
stride=2)
        func = F.max_pooling_2d(F.relu(self.conv4(func)), ksize=2,
stride=2)
        func = F.dropout(F.relu(self.layer1(func)), ratio=0.80)
        func = self.layer2(func)
        return func
```

Output

```
无
```

创建模型的实例。如果有GPU，就用GPU。在下面的程序中，model.to_gpu()表示此模型的矩阵运算由GPU执行。

Input

```
model = L.Classifier(CNN())
model.to_gpu(GPU_ID)
```

Output

```
<chainer.links.model.classifier.Classifier at 0x7f8555b0f240>
```

12. 迭代器

准备训练迭代器和测试迭代器。Chainer的迭代器会自动迭代并从数据集中裁剪出机器训练用的小批量。在下面的程序中，分别创建了训练用迭代器和测试用迭代器。MultiprocessIterator类似于Chainer中预定义迭代器的模板。

Input

```
# 训练用的迭代器
train_iterator = iterators.MultiprocessIterator(train_data, BATCH_SIZE)
# 测试迭代器
test_iterator = iterators.MultiprocessIterator(test_data, BATCH_SIZE,
False, False)
```

Output

无

13. 配置Optimizer

选择优化算法。这是将Adam优化算法应用于此模型的设置。在神经网络的学习过程中，将损失函数更新为最小值的过程称为优化。Adam是一种优化器，用于优化损失函数。另一个例子是随机梯度下降（SDG:stochastic gradient descent）。

Input

```
optimizer = optimizers.Adam().setup(model)
```

Output

无

14. updater的设置

updater负责让小批量学习，并用学习的结果更新神经网络。updater需要与iterator一起学习，如同下面的程序。这是Chainer的标准用法。

Input

```
updater = training.StandardUpdater(train_iterator, optimizer, device
=GPU_ID)
```

Output

```
无
```

15. 配置trainer

如同下面的程序，trainer训练器也是一种使用Chainer的标准方法来简化迭代和自动化学习过程的机制。

Input

```
trainer = Trainer(updater, stop_trigger=(MAX_EPOCH, 'epoch'))
```

Output

```
无
```

通过使用训练器（trainer），可以链接扩展（extension）和输出日志。

16. 扩展程序的设置

“扩展”（extension）是指在学习过程中可以调用的对象。

可以用trainer.extend()的代码添加。extensions代码用于添加一些“具有意义”图像。例如，当想要生成学习精度和学习误差的图形时、想要生成进度消息时或者想要生成日志时可以使用。但它不是学习数据时必须处理的一个操作。不需要时，省略该操作（下一程序内的全部）也没有问题。

Input

```
trainer.extend(extensions.LogReport())
trainer.extend(extensions.Evaluator(test_iterator, model, device=GPU_ID),
name='validation')
trainer.extend(extensions.PrintReport(
    ['epoch', 'main/loss', 'main/accuracy', 'validation/main/loss',
'validation/main/accuracy', 'elapsed_time']))

# 输出报告图表extension
trainer.extend(extensions.PlotReport(['main/loss', 'validation/main/
loss'], x_key='epoch', marker='^', grid=True, file_name='loss.png'))
trainer.extend(
    extensions.PlotReport(['main/accuracy', 'validation/main/accuracy'],
x_key='epoch', marker='^', grid=True,
                        file_name='accuracy.png'))
```

Output

```
无
```

到这里，所有的设定都结束了。准备开始机器学习。

如果看一下前面的步骤，真的会发现Chainer这个框架是多么的重要。

卷积神经网络的配置，每个部分的操作以及适用方法等都有很丰富的现成代码，仅通过设置和组合它们就可以创建一个卷积神经网络，执行深度学习。

如果自己从零开始实施，就会耽误很多时间，花费很大的劳力，但我们已经节省了这些精力。

17. 执行学习

接下来进行学习。因为大量的运算将在这里进行，所以需要一些时间。笔者试了一下，大约花费15 ~ 20分钟。

Input

```
trainer.run()
```

Output

```
epoch  main/loss  main/accuracy  validation/main/loss  validation/main/accuracy  elapsed_time
1      0.669625 0.603235     0.591407              0.694027                 164.995
2      0.545917 0.721755     0.491158              0.76246                  316.337
3      0.43645  0.798373     0.403233              0.816258                 465.731
4      0.35279  0.846204     0.34225               0.846519                 614.124
5      0.283152 0.878794     0.265297              0.88568                  761.601
6      0.228377 0.905298     0.25575               0.894185                 908.915
7      0.185852 0.926767     0.247153              0.89557                  1054.96
8      0.154049 0.936348     0.255613              0.900514                 1201.21
9      0.12419  0.953025     0.253875              0.90447                  1346.03
10     0.100095 0.961538     0.302963              0.898734                 1489.72
```

18. 查看学习结果

可以通过在trainer的扩展设置中输出的学习精度的图表中查看正确率（accuracy）。可见，随着横轴学习次数的增加，学习精度不断提高。

Input

```
image.open('result/accuracy.png')
```

Output

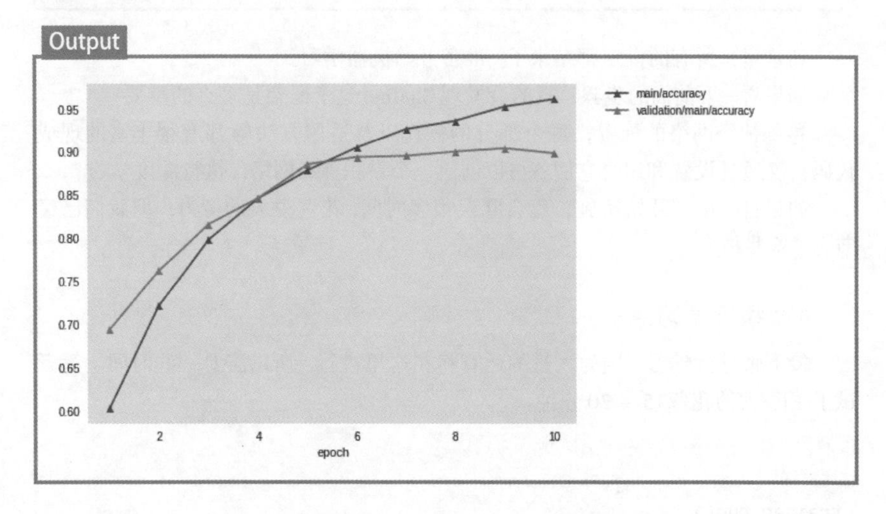

同样，也制作了关于误差的图表。随着学习次数的增加，可以看到学习误差几乎与学习精度呈现相反的趋势。

Input

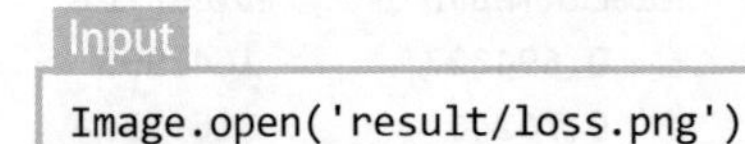

```
Image.open('result/loss.png')
```

Output

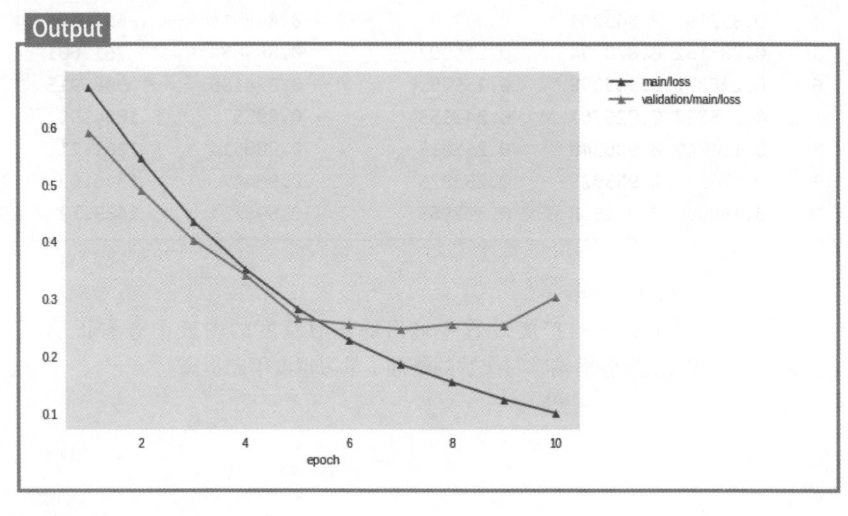

从这两个图表可以看出，本次设定的卷积神经网络能够进行有效的学习。但要注意根据设备环境不同，即使运行相同程序，也不会有完全相同的结果，但反馈的图表一定是类似的。

另外，如果调整设置的各种参数，则会得到不同的图形。尝试将它们很好地结合在一起，找到最准确的学习过程。

19. 验证（使用预训练模型）

在此步骤中，将使用验证数据进行验证。首先，在导出模型之前检查目录。导出模型后，应在此目录中创建一个文件。代码如下。

Input

```
ls
```

Output

```
dogscats/  dogscats.zip  result/  sample_data/
```

20. 导出模型

可以从相同的程序访问模型，也可以将模型导出为文件，并将导出的模型作为文件读取和使用。如果将其导出为文件，就可以将模型文件带到其他PC或Raspberry Pi中使用。

Input

```
serializers.save_hdf5("chainer-dogscats-model.h5", model)
```

Output

```
无
```

确认是否已导出。

Input

```
ls
```

Output

```
chainer-dogscats-model.h5  dogscats/  dogscats.zip  result/  sample_data/
```

可以确认创建了chainer-dogscats-model.h5文件。这样一来，就得到了已经训练好了的模型。到目前为止就是训练过程。

从这里开始，将进入预训练模型的应用阶段。首先在Colaboratory中尝试导入已训练的模型。

21. 定义函数convert_test_data()

在进入使用预训练模型的应用阶段之前，请准备一个用于转换数据的函数。在将图像传递到学习模型之前，通过以下程序中的convert_test_data()函数执行预处理。进行预处理的原因是它必须保证与训练期间传递给模型的数据格式相同。

Input

```
def convert_test_data(image_file_path, size, show=False):
    image = Image.open(image_file_path)

    # 这是一个常见的调整图像大小的过程。请参阅第5章的第一个练习
    result_image = image.resize((INPUT_WIDTH, INPUT_HEIGHT), Image.LANCZOS)

    # 准备图像数据以用于Chainer Convolution2D
    image = data_reshape(result_image)

    # 将类型转换为float32
    result = image.astype(np.float32)
    # 传递到已学习的模型
    result = model.xp.asarray(result)
    # 转换为传递给模型的数据格式
    result = result[None, ...]
    return result
```

Output

```
无
```

22. 选择要识别的照片

选择任意照片进行识别。首先显示照片列表，从中选择任意文件，将文件名输入到下面的“设置图像大小”的程序中。

Input

```
ls dogscats/test1
```

Output

```
10000.jpg  11609.jpg  1966.jpg  3573.jpg  5180.jpg  6789.jpg  8396.jpg
10001.jpg  1160.jpg   1967.jpg  3574.jpg  5181.jpg  678.jpg   8397.jpg
10002.jpg  11610.jpg  1968.jpg  3575.jpg  5182.jpg  6790.jpg  8398.jpg
--- 以下省略 ---
```

23. 设置图像大小

为文件指定相同的图像大小，就像在学习阶段设置的一样。

Input

```
INPUT_WIDTH = 128
INPUT_HEIGHT = 128
```

Output

```
无
```

在test_image_url中指定要测试的下一个图像的路径。

Input

```
test_image_url = 'dogscats/test1/3680.jpg'

from PIL import Image
import numpy as np

image_path = test_image_url
Image.open(image_path)
```

Output

```
省略
```

这里省略了输出，但我们明白这是狗的照片。那么在程序中呢？在下一个程序中确认一下。

下面采用的代码是to_cpu(test_teacher_labels.array)，在使用GPU进行计算时，这个代码会将数据暂时转移至CPU的内存中。

程序中的to_cpu(test_teacher_labels.array)指示CPU将之前由GPU处理的数据的矩阵代入CPU的指令。否则数据只存储在GPU的内存上，因此无法直接访问数据。

Input

```
from chainer.cuda import to_cpu


# 图片大小必须与学习时相同
test_data = convert_test_data(test_image_url, (INPUT_WIDTH, INPUT_HEIGHT))
with chainer.using_config('train', False), chainer.using_config(
        'enable_backprop', False):
    test_teacher_labels = model.predictor(test_data)
    test_teacher_labels = to_cpu(test_teacher_labels.array)
    test_teacher_label = test_teacher_labels.argmax(axis=1)[0]
    if test_teacher_label == 0:
        retval = '猫'
    else:
        retval = '狗'


print(retval)
```

Output

```
狗
```

可以确认它们被正确识别了。作为验证参考，笔者在自己的配置环境中尝试了其他照片，结果如下。

- 3005.jpg是正确答案。
- 3007.jpg是正确答案。
- 3008.jpg是正确答案。
- 6005.jpg不是正确答案。
- 6006.jpg是正确答案。

24. 在Google Drive中另存为文档

本练习的预训练模型比4.5节中的文件更大，因此在直接下载时可能会中断。如果保存到Google Drive，则更可靠，且下载速度更快，所以决定把本次练习的模型另存到Google Drive，然后再进行下载。首先，安装所需的模块。

只需安装一次PyDrive即可。PyDrive是用Python操作Google Drive的API包装库（wrapper library）。PyDrive可以通过Python程序轻松地使用Google Drive。

Input

```
!pip install -U -q PyDrive
```

Output

```
无
```

以下程序将提示输入验证码，并且还会显示获取验证码（读者对Google Drive的验证）的链接。

点击链接会出现“选择账户”的页面，会出现读者正在使用的Google账户。如果出现多个，可以选择您想要使用的账户（虽然也有“转至Google Cloud SDK”的提示，但这与目前的操作无关，因此可忽略）。

在下面的“Google Cloud SDK请求访问Google账户”中，单击“允许”按钮继续操作。

允许后，转到下一个页面，在“复制此代码，切换到应用程序并粘贴。”文本下面将显示一个长字符串，即验证码。

返回到Colaboratory中的Notebook，在“输入验证码”输入框中输入上面获得的验证码，进行验证。这一系列操作只允许从Colaboratory将文件上传到现有Google账户的Google驱动器（即Google网盘）。此操作不会产生新的费用。

此过程只需执行一次，且无须重新启动运行。

Input

```
from pydrive.auth import GoogleAuth
from pydrive.drive import GoogleDrive
from google.colab import auth
from oauth2client.client import GoogleCredentials

# 验证和创建PyDrive客户端
auth.authenticate_user()
```

```
gauth = GoogleAuth()
gauth.credentials = GoogleCredentials.get_application_default()
drive = GoogleDrive(gauth)
```

Output

```
无
```

25. 创建文件

以下程序是在Google Drive中创建文件的设置。

Input

```
uploaded = drive.CreateFile({'title': 'chainer-dogscats-model.h5'})
uploaded.SetContentFile('chainer-dogscats-model.h5')
```

Output

```
无
```

26. 保存(上传至Google Drive)

实际上，它是在Google Drive中“创建”的。

Input

```
uploaded.Upload()
print('Uploaded file with ID {}'.format(uploaded.get('id')))
```

Output

```
无
```

接下来，请打开Google Drive，找到并下载chainer-dogscats-model.h5文件。

接下来将使用Raspberry Pi。这次，上传狗或猫的照片，让网络应用程序进行辨别。

27. 手绘狗和猫的图像辨别

这只是一个小小的附加功能，但它的处理方式与4.5节中的MNIST手写字符的识别方法几乎完全相同。此处省略了向服务器发送类似手写数据的部分中的程序描述。但本次练习还有判断是狗还是猫的功能，这是上一次MNIST手写字符识别所不具备的。将照片以文件形式上传到服务器，并将其应用到熟悉的模型中，以便能够识别这些照片。结果会返回到浏览器并显示。

如图4-6-1和图4-6-2所示，如果画出狗或猫的图像作为输入数据，就可以开始执行判断了。

▼图4-6-1　识别手绘猫图片的界面

▼图4-6-2　识别手绘狗图片的界面

手绘的时候，图像会转换成灰度，像素数也会下降，而且与之前进行机器学习时所提供的狗和猫的照片的特征相背离，所以手绘识别的准确率会非常低。但是目前还没有精细的绘画功能，如上色、画细毛等都不行。如果将来追加了这样功能，就能画出更有真实感的猫和狗，也许识别率就会提高。

为了能画出复杂的画，可以改进一下程序。

28. 上传并识别照片

将照片上传到服务器，然后查看要识别的部分(见图4-6-3)。

▼图4-6-3　用于上传/识别狗或猫图片的界面

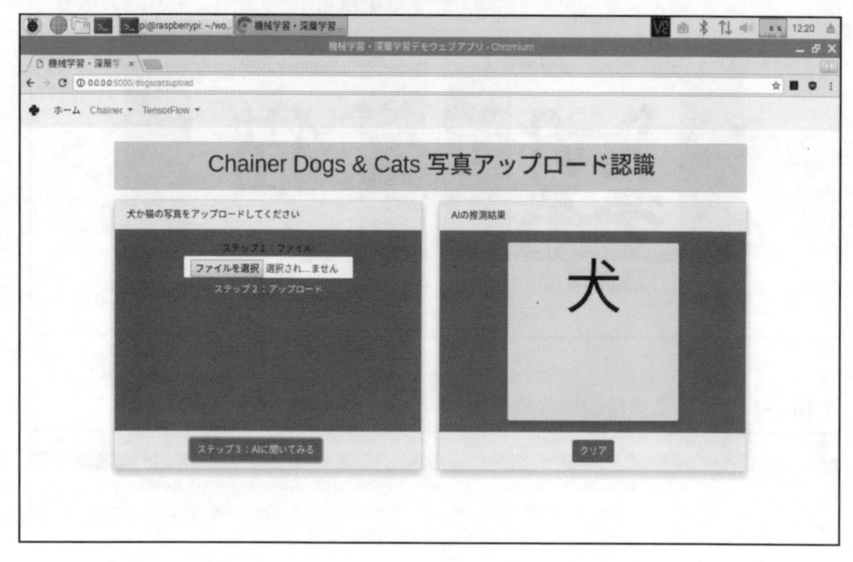

【步骤1】

单击“ファイルを選択”(选择文件)按钮，然后选择准备的任何狗或猫的照片。

【步骤2】

单击“アップロード”(上传)按钮上传文件。

【步骤3】

单击“AIに聞いてみる”(询问AI)按钮以使其识别。

结果显示在右侧。由于在图4-6-3显示的界面中上传了狗的图片，因此被判定为狗。

29. 判断照片的处理过程

要上传和确定照片的相关程序如下。

如果从GitHub复制了本书的源代码，那么就可以找到本次练习所需的所有文件。

- static/js/app.js（通用）
- app.py（通用）
- templates/dogscats_upload.html
- chainer_dogscats/dogscatsPredict.py

有关整个文件夹的结构，请参阅4.5节中的MNIST手写数字识别部分。下载的chainer-dogscats-model.h5位于chainer_dogscats/下（如果是从GitHub复制的，则模型文件也已放置于此，但仍可以使用自己创建的模型文件覆盖它）。

对从上传程序中的照片到显示识别结果进行一次操作。

文件的上传部分在templates/dogscats_upload.html中已列出。

```
<form method="post" action={{ url_for('upload_file_dogscats')}} enctype="mult
ipart/form-data">
    步骤1：文件:<input class="form-control btn btn-default" type="file" name=
"from_client_file"><br>
    <input class="form-control btn btn-primary" type="submit" value="步骤2：
上传">
</form>
```

form（表单）中描述了上传过程的网址。在这里，它是url_for（'upload_ file_dogscats'）。

这将自动获取与upload_file_dogscats函数相对应的URL。

在服务器端，将在app.py的下一部分中进行处理。

```
@app.route('/dogscatsupload', methods=['GET', 'POST'])
def upload_file_dogscats():
    return upload_and_save_file(request,'dogscats_upload.html', 'dogscats.jpg')
```

upload_and_save_file()函数保存客户端发送的文件，然后转到指定的模板。这个过程是在公共文件(app.py)上处理的。代码如下。

```
def upload_and_save_file(request,template_name,save_file_name):
    if request.method == 'POST':
        # 如果请求对象中指定的文件不存在，则
        if 'from_client_file' not in request.files:
```

```
            print('缺少文件部件')
            return redirect(request.url)

        # 如果文件存在
        file = request.files['from_client_file']
        # 如果文件名为空
        if file.filename == '':
            print('未选择文件')
            return redirect(request.url)

        # 如果文件存在并且是允许的文件格式，则以指定的位置和指定的名称保存
        if file and allowed_file(file.filename):
            file.save(os.path.join(app.config['UPLOAD_FOLDER'], save_file_name))

        return render_template(template_name)
    else:
        return render_template(template_name)
```

将浏览器发送的文件保存为服务器端指定的UPLOAD_FOLDER的文件名(这里名为dogscats.jpg)。

UPLOAD_FOLDER描述在app.py文件的开头。

```
UPLOAD_FOLDER = './images'
```

按程序中所述指定为“./images”。

上传的文件在服务器端收到并存储在“./images”中。

在此之后，当单击“询问AI”按钮时，服务器端程序会直接取出“./images/dogscats.jpg”文件，然后进行判断。

代码如下。

```
@app.route('/dogscats', methods=['GET', 'POST'])
def dogscats():
    if request.method == 'POST':
        result = getAnswerDogsCats(request)
        return jsonify({'result': result})
    else:
        return render_template('dogscats.html')
```

POST请求分支到以下程序。

```
result = getAnswerDogsCats(request)
```

准备图像，然后在以下位置运行预测程序 dogscatsPredict.result()。

```
def getAnswerDogsCats(req):
    prepareDogscatsImage(req)
    result = dogscatsPredict.result()
    return result
```

整个 dogscatsPredict.py 的代码如下。

```
# ------------------------------------------------------------------------
#
#
import os

import chainer
import chainer.functions as F
import chainer.links as L
import numpy as np
from chainer import Chain, serializers
from chainer.cuda import to_cpu
from PIL import Image

# ------------------------------------------------------------------------
#
INPUT_WIDTH = 128
INPUT_HEIGHT = 128

# 构造函数 def __init__(self):
# 学习模型的定义
class CNN(Chain):
    # 构造函数
    def __init__(self):
        super(CNN, self).__init__()

        with self.init_scope():
            self.conv1 = L.Convolution2D(
                None, out_channels=32, ksize=3, stride=1, pad=1)
            self.conv2 = L.Convolution2D(
                in_channels=32, out_channels=64, ksize=3, stride=1, pad=1)
            self.conv3 = L.Convolution2D(
                in_channels=64, out_channels=128, ksize=3, stride=1, pad=1)
            self.conv4 = L.Convolution2D(
```

```
                  in_channels=128, out_channels=256, ksize=3, stride=1, pad=1)
            self.layer1 = L.Linear(None, 1000)
            self.layer2 = L.Linear(1000, 2)

    #
    def __call__(self, input):
        func = F.max_pooling_2d(F.relu(self.conv1(input)), ksize=2, stride=2)
        func = F.max_pooling_2d(F.relu(self.conv2(func)), ksize=2, stride=2)
        func = F.max_pooling_2d(F.relu(self.conv3(func)), ksize=2, stride=2)
        func = F.max_pooling_2d(F.relu(self.conv4(func)), ksize=2, stride=2)
        func = F.dropout(F.relu(self.layer1(func)), ratio=0.80)
        func = self.layer2(func)
        return func


# 已训练的模型
chainer_dogscats_model = L.Classifier(CNN())
serializers.load_hdf5(
    os.path.abspath(os.path.dirname(__file__)) + '/chainer-dogscats-model.h5',
    chainer_dogscats_model)

print('Chainer Dogs & Cats model is loaded.')


#
def data_reshape(image_data):
    image_array = np.array(image_data)
    return image_array.transpose(2, 0, 1)


def convert_test_data(image_file_path, size, show=False):
    image = Image.open(image_file_path)

    # 这是一个通用的图像调整大小处理。请参阅第5章的第一个练习
    result_image = image.resize((INPUT_WIDTH, INPUT_HEIGHT), Image.LANCZOS)

    # 整理图像格式，让图像数据可以用于Chainer的Convolution2D
    image = data_reshape(result_image)

    # 将格式类型转换为float32
    result = image.astype(np.float32)
    # 传递到已训练的模型
    result = chainer_dogscats_model.xp.asarray(result)
    #
    result = result[None, ...]
    return result
```

```
def result():
    retval = ''
    file_name = './images/dogscats.jpg'
    # 图片大小必须与学习时相同

    test_data = convert_test_data(file_name, (INPUT_WIDTH, INPUT_HEIGHT))
    with chainer.using_config('train', False), chainer.using_config(
            'enable_backprop', False):
        test_teacher_labels = chainer_dogscats_model.predictor(test_data)
        test_teacher_labels = to_cpu(test_teacher_labels.array)
        test_teacher_label = test_teacher_labels.argmax(axis=1)[0]
        if test_teacher_label == 0:
            retval = '猫'
        else:
            retval = '狗'

    return retval
```

与之前的练习一样，首先声明相同的模型定义。模型必须与学习阶段相同。

dogscatsPredict.py描述如下。

```
class CNN(Chain):
```

在判别处理中，传递./images/dogscats.jpg，在test_teacher_label为0的情况下返回“猫”，在0以外的情况下(即在1的情况下，这里只有两个类)返回“狗”，最后将猫或狗的字符串返回到浏览器。

▶4.6.3　总结

到目前为止，我们通过两个练习，创建了一个简单的网络应用程序。通过机器学习，将学习过的模型转移到网络应用程序中，让网络应用程序拥有“智能”。这是人工智能领域中一个简单的例子。这些通过练习处理的流程，将给以后的开发带来相当大的参考价值。

我们还了解了Chainer这个框架的基本用法，但目前只涉及Chainer表面的一部分。有兴趣的读者一定要深度挖掘Chainer并加深学习。

4.7 中级学习

基于PyTorch的MNIST手写数字学习

约30分钟

Colaboratory

在PyTorch中创建一个简单的MLP，并演示如何训练模型。它有许多类似于Chainer章节中4.5节的内容（见4.5节）。

由于MNIST的手写数字数据集已经在4.5节中介绍了两次，所以下面将重点介绍如何使用PyTorch。

需要准备的环境和工具

- Colaboratory
- PyTorch
- Matplotlib
- MNIST 数据集

本次练习的目的

- 了解PyTorch的框架
- 了解PyTorch的基本用法

▶4.7.1 PyTorch简介

PyTorch（http://pytorch.org）是一个由Facebook人工智能研究小组开发的Python开源机器学习框架。PyTorch最初是用Lua语言编写的，名为Torch，但它是一个Python版本。PyTorch于2018年10月发布，本书写作时它的版本为0.4.1。

PyTorch是一个相对较新的框架。与其他机器学习框架相比，虽然是后起之秀，但它最近成为一个受欢迎的框架。可以说是值得关注的机器学习框架之一。

下面介绍PyTorch的安装。

由于在Raspberry Pi中安装PyTorch需要编译和其他操作，因此请在安装前确保在Colaboratory中已经完成了本书中的两个PyTorch练习，也包括本次练习。

要在Windows或macOS中安装PyTorch，可以使用Anaconda Navigator或pip命令。更多信息请参阅PyTorch网站https://pytorch.org。

Input

```
!pip install torch torchvision
```

Output

```
省略
```

▶4.7.2 操作办法

首先，安装所需的软件包。

1. 安装所需的软件包

这一次，我们会处理图像，所以Torchvision是必要的。Torchvision是PyTorch计算机视觉的软件包，包含加载数据集和预处理图像的功能。除了当前使用的MNIST数据集，还预先包含16种数据集。下面将用这些数据来练习。

首先使用torchvision.datasets获取MNIST的数据。

Input

```
import matplotlib.pyplot as plt
import torchvision.transforms as transforms
from torch.utils.data import DataLoader
from torchvision.datasets import MNIST
```

Output

```
无
```

2. 下载数据集

下载数据集时，需要设置一个(任意)文件夹来存储数据。在这里，使用“~/data”。

Input

```
data_folder = '~/data'
BATCH_SIZE = 8

mnist_data = MNIST(data_folder, train=True, download=True, transform
=transforms.ToTensor())
#
data_loader = DataLoader(mnist_data, batch_size=BATCH_SIZE, shuffle=False)
```

Output

```
省略
```

3. 查看数据内容

下面来看一下从PyTorch提供的迭代器中提取的数据。PyTorch迭代器的大小由BATCH_SIZE指定(此处为8)，用于从数据集中检索小型批处理数据以供学习。data_iterat.next()表示检索下一批。然后将检索到的一批数据分配给不同的变量images(图像)和labels(标签)。

Input

```
data_iterator = iter(data_loader)
images, labels = data_iterator.next()

print(len(images))
print(len(labels))
```

Output

```
8
8
```

按照设置检查输出结果，迭代器一次准备8个数据，还有8个教师标签。

4. 数据可视化

与练习运用Chainer时一样，尝试可视化数据。

Input

```
# 显示第几张图片
location = 4
# 转换为numpy矩阵，然后代入data
data = images[location].numpy()
print(data.shape)
# 调整数据通道以用于matplotlib的绘制
reshaped_data = data.reshape(28, 28)
# 从数据中绘制图像
plt.imshow(reshaped_data, cmap='inferno', interpolation='bicubic')
```

```
plt.show()
print('标签：', labels[location])
```

Output

```
(1, 28, 28)
```

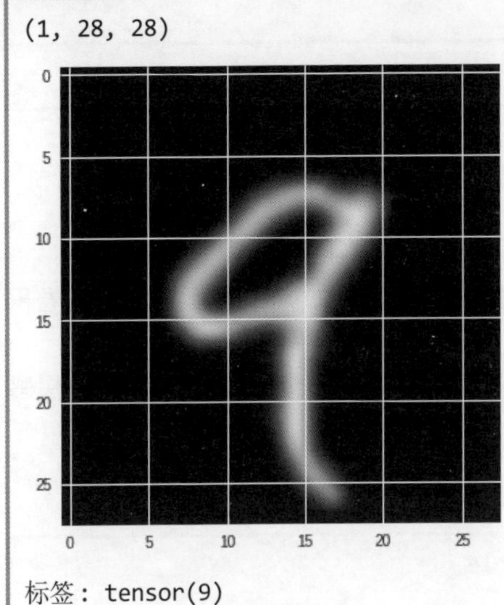

```
标签： tensor(9)
```

输出结果好像是数字9。

5. 准备训练数据和测试数据

是训练数据还是测试数据由train参数决定。如果train=True，则将其作为训练数据载入；如果train=False，则作为测试数据载入。

PyTorch的这种操作应该很容易理解。

Input

```
# 训练数据
train_data_with_labels = MNIST(data_folder, train=True, download=True,
transform=transforms.ToTensor())
train_data_loader = DataLoader(train_data_with_labels, batch_size=BATCH
_SIZE, shuffle=True)

# 测试数据
test_data_with_labels = MNIST(data_folder, train=False, download=True,
```

```
transform=transforms.ToTensor())
test_data_loader = DataLoader(test_data_with_labels, batch_size=BATCH
_SIZE, shuffle=True)
```

Output

```
无
```

6. 神经网络的定义

神经网络通过torch.nn包来构建。

在Chainer中，父类是chainer.Chain；但在PyTorch中，父类是nn.Module。

然后，将定义多层感知器（神经网络）（在4.8节的练习中，将在“CNN:卷积神经网络”中构建学习模型）。

使网络成为前馈神经网络。前馈神经网络是在1.3节中讨论的MLP（多层感知器）的典型神经网络架构。

Input

```
from torch.autograd import Variable
import torch.nn as nn



class MLP(nn.Module):
    def __init__(self):
        super().__init__()
        # 输入层
        self.layer1 = nn.Linear(28 * 28, 100)
        # 中间层（隐藏层）
        self.layer2 = nn.Linear(100, 50)
        # 输出层
        self.layer3 = nn.Linear(50, 10)

    def forward(self, input_data):
        input_data = input_data.view(-1, 28 * 28)
        input_data = self.layer1(input_data)
        input_data = self.layer2(input_data)
        input_data = self.layer3(input_data)
        return input_data
```

Output

```
无
```

7. 模型

将模型创建为MLP类的实例，代码如下。

Input

```
model = MLP()
```

Output

```
无
```

8. 定义成本函数和优化方法

就像Chainer一样，PyTorch提供了典型的成本函数和优化方法。

交叉熵用于成本函数（见1.3节），SGD（Stochastic Gradient Descent）用于优化方法，是一种用于找出成本函数最小值的方法，称为随机梯度下降法。要优化的参数列表作为参数传递给optimizer.SGD。

在Chainer中使用以下命令行将优化方法应用于模型，

```
optimizer = optimizers.Adam().setup(model)
```

但PyTorch使用以下形式，将最佳方法应用于模型。

```
optimizer = optimizer.SGD(model.parameters(), lr=0.01)
```

Input

```
import torch.optim as optimizer

# Soft Max:交叉熵
lossResult = nn.CrossEntropyLoss()
# SGD
optimizer = optimizer.SGD(model.parameters(), lr=0.01)
```

Output

```
无
```

到目前为止，我们已经看到PyTorch和Chainer有许多相似之处，包括术语。这是因为任何一个框架，都是基于同样的研究成果，用同样的概念、方法来构建深度学习的神经网络，所以算法和描述都是类似的。

5.1节和5.2节的TensorFlow操作练习也允许使用类似的Python程序编写方式来构建神经网络。

理解机器学习和深度学习中抽象层面的概念、方法和算法，就会发现它们在框架层面上有很多共同之处，对使用框架的一方来说很有帮助。

9. 学习

首先，在本次练习中，把学习分为4次。

在学习的循环中依次执行以下任务。有关程序的说明，请参阅程序中的注释。

Input

```
# 最大学习次数
MAX_EPOCH = 4

for epoch in range(MAX_EPOCH):
    total_loss = 0.0
    for i, data in enumerate(train_data_loader):

        # 从数据中检索提取训练数据和教师标签数据
        train_data, teacher_labels = data

        # 将输入转换为torch.autograd.Variable
        train_data, teacher_labels = Variable(train_data), Variable(
teacher_labels)

        # 删除计算出的梯度信息
        optimizer.zero_grad()

        # 为模型提供训练数据来计算预测
        outputs = model(train_data)

        # 基于loss和w的微分计算
        loss = lossResult(outputs, teacher_labels)
        loss.backward()
```

```
        # 更新梯度
        optimizer.step()

        # 累计误差
        total_loss += loss.data[0]

        # 以2000个小型批处理为单位显示进度
        if i % 2000 == 1999:
            print('学习进度：[%d, %d]  学习误差（loss）: %.3f' % (epoch +
1, i + 1, total_loss / 2000))
            total_loss = 0.0

print('学习结束')
```

Output

```
/usr/local/lib/python3.6/dist-packages/ipykernel_launcher.py:27: UserWarning: invalid index of a 0-dim tensor. This will be an error in PyTorch 0.5. Use tensor.item() to convert a 0-dim tensor to a Python number
学习进度：[1, 2000]  学习误差（loss）: 0.851
学习进度：[1, 4000]  学习误差（loss）: 0.387
学习进度：[1, 6000]  学习误差（loss）: 0.341
学习进度：[2, 2000]  学习误差（loss）: 0.318
学习进度：[2, 4000]  学习误差（loss）: 0.316
学习进度：[2, 6000]  学习误差（loss）: 0.301
学习进度：[3, 2000]  学习误差（loss）: 0.285
学习进度：[3, 4000]  学习误差（loss）: 0.300
学习进度：[3, 6000]  学习误差（loss）: 0.300
学习进度：[4, 2000]  学习误差（loss）: 0.276
学习进度：[4, 4000]  学习误差（loss）: 0.294
学习进度：[4, 6000]  学习误差（loss）: 0.292
学习结束
```

上面对程序的描述，在评论的地方已经写得很详细：从数据集的数据提取到梯度信息的重置、学习、成本函数的微分计算，再到梯度更新误差的计算，一系列的配置都非常流畅。

10. 测试

然后使用测试数据进行测试。有关程序的说明，请参阅程序中的注释。

Input

```
import torch

# 总计
total = 0
# 正确答案
count_when_correct = 0

#
for data in test_data_loader:
    # 从测试数据加载器中检索数据，然后将其解包
    test_data, teacher_labels = data
    # 将转换测试数据，然后将其传递给模型，使其作出判断
    results = model(Variable(test_data))
    # 获取预测
    _, predicted = torch.max(results.data, 1)
    #
    total += teacher_labels.size(0)
    count_when_correct += (predicted == teacher_labels).sum()

print('count_when_correct:%d' % (count_when_correct))
print('total:%d' % (total))

print('正确率：%d / %d = %f' % (count_when_correct, total, int(count
_when_correct) / int(total)))
```

Output

```
count_when_correct:9130
total:10000
正确率：9130 / 10000 = 0.913000
```

使用测试数据进行测试也可以得出91.3%的正确率。

11. 用个别数据进行测试

接下来，用个别数据来测试一下。在程序中，location=1，但也可以尝试更改一下location的数值以进行测试。location表示数据集中的第几个数据。由于这是MNIST数据集，限制为10000个（test_data），所以请确保location值不超过该值。

Input

```
test_iterator = iter(test_data_loader)
# 可以增加或减少次数，以获得不同的测试数据
test_data, teacher_labels = test_iterator.next()
# 转换测试数据，然后将其传递给模型，使其作出判断
results = model(Variable(test_data))
_, predicted_label = torch.max(results.data, 1)

location = 1
plt.imshow(test_data[location].numpy().reshape(28, 28),
cmap='inferno', interpolation='bicubic')
print('标签：', predicted_label[location])
```

Output

```
标签：tensor(8)
```

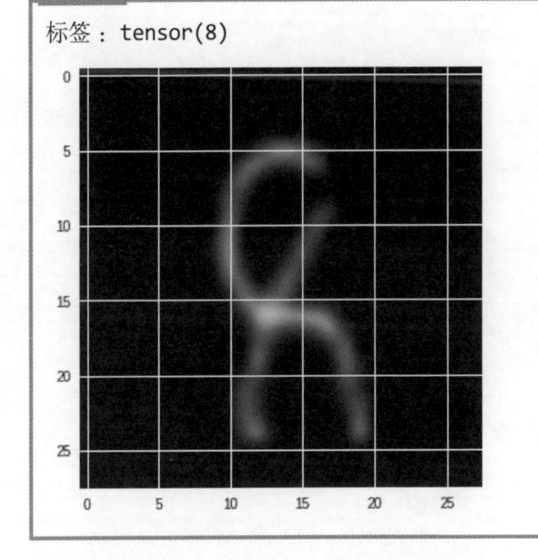

结果与图像匹配（手写数字8）。

▶4.7.3 总结

虽然这是一个略短的练习，但你是否已经了解了PyTorch的使用方法?

在前面的练习中，Chainer对MLP的定义，学习过程等非常相似，所以很容易理解。

接下来，用PyTorch来挑战图像的分类。

4.8 中级学习
基于PyTorch的CIFAR-10图像学习

Colaboratory

为了解PyTorch张量库和神经网络的工作原理，让我们实际体验一下图像分类的学习。

在这个练习中，将在Colaboratory中尝试使用一个小尺寸的彩色图像进行深度学习。

需要准备的环境和工具

- Colaboratory
- PyTorch
- CIFAR-10数据集

本次练习的目的

- 了解CIFAR-10数据集
- 通过PyTorch了解神经网络的基础知识

▶4.8.1 CIFAR-10简介

CIFAR-10（https://www.cs.toronto.edu/~kriz/cifar.html）是一个由60000张32×32像素彩色图像组成的数据集，包括10个类别（airplane、automobile、bird、cat、deer、dog、frog、horse、ship、truck）的教师标签。它是包含大约8000万张图像的80 Million Tiny Images（http://groups.csail.mit.edu/vision/TinyImages）数据集的一个子集。CIFAR-10是由加拿大多伦多大学的Alex Krizhevsky领导构建的，他利用一个叫作SuperVision（或AlexNet）的卷积神经网络赢得了2012 ILSVRC冠军，在深度学习历史上是一个很有代表性的事件。在1000种图像分类课题中，得出了前所未有的高正确率，可以说是成为AI再次受到关注的契机也不为过。

在CIFAR-10数据集中，5万张是训练数据，1万张是测试数据。测试数据是从每一个类中随机抽取1000张图片，总计1万张。

CIFAR-10提供的不是60000张图片文件，而是像素数据阵列，以确保可以从Python轻松读取，也不需要特别的预处理。

CIFAR-10数据集也可以很容易地从大多数机器学习和深度学习框架中获取。还有一个名为CIFAR-100的数据集，顾名思义，CIFAR-100是100个类（类型）的图像数据集。

1. 安装PyTorch

与4.7节中的练习相同。如果已安装，则可以跳过。

Input

```
!pip install torch torchvision
```

Output

```
省略
```

2. 导入所需的软件包

导入所需的软件包。

Input

```
import torch
import torchvision
import torchvision.transforms as transforms
```

Output

```
无
```

3. 定义transform

在4.6节的练习中，因为是采用Kaggle的狗和猫的数据，所以制作了专用于变换的transform()函数。在PyTorch中，准备了转换数据的工具。准备在transform()函数中传递给PyTorch的数据。

transforms.ToTensor()函数将数据转换为PyTorch的Tensor（Tensor是一种数据结构，用于处理PyTorch的多维数组）。

transforms.Normalize()函数对数据进行规范化。转换前的数据分布在0 ~ 1，转换后的数据分布在-1 ~ 1。

Input

```
transform = transforms.Compose([transforms.ToTensor(), transforms.
Normalize((0.5, 0.5, 0.5), (0.5, 0.5, 0.5))])
```

Output

无

4. 准备训练数据和测试数据

与4.7节中的练习一样，将训练数据和测试数据分开。有关程序的说明，请参阅程序中的注释。

Input

```
# 训练数据
train_data_with_teacher_labels = torchvision.datasets.CIFAR10(root
='./data', train=True, download=True, transform=transform)
train_data_loader = torch.utils.data.DataLoader(train_data_with_
teacher_labels, batch_size=4, shuffle=True, num_workers=2)
# 测试数据
test_data_with_teacher_labels = torchvision.datasets.CIFAR10(root
='./data', train=False, download=True, transform=transform)
test_data_loader = torch.utils.data.DataLoader(test_data_with_teacher
_labels, batch_size=4, shuffle=False, num_workers=2)
```

Output

如果没有数据，将下载数据。此处说明省略。

5. 配置分类内容

class_names用于显示图形。

设置类别plane、car、bird、cat、deer、dog、frog、horse、ship和truck。

Input

```
class_names = ('plane', 'car', 'bird', 'cat', 'deer', 'dog', 'frog',
'horse', 'ship', 'truck')
```

Output

无

这样，我们就准备好了。下面来看一下操作的顺序。

▶4.8.2 操作办法

现在开始操作。首先导入本练习所需的软件包。

1. 导入所需的软件包

导入所需的软件包。

Input

```
import matplotlib.pyplot as plt
import numpy as np
```

Output

```
无
```

2. 显示图像的函数

到目前为止，我们也练习过几次显示图像的代码，在这里试着把它作为一个独立的函数。

Input

```
def show_image(img):
    img = img / 2 + 0.5
    npimg = img.numpy()
    plt.imshow(np.transpose(npimg, (1, 2, 0)))
    plt.show()
```

Output

```
无
```

3. 查看CIFAR-10的内容

以图像的形式来展示这些数据。

Input

```
# 从训练数据中提取一些数据
data_iterator = iter(train_data_loader)
images, labels = data_iterator.next()
```

```
# 显示图像
show_image(torchvision.utils.make_grid(images))
# 显示标签
print(' '.join('%5s' % class_names[labels[j]] for j in range(4)))
```

Output

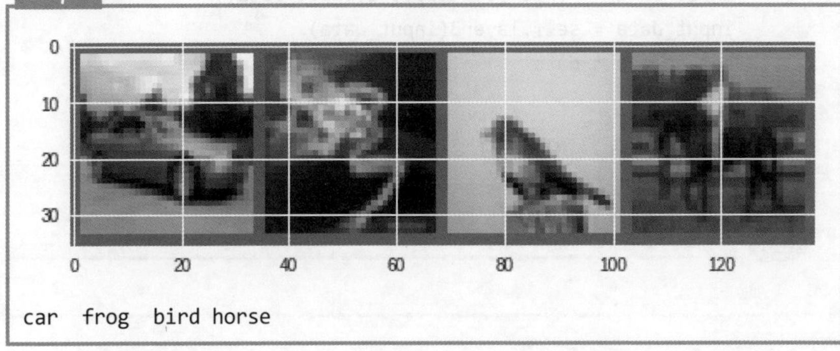

```
car  frog  bird horse
```

因为是尺寸非常小的图像，所以人类肉眼有些难以辨认，但应该能猜到是 car（车）、frog（蛙）、bird（鸟）、horse（马）。

4. 训练用神经网络的定义

通过定义卷积神经网络模型进行学习。

Input

```
import torch.nn as nn
import torch.nn.functional as F


class CNN(nn.Module):
    def __init__(self):
        super(CNN, self).__init__()
        self.conv1 = nn.Conv2d(3, 6, 5)
        self.pool = nn.MaxPool2d(2, 2)
        self.conv2 = nn.Conv2d(6, 16, 5)
        self.layer1 = nn.Linear(16 * 5 * 5, 120)
        self.layer2 = nn.Linear(120, 84)
        self.layer3 = nn.Linear(84, 10)
```

```
    def forward(self, input_data):
        input_data = self.pool(F.relu(self.conv1(input_data)))
        input_data = self.pool(F.relu(self.conv2(input_data)))
        input_data = input_data.view(-1, 16 * 5 * 5)
        input_data = F.relu(self.layer1(input_data))
        input_data = F.relu(self.layer2(input_data))
        input_data = self.layer3(input_data)
        return input_data


model = CNN()
```

Output

```
无
```

与4.5节Chainer的练习非常类似。虽然定义时的方法不同，但在概念上进行相同的处理。例如，Chainer的神经网络的卷积层结构的类名称为chainer.links.Convolution2D，PyTorch为torch.nn.functional.conv2d。此外，将讨论的optimizer也是如此，Chainer中为chainer.optimizers.SGD()，而PyTorch中为torch.optim.SGD()。虽然具体的语法（写法）不同，但理论是一样的，使用的单词和单词的缩写也是类似的。

5. 配置Optimizer

与Chainer一样，为优化而设置Optimizer。

Input

```
import torch.optim as optimizer


criterion = nn.CrossEntropyLoss()
optimizer = optimizer.SGD(model.parameters(), lr=0.001, momentum=0.9)
```

Output

```
无
```

6. 训练

下面开始进行机器学习的阶段。有关程序的说明，请参阅程序中的注释。

Input

```
# 最大学习次数
MAX_EPOCH = 3

#
for epoch in range(MAX_EPOCH):

    total_loss = 0.0
    for i, data in enumerate(train_data_loader, 0):
        # 从数据中检索训练数据和教师标签数据
        train_data, teacher_labels = data

        # 删除计算出的梯度信息
        optimizer.zero_grad()

        # 计算模型中的预测
        outputs = model(train_data)

        # 用loss和w进行微分
        loss = criterion(outputs, teacher_labels)
        loss.backward()

        # 更新梯度
        optimizer.step()

        # 累计误差
        total_loss += loss.item()

        # 以2000个小型批处理为单位显示进度
        if i % 2000 == 1999:
            print('学习进度：[%d, %5d] loss: %.3f' % (epoch + 1, i +
1, total_loss / 2000))
            total_loss = 0.0

print('学习完成')
```

Output

```
学习进度：[1, 2000] loss: 2.231
学习进度：[1, 4000] loss: 1.875
学习进度：[1, 6000] loss: 1.725
学习进度：[1, 8000] loss: 1.614
学习进度：[1, 10000] loss: 1.540
学习进度：[1, 12000] loss: 1.481
学习进度：[2, 2000] loss: 1.418
学习进度：[2, 4000] loss: 1.366
学习进度：[2, 6000] loss: 1.324
学习进度：[2, 8000] loss: 1.304
学习进度：[2, 10000] loss: 1.308
学习进度：[2, 12000] loss: 1.261
学习进度：[3, 2000] loss: 1.192
学习进度：[3, 4000] loss: 1.218
学习进度：[3, 6000] loss: 1.187
学习进度：[3, 8000] loss: 1.162
学习进度：[3, 10000] loss: 1.180
学习进度：[3, 12000] loss: 1.161
学习完成
```

7. 用个别数据进行测试

从测试数据中提取单个数据，并对其进行测试。使用迭代器检索数据，并显示其中的4个数据。

Input

```
data_iterator = iter(test_data_loader)
images, labels = data_iterator.next()

# 显示图像
show_image(torchvision.utils.make_grid(images))
print('正确教师标签：', ' '.join('%5s' % class_names[labels[j]] for
j in range(4)))
```

Output

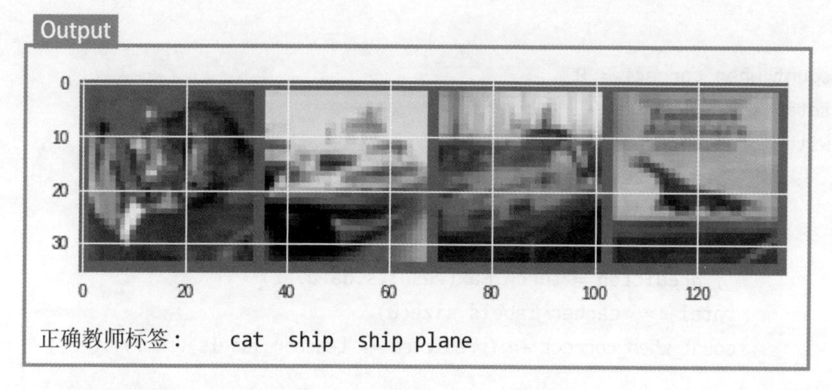

正确教师标签： cat ship ship plane

这是正确的教师标签：cat（猫）、ship（船）、ship（船）、plane（飞机）。让已学习的模型对此进行预测，会有什么结果呢？

8. 测试

从现在开始是测试，将images传递给模型。

Input

```
outputs = model(images)

_, predicted = torch.max(outputs, 1)

print('预测： ', ' '.join('%5s' % class_names[predicted[j]] for j
in range(4)))
```

Output

```
预测：   frog  ship  ship  ship
```

结果是frog（青蛙）、ship（船）、ship（船）和ship（船）。cat和plane不对，正确率为50%。

9. 验证

使用全部测试数据，作为一个整体的预测精度是怎样的呢？

Input

```
count_when_correct = 0
total = 0
with torch.no_grad():
    for data in test_data_loader:
        test_data, teacher_labels = data
        results = model(test_data)
        _, predicted = torch.max(results.data, 1)
        total += teacher_labels.size(0)
        count_when_correct += (predicted == teacher_labels).sum().item()

print('10000 验证图像的正确率: %d %%' % (100 * count_when_correct / total))
```

Output

```
10000 验证图像的正确率: 58 %
```

虽然和大家的结果有些不同，但正确率大约为50% ~ 60%。

10. 每个类的测试结果

现在，验证每个类（10种类型）的准确性。

Input

```
class_correct = list(0. for i in range(10))
class_total = list(0. for i in range(10))
#
with torch.no_grad():
    for data in test_data_loader:
        #
        test_data, teacher_labels = data
        #
        results = model(test_data)
        #
        _, predicted = torch.max(results, 1)
        #
        c = (predicted == teacher_labels).squeeze()
        #
        for i in range(4):
```

```
            label = teacher_labels[i]
            #
            class_correct[label] += c[i].item()
            class_total[label] += 1

for i in range(10):
    print(' %5s 类的正确率是: %2d %%' % (class_names[i], 100 * class
_correct[i] / class_total[i]))
```

Output

```
plane 类的正确率是: 50 %
  car 类的正确率是: 68 %
 bird 类的正确率是: 44 %
  cat 类的正确率是: 46 %
 deer 类的正确率是: 52 %
  dog 类的正确率是: 47 %
 frog 类的正确率是: 82 %
horse 类的正确率是: 63 %
 ship 类的正确率是: 79 %
truck 类的正确率是: 53 %
```

这个正确率也会因实际运行情况而略有变化。frog和ship类的正确率较高。与之相对应的是，bird和cat等类的正确率较低。大约为40% ~ 50%。

▶4.8.3 总结

即使是很小的图像也能识别，但识别的正确率并不高。小图像数据量少，学习速度快。但正是因为数据量少，也存在特征丢失的问题从而导致识别效率较低。看来模型的构建还有改进的余地。有兴趣的读者可以在现有的程序上进行各种尝试（例如，增加神经网络工作的层次、增加每一层次的神经元数量、增加学习次数等）。相信随着学习正确率的提高，读者一定会体会到更多快乐和成就感。

Number Five Chapter

第5章

Title

机器学习、深度学习的实操练习（中级、高级）

在第4章中，我们了解了图像预处理中常用的OpenCV的基本知识、scikit-learn中的机器学习方法，以及Chainer和PyTorch中的深度学习原理。还将4.5节和4.6节中的学习模型转移到Raspberry Pi中，并实现了一个用于手写数字识别的网络应用程序。通过对狗和猫的图像的深度学习，了解了神经网络制作方法的基本知识。

在本章的前半部分，将学习如何使用现在最受关注的Google的TensorFlow深度学习框架。通过使用第4章介绍的一些数据集，将重点关注TensorFlow的使用，而不是数据集的内容。

本章的后半部分还介绍了物体识别、物理扩展和AI云API，以突破Raspberry Pi的物理极限。

5.1 中级学习

TensorFlow+Keras+MNIST手写数字识别网络应用程序

Colaboratory + Raspberry Pi

使用MNIST数据集的操作办法已经是第三次介绍了，所以这里将省略对MNIST数据集特性的描述。有关MNIST的更多信息，请参阅4.5节。

本次练习中将第一次用到TensorFlow和Keras，因此将重点介绍如何使用TensorFlow和Keras。

需要准备的环境和工具

- TensorFlow
- Keras
- Colaboratory
- Flask
- Raspberry Pi
- MNIST数据集，请参阅4.5节中的说明

本次练习的目的

- 了解TensorFlow的基本知识
- 了解Keras的基本知识
- 了解如何从Keras加载MNIST数据
- 理解Keras中神经网络模型的构建方法
- 了解如何获取（下载）Raspberry Pi的Web应用程序中使用的预训练模型

▶ 5.1.1 Keras简介

首先介绍一下在这次练习中首次登场的Keras。

Keras是一个神经网络库的包装器，它提供了Python编程方法，在多个后端深度学习框架（TensorFlow、Theano、CNTK等）中通用。它提供了一个通用的接口，可以在多个深度学习框架中开发通用的模型。

Netflix、Uber、Yelp等知名公司也在使用Keras。它也是CERN、NASA等大型研究机构常用的框架。

它还为scikit-learn API提供了包装，如4.3节中所述。

1. 什么是Keras后端

卷积神经网络的各种处理都无法由Keras独立完成。因此，我们使用深度学

习框架，如TensorFlow和CNTK作为Keras的后端引擎。

Keras可以无缝连接到3种不同的后端引擎。

- TensorFlow

TensorFlow是Google开发的开源深度学习框架。详细内容稍后介绍。

- Theano

Theano是由加拿大蒙特利尔大学主导的数值计算Python库，也经常用于深度学习。

- CNTK

CNTK是微软开发的开源深度学习框架。

除了上面提到的3个引擎之外，将来还会有更多的后端引擎可用（见图5-1-1）。

▼ 图5-1-1　Keras可用的后端框架

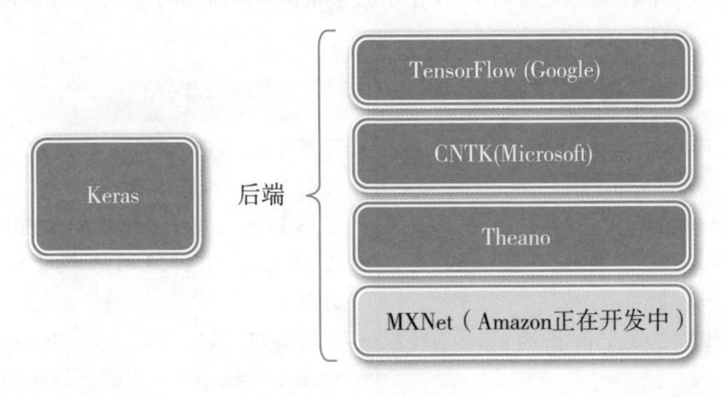

可以使用大量深度学习框架作为后端，如图5-1-1所示。如上所述，Keras是TensorFlow、CNTK等深度学习框架的包装器。也可以说，学会了Keras，就等于掌握一种“通用语言”。

2. 为什么要用Keras

现在有许多深度学习框架，包括已经介绍的Chainer、PyTorch和即将介绍的最热门的TensorFlow。而为什么要使用Keras呢？可以列出以下的理由。

- Keras提供了一个简单、通用的API，以最大限度减少常见用例所需的用户交互（编程）。
- Keras易于学习和使用，为用户提供了高效的编程体验。
- Keras作为后端，与其他深度学习框架集成，所以它可以实现大多数深度学习。与TensorFlow工作流无缝集成的优势尤其显著。

Keras在今后的练习中也会实际使用到。

3. 什么是TensorFlow

TensorFlow最初是由Google Brain团队开发的机器学习和深度学习的框架，如Chainer和PyTorch。于2015年11月以开源许可发布，并于2017年2月15日发布正式版TensorFlow 1.0。可以说TensorFlow是当今使用最广泛且最受欢迎的机器学习、深度学习的框架。

4. 使用Keras的一般处理流程

图5-1-2所示为使用Keras时的一般处理流程，编程时也会遵循此步骤。

▼ 图5-1-2 Keras的一般处理流程

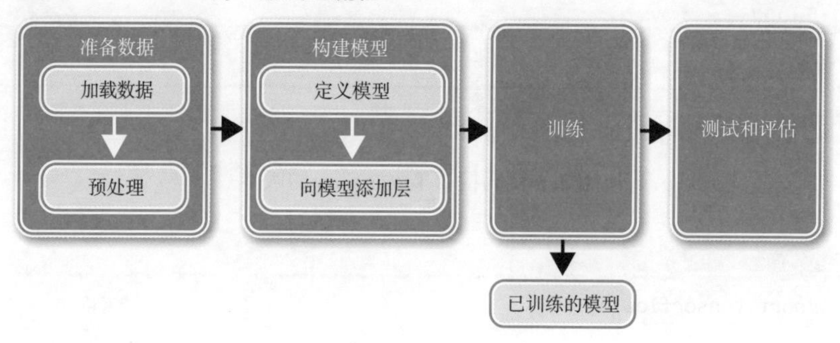

Column

框架的选择方法

Keras提供了一个通用的接口，可以便捷地进行如建立标准的神经网络、设置学习的参数等操作。但是，不是所有事情都可以使用Keras，而是需要确定要解决的问题的领域，并考虑解决方法。有时解决问题的最佳框架未必是Keras，这个意识很重要。

首先，准备好数据（加载和预处理数据），构建学习模型（定义模型并添加模型所需的层），然后进行训练并对模型进行测试评估。Keras的API提供了一系列标准流程，如果按此顺序组装程序，则可以相对轻松地完成深度学习编程。在查看后面的程序时，请注意这个流程。

5.1.2 操作办法

首先在Colaboratory中运行一下。

1. 安装TensorFlow

如果尚未安装TensorFlow，请使用以下命令进行安装。

Input

```
!pip install tensorflow
```

Output

```
省略
```

2. 确定TensorFlow的版本

安装完成后，请使用如下代码检查TensorFlow的版本。

Input

```
import tensorflow as tf

print(tf.__version__)
```

Output

```
1.13.1
```

在编写本书时，TensorFlow的版本为1.13.1。

3. 安装Keras

接下来，安装Keras。

Input

```
!pip install keras
```

Output

```
省略
```

安装完成后，检查Keras的版本。代码如下。

Input

```
import keras

print(keras.__version__)
```

Output

```
2.2.4
Using TensorFlow backend.
```

在编写本书时，Keras的版本为2.2.4。

4. 设置

像以前一样，设置批量大小、学习次数、图像的垂直和水平大小等。

Input

```
BATCH_SIZE = 128
NUM_CLASSES = 10
EPOCHS = 10

IMG_ROWS, IMG_COLS = 28, 28
```

Output

```
无
```

为绘图准备一个类名数组。

我们将创建一个程序来识别0 ~ 9的手写数字，所以先要创建与之相对应的0 ~ 9的10个字符串数组。

Input

```
handwritten_number_names = ['0', '1', '2', '3', '4', '5', '6', '7',
'8', '9']
```

Output

```
无
```

5. 加载MNIST数据集

使用Keras提供的mnist.load_data()方法，可以轻松地从MNIST中提取数据，并将它们分别存储在训练数据变量train_data和测试数据变量test_data中。有关MNIST的更多信息，请参阅4.5节。

Input

```
from keras.datasets import mnist


#
(train_data, train_teacher_labels), (test_data, test_teacher_labels)
= mnist.load_data()
print('加载后的训练数据train_data shape:', train_data.shape)
print('加载后的测试数据test_data shape:', test_data.shape)
```

Output

```
加载后的训练数据train_data shape: (60000, 28, 28)
加载后的测试数据test_data shape: (10000, 28, 28)
```

训练数据是实际在训练阶段使用的数据。数据集的70%或80%一般用作训练数据。与之相反，用于测试预训练模型的性能（分类和推理的准确性）的数据称为测试数据，一般使用数据集的训练数据以外的20%或30%的数据。

如输出结果（Output）所示，train_data和test_data是(num_samples，28，28)灰度图像数据状态的uint8（8位无符号整数）数组。

train_teacher_labels和test_teacher_labels是类别标签（0 ~ 9的整数）的uint8数组。

共有60000个训练数据和10000个测试数据。

6. 根据训练模型变换数据数组的形状

在训练模型之前，必须先转换要传递的数据。此处使用reshape()方法进行转换。

第一个输入层是Conv2D类（TensorFlow的二维卷积层的类），因此必须将数据的形状（input_shape）传递给Conv2D的参数。

要传递正确的数据形状，需要进行一些处理。因此，首先要知道图像数据的格式。Keras.image_data_format()函数返回Keras内部图像的默认格式规则（channels_first或channels_last）。

当Keras.image_data_format()='channels_first'时，train_data使 用reshape()将train_data设置为（size，channels，rows，cols）的四阶张量（此处为train_data.shape[0],1,IMG_ROWS,IMG_COLS）。这意味着需要将通道移到rows和cols之前。

将传递给Conv2D的input_shape也设置为input_shape=（1,IMG_ROWS,IMG_COLS）。

张量这个词出现了，在这里，可以当作多维数组。四阶张量就当作四维数组。

另外，对于Keras.image_data_format()='channels_last'（else之后的处理），train_data必须使用reshape()将train_data设置为（size，rows，cols，channels）的四阶张量（此处为test_data.shape[0]，1，IMG_ROWS，IMG_COLS）。这意味着需要将通道移到rows和cols之后。

然后，传递给Conv2D的input_shape也变为input_shape=（IMG_ROWS，IMG_COLS，1）。

上面仅以train_data的示例进行了说明，test_data也使用类似的逻辑进行处理。

Input

```
from keras import backend as Keras

print('Channel调整变换前train_data shape:', train_data.shape)
print('Channel调整变换前test_data shape:', test_data.shape)
#
if Keras.image_data_format() == 'channels_first':
    train_data = train_data.reshape(train_data.shape[0], 1, IMG_ROWS,
IMG_COLS)
    test_data = test_data.reshape(test_data.shape[0], 1, IMG_ROWS,
IMG_COLS)
    input_shape = (1, IMG_ROWS, IMG_COLS)
else:
    train_data = train_data.reshape(train_data.shape[0], IMG_ROWS,
IMG_COLS, 1)
    test_data = test_data.reshape(test_data.shape[0], IMG_ROWS, IMG_
COLS, 1)
    input_shape = (IMG_ROWS, IMG_COLS, 1)
```

```
print('Channel调整变换后train_data shape:', train_data.shape)
print('Channel调整变换后test_data shape:', test_data.shape)
```

Output

```
Channel调整变换前train_data shape: (60000, 28, 28)
Channel调整变换前test_data shape: (10000, 28, 28)
Channel调整变换后train_data shape: (60000, 28, 28, 1)
Channel调整变换后test_data shape: (10000, 28, 28, 1)
```

正如输出所示，train_data和test_data都改变了形状，最后包含了一个值为1的通道数。现在，可以将数据格式传递给Conv2D。

7. 结合训练模型进行数据调整

从Keras获取的数据是numpy数组，但数据的类型为uint8（8位编码整数）。要传递给训练模型，需要将数据类型转换为float32。

因此，首先将uint8（8位编码整数）转换为float32（32位浮点数）。astype()将train_data和test_data指定为要转换的数据类型（float32）。

Input

```
train_data = train_data.astype('float32')
test_data = test_data.astype('float32')

print(test_data)
```

Output

```
[[[[0.]
   [0.]
   [0.]
   ...
   [0.]
   [0.]
   [0.]]

  [[0.]
   [0.]
   [0.]
```

```
--- 以下省略 ---
```

处理后，除以255得到小数点数值。

数据集的数据首先是分布在0 ~ 255，因此需要将数据转换为分布在0 ~ 1.0。将该值除以255，转换为0 ~ 1.0分布。

不仅针对训练数据，还要对测试数据进行同样的处理。Chainer、PyTorch和Keras都需要此标准化过程。将图像中0 ~ 255的像素值转换为0 ~ 1的过程是内部计算所需的转换。此外，将教师标签数据转换为One-Hot向量也是为了内部计算，如下所示。

Input

```
train_data /= 255
test_data /= 255

print('训练数据train_data shape:', train_data.shape)
print(train_data.shape[0], '训练样本')
print('测试数据test_data shape:', test_data.shape)
print(test_data.shape[0], '测试样本')
```

Output

```
训练数据train_data shape: (60000, 28, 28, 1)
60000 训练样本
测试数据test_data shape: (10000, 28, 28, 1)
10000 测试样本
```

8. 教师标签数据的转换

在Keras中进行分类时，需要将教师标签转换为One-Hot向量(1-of-*k*表示)。

将原始类向量(0 ~ NUM_CLASSES的整数，这里是0 ~ 9的整数，因为NUM_CLASSES=10)转换为One-Hot向量。One-Hot向量的含义将在下面的示例中进行说明。

用于转换的方法是keras.utils.to_categorical。

例如，假设转换前的教师标签如下所示(实际上，它们顺序不同，数量也很多)。

```
[0 1 2 3 4 5 6 7 8 9]
```

上面的这个教师标签是类向量。

转换为One-Hot向量后，如下所示。

```
0: [1,0,0,0,0,0,0,0,0,0]
1: [0,1,0,0,0,0,0,0,0,0]
2: [0,0,1,0,0,0,0,0,0,0]
3: [0,0,0,1,0,0,0,0,0,0]
4: [0,0,0,0,1,0,0,0,0,0]
5: [0,0,0,0,0,1,0,0,0,0]
…
9: [0,0,0,0,0,0,0,0,0,1]
```

这是一个One-Hot向量。从字面上看，这个向量中只有一个是Hot，也就是1，其他的都是0。请注意上面数据中1的位置。

用这样的向量表示数值，称为One-Hot向量。

此转换是为了在下一个训练阶段的程序中，实现训练过程中传递给model.fit()的数据的格式匹配。

以下程序分别转换train_teacher_labels（训练用教师标签）和test_teacher_labels（测试用教师标签），并显示结果。

Input

```
# 将教师标签数据转换为One-Hot向量
print('Keras用于转换前训练的教师标签数据train_teacher_labels shape:',
train_teacher_labels.shape)
train_teacher_labels = keras.utils.to_categorical(train_teacher_labels,
NUM_CLASSES)
print('Keras用于转换后训练的教师标签数据train_teacher_labels shape:',
train_teacher_labels.shape)

# 将用于测试的教师标签数据转换为One-Hot向量
print('Keras用于转换前测试的教师标签数据test_teacher_labels shape:',
test_teacher_labels.shape)
print(test_teacher_labels)
test_teacher_labels = keras.utils.to_categorical(test_teacher_labels,
NUM_CLASSES)
print('Keras用于转换后测试的教师标签数据test_teacher_labels shape:',
test_teacher_labels.shape)
print(test_teacher_labels)
```

Output

```
Keras用于转换前训练的教师标签数据train_teacher_labels shape: (60000,)
Keras用于转换后训练的教师标签数据train_teacher_labels shape: (60000, 10)
Keras用于转换前测试的教师标签数据test_teacher_labels shape: (10000,)
[7 2 1 ... 4 5 6]
Keras用于转换后测试的教师标签数据test_teacher_labels shape: (10000, 10)
[[0. 0. 0. ... 1. 0. 0.]
 [0. 0. 1. ... 0. 0. 0.]
 [0. 1. 0. ... 0. 0. 0.]
 ...
 [0. 0. 0. ... 0. 0. 0.]
 [0. 0. 0. ... 0. 0. 0.]
 [0. 0. 0. ... 0. 0. 0.]]
```

可以确认，用于训练和测试的教师标签数据都已转换为One-Hot向量。例如，用于转换前的测试标签数据和用于转换后的测试标签数据是类向量和One-Hot向量。

转换前是[7 2 1...4 5 6]，但转换后变成如下的形式。

[[0. 0. 0. ... 1. 0. 0.]
 [0. 0. 1. ... 0. 0. 0.]
 [0. 1. 0. ... 0. 0. 0.]
 ...

这是一个One-Hot向量。

9. 指定序列模型

现在开始构建神经网络的模型。

在以下程序中，将Keras指定为序列模型(顺序模型)，序列模型是堆叠的层。在Keras中，构建神经单元有3种方法。

- 使用序列模型(sequential model)定义
- 使用Functional API定义
- 继承Model分类定义

在这里，用一个序列模型定义是最直观的，所以采用序列模型。有关其他方法，可以参阅Keras文档并尝试。

Input

```
from keras.models import Sequential

model = Sequential()
```

Output

```
无
```

10. 构建学习模型

导入用于构建模型的类。

这之后将详细说明，Keras准备了使用Keras构建神经网络的以图层为单位的“部件”。在这里，将导入Dense、Dropout、Flatten、Conv2D和MaxPooling 2D。所有这些都是从keras.layers软件包中导入的，如下所示。

Input

```
from keras.layers import Dense, Dropout, Flatten
from keras.layers import Conv2D, MaxPooling2D
```

Output

```
无
```

11. 神经网络的构建

从现在开始，将定义在本次练习中使用的神经网络。可以在构建神经网络时以层或Layer为单位进行思考。Keras提供了一个API来实现这一点。

使用.add()方法可以轻松添加层。

例如，第1行model.add(Conv2D(...))将向模型添加第1个输入层。

Conv2D是二维卷积层，是对图像进行空间卷积的层。还提供了其他Conv1D对象。有关卷积层和卷积处理的详细说明，请参阅1.3节的深度学习。

第1行Conv2D()函数中的参数传递了作为第一个输入的神经元（单元）的数量（这里为32）、二维卷积区域的宽度和高度[kernel_size=（3，3）]、该层使用的激活函数（这里为ReLU），以及输入数据的形状（这里为input_shape）。Keras将创建此层。

同样，在第2行中也会添加卷积层。传递给model.add()的是Conv2D(64，(3，3)，activation=‘relu’)，因此它具有64个神经元作为输入，并将激活函数设置为ReLU。

第3行是model.add(MaxPooling2D(pool_size=(2，2)))，添加的是池化层。第4行是Dropout层，用来防止过度学习。

第5行是Flatten()，以保证平滑输入。

第6行使用Dense(128，activation='relu')，是全连接层，激活函数使用ReLU。

第7行是Dropout层，用于防止过度学习。

第8行是输出层，将其转换为输出中每个类（0 ~ 9的数值概率）的概率形式。Dense（NUM_CLASSES，activation='softmax'）中的NUM_CLASS是上面描述的类向量。最后一层是输出中每个类的概率，所以激活函数通常是softmax函数。

第9行显示到目前为止定义的神经网络摘要。这样一来，这次神经网络的定义就完成了。

Input

```
model.add(Conv2D(32, kernel_size=(3, 3),
                 activation='relu',
                 input_shape=input_shape))

model.add(Conv2D(64, (3, 3), activation='relu'))
model.add(MaxPooling2D(pool_size=(2, 2)))
model.add(Dropout(0.25))
model.add(Flatten())
model.add(Dense(128, activation='relu'))
model.add(Dropout(0.5))
model.add(Dense(NUM_CLASSES, activation='softmax'))

model.summary()
```

Output

```
_________________________________________________________________
Layer (type)                 Output Shape              Param #
=================================================================
conv2d_1 (Conv2D)            (None, 26, 26, 32)        320
_________________________________________________________________
conv2d_2 (Conv2D)            (None, 24, 24, 64)        18496
_________________________________________________________________
max_pooling2d_1 (MaxPooling2 (None, 12, 12, 64)        0
```

```
_________________________________________________________________
dropout_1 (Dropout)          (None, 12, 12, 64)        0
_________________________________________________________________
flatten_1 (Flatten)          (None, 9216)              0
_________________________________________________________________
dense_1 (Dense)              (None, 128)               1179776
_________________________________________________________________
dropout_2 (Dropout)          (None, 128)               0
_________________________________________________________________
dense_2 (Dense)              (None, 10)                1290
=================================================================
Total params: 1,199,882
Trainable params: 1,199,882
Non-trainable params: 0
_________________________________________________________________
```

12. 编译模型

在开始训练模型之前，需要通过compile()方法设置要执行的训练操作。需要设置以下各项。

- 优化算法

Keras提供了8种优化算法（optimizer）。本次程序使用keras.optimizers.Adadelta()。

- 损失函数

Keras提供了14种损失函数（loss）。本次程序使用keras.losses.categorical_crossentropy。

- 评估函数的列表（metrics）

分类问题通常使用metrics=['accuracy']作为精确度。也可以将自定义的函数作为参数给出。

优化算法和损失函数的选择是自由的，但它们的特点和效果各不相同。根据想要解决的问题，修改优化算法和损失函数并观察结果其实是很常见的工作。所有优化算法和损失函数的特点在这里就不详细介绍了，大家在练习和实践中可以多多尝试。

Input

```
model.compile(optimizer=keras.optimizers.Adadelta(),
              loss=keras.losses.categorical_crossentropy,
              metrics=['accuracy'])
```

Output

```
无
```

13. 训练

首先确认一下训练前的数据。我们已经执行了更改train_data和test_data的操作，现在再看一遍，确定数据形状是否为（大小、行、列、通道）。

Input

```
print('训练之前train_data shape:', train_data.shape)
print('测试之前test_data shape:', test_data.shape)
```

Output

```
训练之前train_data shape: (60000, 28, 28, 1)
测试之前test_data shape: (10000, 28, 28, 1)
```

在训练过程中，还定义了绘制训练图形的函数。

Input

```
def plot_loss_accuracy_graph(fit_record):
    # 用蓝线绘制错误历史记录，用黑线绘制验证错误
    plt.plot(fit_record.history['loss'], "-D", color="blue", label="
train_loss", linewidth=2)
    plt.plot(fit_record.history['val_loss'], "-D", color="black", label
="val_loss", linewidth=2)
    plt.title('LOSS')
    plt.xlabel('Epochs')
    plt.ylabel('Loss')
    plt.legend(loc='upper right')
    plt.show()

    # 用绿线绘制精度历史记录，用黑线绘制测试精度
    plt.plot(fit_record.history['acc'], "-o", color="green", label="
train_accuracy", linewidth=2)
    plt.plot(fit_record.history['val_acc'], "-o", color="black", label
="val_accuracy", linewidth=2)
    plt.title('ACCURACY')
```

```
    plt.xlabel('Epochs')
    plt.ylabel('Accuracy')
    plt.legend(loc="lower right")
    plt.show()
```

Output

```
无
```

训练（train）使用fit()函数，如下面的程序。这个操作将启动训练过程。fit()函数也出现在4.3节使用scikit-learn的方法中。fit()函数是一个将实际的训练数据、正确的教师标签数据放入到定义的训练模型中并使其训练的过程。这是程序中最耗时的过程。数据的数量、纪元数、神经网络的层数和神经元的数量都影响训练时间。

Input

```
print('反复学习的次数：', EPOCHS)
fit_record = model.fit(train_data, train_teacher_labels,
                       batch_size=BATCH_SIZE,
                       epochs=EPOCHS,
                       verbose=1,
                       validation_data=(test_data, test_teacher_labels))
```

Output

```
反复学习的次数： 10
WARNING:tensorflow:From /usr/local/lib/python3.6/dist-packages/tenso
rflow/python/ops/math_ops.py:3066: to_int32 (from tensorflow.python.
ops.math_ops) is deprecated and will be removed in a future version.
Instructions for updating:
Use tf.cast instead.
Train on 60000 samples, validate on 10000 samples
Epoch 1/10
60000/60000 [==============================] - 10s 172us/step - loss:
0.2515 - acc: 0.9235 - val_loss: 0.0569 - val_acc: 0.9823
Epoch 2/10
60000/60000 [==============================] - 9s 143us/step - loss:
0.0895 - acc: 0.9737 - val_loss: 0.0391 - val_acc: 0.9868
```

```
Epoch 3/10
60000/60000 [==============================] - 9s 144us/step - loss:
0.0664 - acc: 0.9799 - val_loss: 0.0343 - val_acc: 0.9881
Epoch 4/10
60000/60000 [==============================] - 9s 143us/step - loss:
0.0552 - acc: 0.9830 - val_loss: 0.0324 - val_acc: 0.9889
Epoch 5/10
60000/60000 [==============================] - 9s 144us/step - loss:
0.0469 - acc: 0.9861 - val_loss: 0.0293 - val_acc: 0.9899
Epoch 6/10
60000/60000 [==============================] - 9s 143us/step - loss:
0.0425 - acc: 0.9879 - val_loss: 0.0287 - val_acc: 0.9905
Epoch 7/10
60000/60000 [==============================] - 9s 143us/step - loss:
0.0375 - acc: 0.9889 - val_loss: 0.0279 - val_acc: 0.9904
Epoch 8/10
60000/60000 [==============================] - 9s 143us/step - loss:
0.0335 - acc: 0.9895 - val_loss: 0.0296 - val_acc: 0.9909
Epoch 9/10
60000/60000 [==============================] - 9s 143us/step - loss:
0.0328 - acc: 0.9900 - val_loss: 0.0260 - val_acc: 0.9910
Epoch 10/10
60000/60000 [==============================] - 9s 143us/step - loss:
0.0294 - acc: 0.9913 - val_loss: 0.0287 - val_acc: 0.9911
```

使用Keras完成卷积神经网络模型的训练。

14. 训练的进程图

训练结束后，可以通过一个图表来查看训练的结果。使用前面定义的plot_loss_accuracy_graph()函数显示图表。

Input

```
import matplotlib.pyplot as plt

plot_loss_accuracy_graph(fit_record)
```

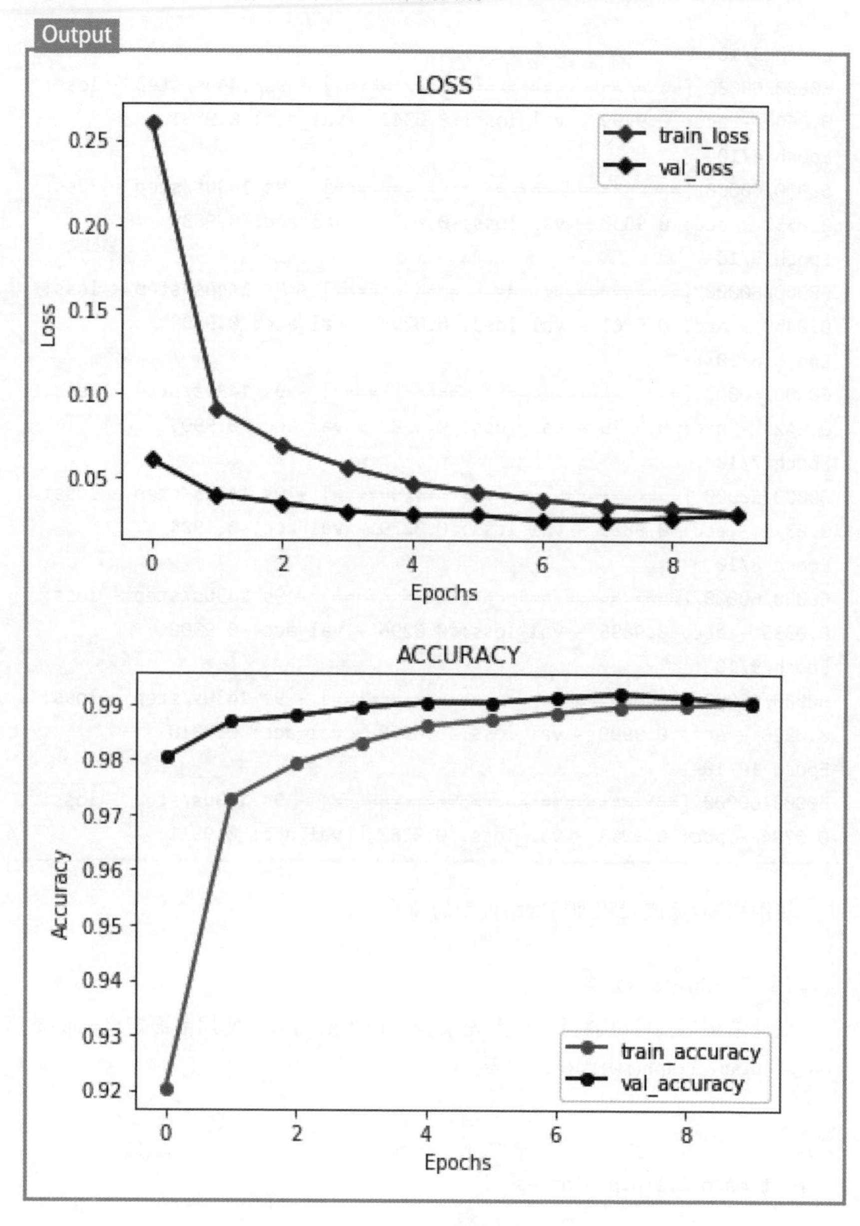

可见训练误差稳定在0.02 ~ 0.03，训练正确率接近99%。

到目前为止，我们已经在Chainer、PyTorch和Keras(TensorFlow)中执行过了MNIST数据集的机器学习。比较一下它们的结果。

15. 测试

接下来将进行测试。可在一行中完成测试模型。只需将test_data和正确教师标签数据传递给evaluate()方法，就可以使用这些数据计算误差和正确率。

Input

```
result_score = model.evaluate(test_data, test_teacher_labels, verbose=0)
```

Output

```
无
```

输出测试结果，分别输出测试误差和正确率。从“14.训练的进程图”中的图表来看，误差稳定在0.2 ~ 0.3，判断出训练正确率接近99%，这里的结果也是接近的数值。

Input

```
print('测试误差:', result_score[0])
print('测试正确率:', result_score[1])
```

Output

```
测试误差: 0.028707319681548507
测试正确率: 0.9911
```

16. 预测

首先，将测试数据传递给模型，使其进行预测。将预测结果存储在prediction_array中。

Input

```
prediction_array = model.predict(test_data)
```

Output

```
无
```

接下来，在查看预测结果prediction_array的内容之前，先定义两个函数：plot_image()和plot_teacher_labels_graph()。

请看下一个程序。首先是plot_image()函数，它传递测试数据集的数据位置（data_location：第几个）、预测的结果数组（predictions_array）、正确教师标签数据（real_teacher_labels）和数据集（dataset），并绘制图像。

Input

```
def plot_image(data_location, predictions_array, real_teacher_labels,
dataset):
    predictions_array, real_teacher_labels, img = predictions_array[data_
location], real_teacher_labels[data_location], dataset[data_location]
    plt.grid(False)
    plt.xticks([])
    plt.yticks([])

    plt.imshow(img)

    predicted_label = np.argmax(predictions_array)
    # 字符颜色：如果预测结果与实际标签匹配，则为绿色；如果不匹配，则为红色
    if predicted_label == real_teacher_labels:
        color = 'green'
    else:
        color = 'red'
    # np.max是numpy函数，它检索给定数组的最大值，并返回predictions_array
    # 的最大值
    plt.xlabel("{} {:2.0f}% ({})".format(handwritten_number_names
[predicted_label], 100 * np.max(predictions_array), handwritten_numb
er_names[real_teacher_labels]), color=color)
```

Output

```
无
```

下面是plot_teacher_labels_graph()函数，传递测试数据集的数据位置（data_location：第几个）、验证数据集和预测结果数组（predictions_array）、正确教师标签数据（real_teacher_labels），以直方图表示预测结果，如果预测正确，则为绿色；如果错误，则为红色。

Input

```
def plot_teacher_labels_graph(data_location, predictions_array, real
_teacher_labels):
    predictions_array, real_teacher_labels = predictions_array[data_
location], real_teacher_labels[data_location]
    plt.grid(False)
    plt.xticks([])
    plt.yticks([])

    thisplot = plt.bar(range(10), predictions_array, color
="#666666")
    plt.ylim([0, 1])
    predicted_label = np.argmax(predictions_array)

    thisplot[predicted_label].set_color('red')
    thisplot[real_teacher_labels].set_color('green')
```

Output

无

以下程序定义了用于将 One-Hot 向量转换为整数数组的函数 convertOneHot Vector 2 Integers()。

Input

```
def convertOneHotVector2Integers(one_hot_vector):
    return [np.where(r == 1)[0][0] for r in one_hot_vector]
```

Output

无

检查是否可以将 One-Hot 向量的教师标签数据正确转换为整数数组(仅包含 1 和 0 的向量，如下所示)。

```
0: [1,0,0,0,0,0,0,0,0,0]
1: [0,1,0,0,0,0,0,0,0,0]
2: [0,0,1,0,0,0,0,0,0,0]
3: [0,0,0,1,0,0,0,0,0,0]
4: [0,0,0,0,1,0,0,0,0,0]
```

```
5: [0,0,0,0,0,1,0,0,0,0]
…
9: [0,0,0,0,0,0,0,0,0,1]
```

通过下面的程序确定是否可以将上面描述的One-Hot向量转换为下面描述的整数向量。

```
[0 1 2 3 4 5 6 7 8 9]
```

Input

```
print(test_teacher_labels)
print(convertOneHotVector2Integers(test_teacher_labels))
```

Output

```
[[0. 0. 0. ... 1. 0. 0.]
 [0. 0. 1. ... 0. 0. 0.]
 [0. 1. 0. ... 0. 0. 0.]
 ...
 [0. 0. 0. ... 0. 0. 0.]
 [0. 0. 0. ... 0. 0. 0.]
 [0. 0. 0. ... 0. 0. 0.]]
[7, 2, 1, 0, 4, 1, 4, 9, 5, …
--- 以下省略 ---
```

现在，将使用测试数据和所有测试数据的预测结果数组查看测试结果。

有很多测试数据，这里我们来看看其中的第78条（通过改变data_location，也可以看到其他预测结果）。

Input

```
# 将测试数据转换为绘图
test_data = test_data.reshape(test_data.shape[0], IMG_ROWS, IMG_COLS)

data_location = 77
plt.figure(figsize=(6, 3))
#
plt.subplot(1, 2, 1)
plot_image(data_location, prediction_array, convertOneHotVector2Integers
(test_teacher_labels), test_data)
```

```
#
plt.subplot(1, 2, 2)
plot_teacher_labels_graph(data_location, prediction_array,
convertOneHotVector2 Integers(test_teacher_labels))
   _ = plt.xticks(range(10), handwritten_number_names, rotation=45)
```

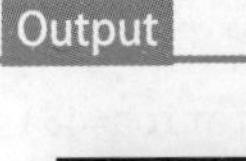

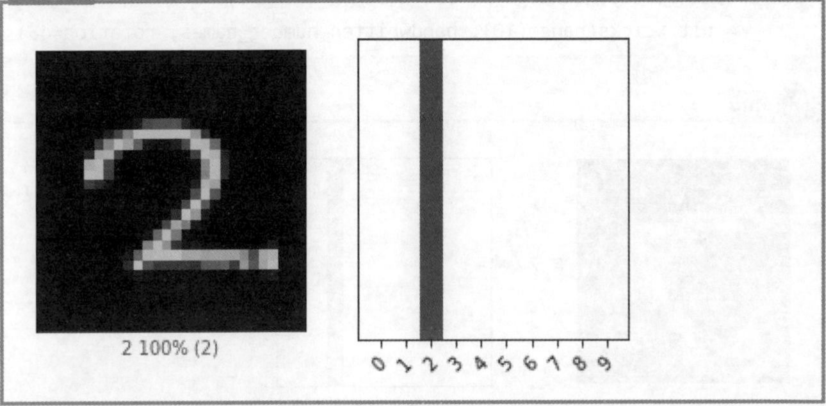

指定的数据是手写数字2。输出左下角括号中的数字是正确标签。在输出的右侧绘制直方图，在正确答案2处显示条形图。

如果结果正确，则图形显示为绿色；如果结果不正确，则图形显示为红色。现在查看多个结果。

上述程序指定了一个图像并显示出来。要显示多张图像时，就需要多个图像。下面的程序添加了一个循环。For i in range(NUM_IMAGES)：NUM_IMAGES是之前定义的，表示行和列数之积。关于NUM_IMAGES=NUM_ROWS*NUM_COLS，其中NUM_IMAGES=3×1=3张。若要增加要显示的图像数量，请尝试增加NUM_ROWS或NUM_COLS。

Input

```
NUM_ROWS = 3
NUM_COLS = 1
NUM_IMAGES = NUM_ROWS * NUM_COLS
#
plt.figure(figsize=(2 * 2 * NUM_COLS + 2, 2 * NUM_ROWS + 4))
plt.subplots_adjust(wspace=0.4, hspace=0.4)
for i in range(NUM_IMAGES):
```

```
    #
    plt.subplot(NUM_ROWS, 2 * NUM_COLS, 2 * i + 1)
    plot_image(i, prediction_array, convertOneHotVector2Integers(test
_teacher_labels), test_data)
    #
    plt.subplot(NUM_ROWS, 2 * NUM_COLS, 2 * i + 2)
    plot_teacher_labels_graph(i, prediction_array,
convertOneHotVector2Integers(test_teacher_labels))
    _ = plt.xticks(range(10), handwritten_number_names, rotation=45)
```

Output

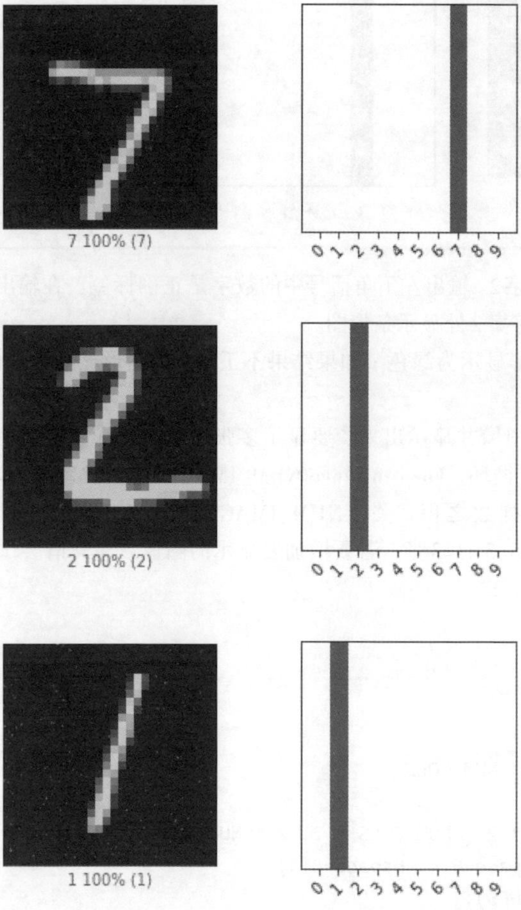

7 100% (7)

2 100% (2)

1 100% (1)

每个图像的预测结果和正确答案都显示出来了，结果一目了然。可以尝试增加要显示的图像数，这样一来，其中肯定就会出现不正确的例子。

接下来，只准备一个数据（手写数字的图像），然后进行预测。

Input

```
# 显示测试数据中的图像
img = test_data[data_location]
print(img.shape)
```

Output

```
(28, 28)
```

Input

```
plt.imshow(img)
```

Output

```
<matplotlib.image.AxesImage at 0x7f2b01e69e48>
```

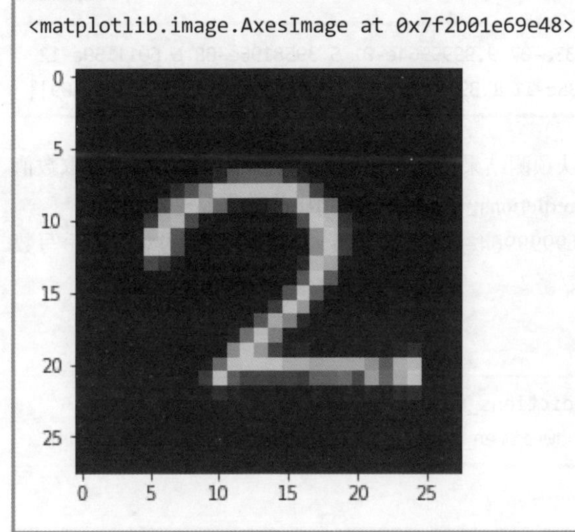

接下来，将数据传递给模型进行预测，model.predict()方法所期望的数据是和训练时一样（训练时是60000，测试时是10000）的数据数组。因为这次是一张图像，所以需要将它转换成元素只有1的数组以适应训练时的输入数据格式。转换为np.expand_dims(img，0)。

Input

```
img = (np.expand_dims(img, 0))
img = img.reshape(1, IMG_ROWS, IMG_COLS, 1)
print(img.shape)
```

Output

```
(1, 28, 28, 1)
```

将转换后的图像文件传递给model.predict()，以便模型预测。预测结果存储在数组中，其内容是每个类（数字0～9）的概率。

Input

```
predictions_result_array = model.predict(img)

print(predictions_result_array)
```

Output

```
[[5.8398939e-08 1.4993533e-07 9.9999964e-01 5.3958196e-08 6.6011159e-12
  3.7171599e-10 2.5206635e-11 1.3978895e-07 7.5397573e-09 9.5513109e-09]]
```

使用np.argmax()方法从预测结果数组predictions_result_array[0]中提取数值最大的，即为预测结果。predictions_result_array[0]中的数据是一维数组。

输出的第3个数字是9.9999964e-01，这是最大的数字。因为对应的手写数字是0～9，所以是第3个数字2。

Input

```
number = np.argmax(predictions_result_array[0])
print('预测结果：', handwritten_number_names[number])
```

Output

```
预测结果：2
```

17. 保存预训练模型

在Colaboratory中保存已训练的模型，以便可以在Raspberry Pi中使用到目前为止的预训练模型(HDF5文件)。扩展名为".h5", HDF是Hierarchical Data Format的缩写，意思是处理大量分层复杂数据集的文件格式。

经过训练的模型非常适合HDF5文件格式，因为每个图层都有大量的参数和复杂的配置。

Input
```
model.save('keras-mnist-model.h5')
```

Output
```
无
```

18. 检查已保存的文件

使用ls命令检查文件是否已创建。

Input
```
ls
```

Output
```
keras-mnist-model.h5   sample_data/
```

已检查keras-mnist-model.h5。既然可以顺利地保存训练过的模型(或称为预训练模型)，请下载keras-mnist-model.h5并将其移至Raspberry Pi中进行操作。

19. 下载预训练模型

要下载已训练的文件，请参阅4.6节中的操作。如果已在4.6节中进行了上述操作，则不需要身份验证过程即可访问Google云端硬盘，除非这期间重新启动过。

接下来的内容将在Raspberry Pi中操作。

20. 通过Raspberry Pi进行手写数字与字符识别

下面是Raspberry Pi的操作。关于识别手写数字，就像Chainer在4.5节中的操作一样。

功能相同，但服务器上使用的深度学习框架和预训练模型不同。软件动作画面如图5-1-3所示。

▼图5-1-3　Keras程序中手写字符识别的界面

与本次练习相关的文件有以下4个。

- static/js/app.js（通用）
- app.py（通用）
- templates/keras.html
- keras_mnist/kerasPredict.py

因为通用的部分很多，所以在此仅摘录一部分进行解说。请参阅4.5节的练习教程进行操作。那么，先从服务器端的程序开始。

服务器端的预测程序如下。

```
# -*- coding: utf-8 -*-
# ---------------------------------------------------------------------------
#
#
import os

import numpy as np
from keras import backend as Keras
from keras.models import load_model

# ---------------------------------------------------------------------------
```

```
#
Keras.clear_session()
# 已训练的模型
keras_mnist_model = load_model(
    os.path.abspath(os.path.dirname(__file__)) + '/keras-mnist-model.h5')

keras_mnist_model._make_predict_function()
keras_mnist_model.summary()
print('Keras MNIST model is loaded.')


def result(input_data):
    input_data = np.expand_dims(input_data, axis=0)
    input_data = input_data.reshape(input_data.shape[0], 28, 28, 1)
    result = np.argmax(keras_mnist_model.predict(input_data))
    return int(result)
```

该程序非常简单。与4.5节中Chainer的情况不同，Raspberry Pi端的程序不需要具有模型类别的定义。Keras的工作原理是：当程序保存模型时，模型的结构也会一起保存。当使用load_model()函数时，可以使用该模型文件来重建神经网络的结构及训练后的权重。因此，这次在Raspberry Pi方面，不需要定义神经网络结构的类。

该方法简化了应用阶段中使用预训练模型的工作。

其他过程与Chainer和MNIST在4.5节中的手写数字识别过程大致相同。将手写数字发送到服务器和对图像进行预处理也是通用的，请确认程序。

需要比较的是，Chainer中模型判断之前和Keras中模型判断之前的数据预处理是不同的。这是因为输入模型的数据格式不同。

▶5.1.3 总结

Keras的编程方式给人一种非常直观的印象。另外，从保存的模型文件中，不仅可以重建训练过的加权数据，还可以重建神经网络的结构，这一点非常难得。

与第4章的Chainer和PyTorch练习一样，通过使用MNIST数据集，可以比较3个深度学习框架的使用方法。可以在这里停一停，回看3个框架的基本架构方法。

5.2 中级学习

TensorFlow+FashionMNIST的Fashion识别

约120分钟

Colaboratory

在以前的练习中，可以通过Keras/TensorFlow学习MNIST数据，并在网络应用程序中实现手写字符识别。

在本次练习中，数据的格式完全相同，但使用的是FashionMNIST数据集，其内容是服装等小尺寸的灰度图像数据。通过它来加深对TensorFlow用法的理解。

需要准备的环境和工具

- Colaboratory
- Keras/TensorFlow
- Fashion MNIST数据集

本次练习的目的

- 了解Fashion MNIST数据集
- 加深对Keras和TensorFlow用法的理解

5.2.1 Fashion MNIST简介

Fashion MNIST是一个数据集，简单地说，它的格式类似于MNIST，但它不是手写数字，而是灰度的衬衫、鞋子和其他照片（有关MNIST的更多信息，请参阅4.5节）。

与MNIST一样，Fashion MNIST数据集是服装和鞋子的图像，它们都是28×28像素的灰度图像，784维数据，由10个类别的数据组成：T-shirt/top、Trouser、Pullover、Dress、Coat、Sandal、Shirt、Sneaker、Bag和Ankle boot。包含70000个Fashion数据（衬衫、鞋子等）。可以直接替代MNIST数据集进行使用。

在Keras中，可以轻松获取和使用Fashion MNIST数据。

下面看一下Fashion MNIST的内容（目前是在Colaboratory中运行）。

1. TensorFlow的版本

导入所需的软件包，查看TensorFlow版本。

Input

```
import matplotlib.pyplot as plt
import numpy as np
```

```
# 导入TensorFlow和Keras
import tensorflow as tf

print(tf.__version__)
```

Output

```
1.12.0
```

本书写作时TensorFlow的版本为1.12.0，但在读到此处时，版本可能已经改变了。

2. 获取Fashion MNIST数据

首先导入Keras，因为将要使用Keras，与上一次练习相同。

Input

```
import keras
```

Output

```
Using TensorFlow backend.
```

接下来，从Keras数据集获取Fashion MNIST数据。

Input

```
fashion_mnist = keras.datasets.fashion_mnist

(train_data, train_teacher_labels), (test_data, test_teacher_labels)
= fashion_mnist.load_data()
```

Output

```
省略
```

在获取数据的同时，将数据分为训练数据（train_data）和测试数据（test_data）以及各自的教师标签数据（train_teacher_labels，test_teacher_labels），并存储在各自的变量中。

数据以NumPy的ndarray形式返回。因此不用加工和变换，可以马上进行各种处理。

fashion_names 程序稍后将用于绘制图形，定义如下。

Input

```
fashion_names = ['T-shirt/top', 'Trouser', 'Pullover', 'Dress', 'Coat',
                 'Sandal', 'Shirt', 'Sneaker', 'Bag', 'Ankle boot']
```

Output

```
无
```

3. 查看数据集

到目前为止，已经将训练数据存储在变量中，来看看其中的内容。

Input

```
train_data.shape
```

Output

```
(60000, 28, 28)
```

与MNIST相同，尺寸为(60000,28,28)，即60000个数据(图像)，大小为28×28像素。下面的程序使用len()函数获取元素的数量。train_teacher_labels、test_teacher_labels是一维数组，所以len()函数更简单。如上所述，使用shape属性也可以，但数量相同。

Input

```
len(train_teacher_labels)
```

Output

```
60000
```

当然，数量是一样的。训练数据中教师标签数据的数量为60000个。

4. 检查测试数据

接下来，看一下用于测试的数据内容。

Input

```
test_data.shape
```

Output

```
(10000, 28, 28)
```

相对于训练用的60000个数据，配套有10000个测试数据。

Input

```
len(test_teacher_labels)
```

Output

```
10000
```

用于测试的数据有10000个教师标签数据。接下来，我们将绘制图像数据。

Input

```
plt.figure()
plt.imshow(train_data[3], cmap='inferno')
plt.colorbar()
plt.grid(False)
```

Output

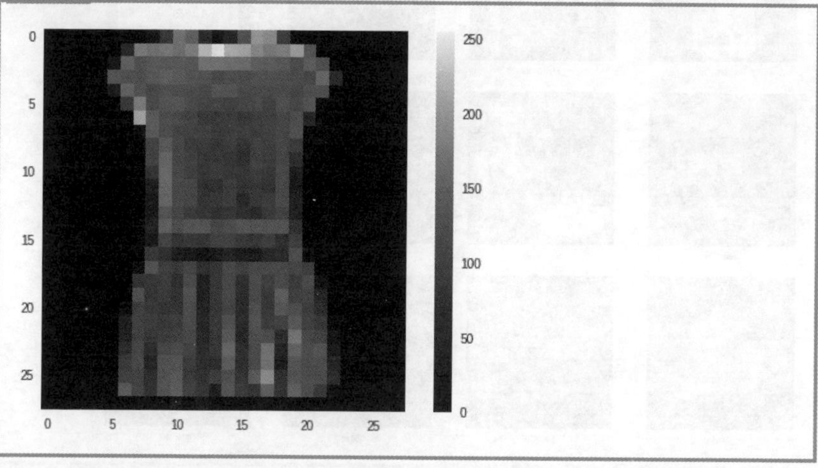

因为是28×28像素，所以分辨率很低，不过，总能感觉图片中是裙子。

5. 绘制数据集的一部分

接下来，将绘制多张图片进行观察。在下面的程序中绘制16个图像。

Input

```
plt.figure(figsize=(12, 12))
for i in range(16):
    plt.subplot(4, 4, i + 1)
    plt.xticks([])
    plt.yticks([])
    plt.grid(False)
    plt.imshow(train_data[i], cmap='inferno')
    plt.xlabel(fashion_names[train_teacher_labels[i]])
```

Output

可以看到运动鞋、高跟鞋、凉鞋等。另外，还确认了毛衣、T恤之类的衣服。现在已经了解了Fashion MNIST数据集的内容，下面开始机器学习阶段的练习。

▶5.2.2　操作办法

现在，已经了解了Fashion MNIST数据集的内容，我们将按照5.1节中的内容进行必要的设置。

1. 设置

预先设置小批量的大小、类（类型）的数量、学习次数、图像大小等。在这里，应该设置小批量学习时的批量大小、类别数（T恤等类型），以及显示图像时的行数和列数。

Input

```
BATCH_SIZE = 128
NUM_CLASSES = 10
EPOCHS = 20

IMG_ROWS, IMG_COLS = 28, 28
```

Output

```
无
```

2. 结合训练模型进行数据调整

从Keras获取的数据是numpy数组，但数据的类型是uint8（8位编码整数）。要传递给训练模型，需要转换数据格式。

首先，将uint8（8位编码整数）转换为float32（32位浮点数）。然后，除以255可得出小数。astype()函数用来转换数组所有元素的数据类型。

Input

```
train_data = train_data.astype('float32')
test_data = test_data.astype('float32')
```

Output

```
无
```

由于数据集中的数据最初是分布在0 ~ 255的值，因此需要将这些数据转换为分布在0 ~ 1.0的值。

通过将其值除以255，结果分布在0 ~ 1.0。

这个过程在训练数据和测试数据中都必须这样做。

Input

```
train_data /= 255
test_data /= 255
```

Output

```
无
```

然后检查数据的形状。

Input

```
print('训练数据train_data shape:', train_data.shape)
print(train_data.shape[0], '对样本进行训练')
print('测试数据test_data shape:', train_data.shape)
print(test_data.shape[0], '对样本进行测试')
```

Output

```
训练数据train_data shape: (60000, 28, 28)
60000 对样本进行训练
测试数据test_data shape: (60000, 28, 28)
10000 对样本进行测试
```

当然，数据集数组的形状和数量是一样的，尽管已经转换了数据类型和数值。

3. 构建训练模型

定义模型，类似于5.1节中的操作。首先导入所需的模块。Dense是全连接层的类；Flatten具有平滑输入的作用；Adam是一种优化算法。

Input

```
from keras.models import Sequential
from keras.layers import Dense, Flatten
from keras.optimizers import Adam
```

Output

```
无
```

下面用示意图表示出程序中的输入层(784)、中间层(128)和输出层(10)(见图5-2-1)。

▼图5-2-1 本次练习中的神经网络的输入/输出

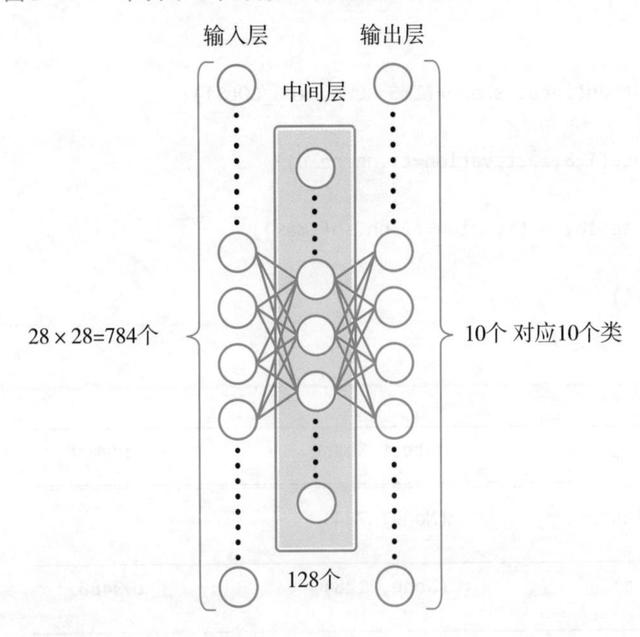

● 输入层

一张图像以28×28像素表示。将此二维数组转换为784个数据的一维数组。本次定义的神经网络输入层的神经元(感知器)为784个。想象一下平面像素垂直排列成一列的图像(见图5-2-1)。

● 中间层

中间层为全连接层(fully connected layer)。输入128个神经元，激活函数使用ReLU。在这次的程序中，把中间层的神经元数量定为128个，当然这里也可以自由设置，如64个、600个、2000个都是可以的。另外，本次的中间层为一层，但根据需要也可以进一步增加层的数量，这一部分没有特别的标准。层次的数量、中间层的神经元数量等会影响学习的时间、效率和结果，所以找出其中最合适的、最有效的组合也是作为一名AI工程师的工作。

● 输出层

这是最后的10个输出，分别与10个类相对应，输出每个类的概率。激活函数使用Softmax。这里的神经元数量通常与实际要分类的类别数量相匹配。这次有T恤等10种数据，所以定为10。

Input

```
model = Sequential()

# 输入层
model.add(Flatten(input_shape=(IMG_ROWS, IMG_COLS)))
# 中间层
model.add(Dense(128, activation=tf.nn.relu))
# 输出层
model.add(Dense(10, activation=tf.nn.softmax))

model.summary()
```

Output

```
_________________________________________________________________
Layer (type)                 Output Shape              Param #
=================================================================
flatten_1 (Flatten)          (None, 784)               0
_________________________________________________________________
dense_1 (Dense)              (None, 128)               100480
_________________________________________________________________
dense_2 (Dense)              (None, 10)                1290
=================================================================
Total params: 101,770
Trainable params: 101,770
Non-trainable params: 0
_________________________________________________________________
```

查看summary中的Output Shape列，第一个输入层的神经元数量为784个，中间层神经元数量为128个，另外，输出层有10个神经元。这是图5-2-1的含义。

与5.1节的内容比较一下就知道，用于机器学习的神经网络结构是不同的。下面尝试两个练习，改造每个神经网络的结构。例如，试着再增加一个中间层，或者增加中间层神经元的数量等，然后观察对结果有何影响。

4. 编译模型

在开始训练模型之前，有必要使用编译方法设置训练过程。这里的编译是初始化模型的图像。

- 优化算法（optimizer）
- 损失函数（loss）
- 评估函数的列表（metrics）

有关详细信息，请参阅5.1节。

Input

```
model.compile(optimizer=Adam(),
              loss='sparse_categorical_crossentropy',
              metrics=['accuracy'])
```

Output

```
无
```

以下程序中的plot_loss_accuracy_graph()函数是把学习误差和正确率绘制成图的函数。有关详细信息，请参阅5.1节。

Input

```
def plot_loss_accuracy_graph(fit_record):
    # 用蓝线绘制错误历史记录，用黑线绘制测试错误
    plt.plot(fit_record.history['loss'], "-D", color="blue",
label="train_loss", linewidth=2)
    plt.plot(fit_record.history['val_loss'], "-D", color="black",
label="val_loss", linewidth=2)
    plt.title('LOSS')
    plt.xlabel('Epochs')
    plt.ylabel('Loss')
    plt.legend(loc='upper right')
    plt.show()

    # 用绿线绘制精度历史记录，用黑线绘制测试精度
    plt.plot(fit_record.history['acc'], "-o", color="green",
label="train_accuracy", linewidth=2)
    plt.plot(fit_record.history['val_acc'], "-o", color="black",
```

```
label="val_accuracy", linewidth=2)
    plt.title('ACCURACY')
    plt.xlabel('Epochs')
    plt.ylabel('Accuracy')
    plt.legend(loc="lower right")
    plt.show()
```

Output

```
无
```

5. 训练

只要将所需的数据和设置传递给 fit() 方法即可。

Input

```
print('反复学习次数：', EPOCHS)
fit_record = model.fit(train_data, train_teacher_labels,
                       batch_size=BATCH_SIZE,
                       epochs=EPOCHS,
                       verbose=1,
                       validation_data=(test_data, test_teacher_labels))
```

Output

```
反复学习次数： 20
WARNING:tensorflow:From /usr/local/lib/python3.6/dist-packages/
tensorflow/python/ops/math_ops.py:3066: to_int32 (from tensorflow.python.
ops.math_ops) is deprecated and will be removed in a future version.
Instructions for updating:
Use tf.cast instead.
Train on 60000 samples, validate on 10000 samples
Epoch 1/20
60000/60000 [==============================] - 3s 48us/step - loss:
0.5608 - acc: 0.8075 - val_loss: 0.4671 - val_acc: 0.8361
Epoch 2/20
60000/60000 [==============================] - 2s 34us/step - loss:
0.4036 - acc: 0.8587 - val_loss: 0.4163 - val_acc: 0.8578
Epoch 3/20
60000/60000 [==============================] - 2s 35us/step - los
 --- 以下省略 ---
```

学习次数为 20 次，基本在 1min 内完成。

6. 训练进程的图表

使用先前定义的函数绘制学习误差和学习正确率的图表。

Input

```
plot_loss_accuracy_graph(fit_record)
```

Output

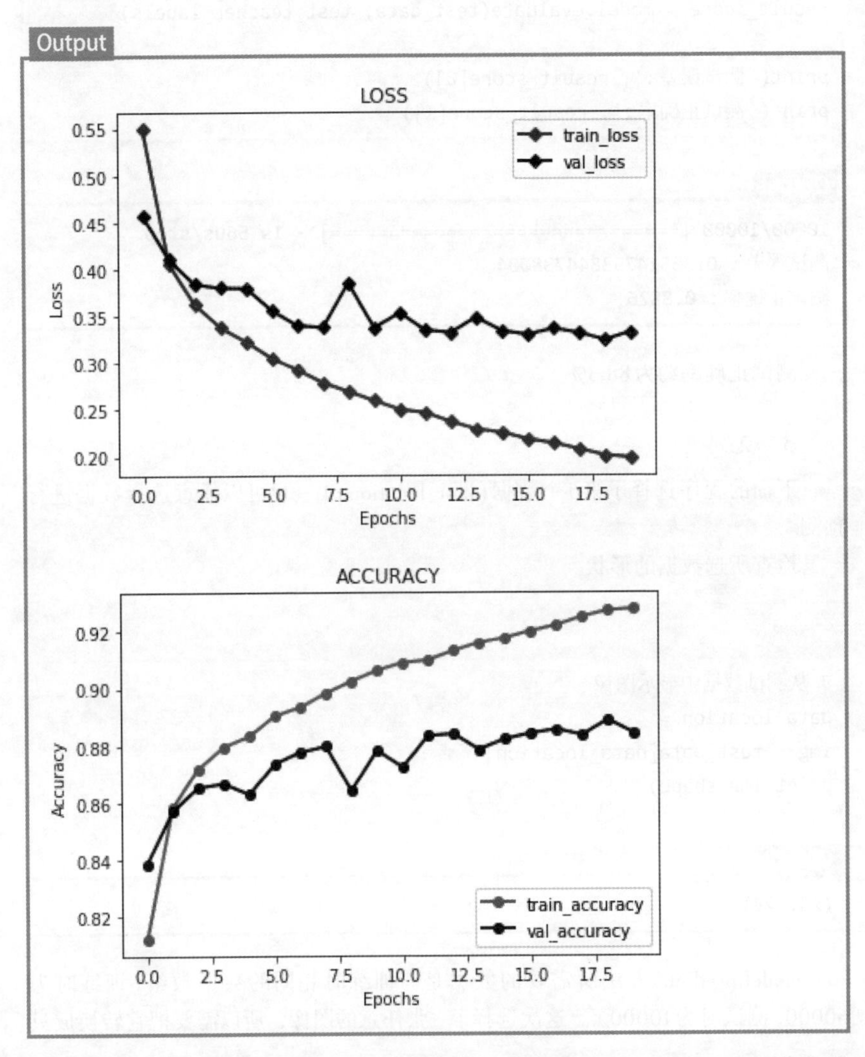

7. 测试

使用model.evaluate()方法进行测试。只需将test_data和正确教师标签数据传递给evaluate()方法，就可以使用这些数据来计算图像的误差和正确率。结果存储在result_score中。执行evaluate()的结果是：误差在result_score[0]中，正确率在result_score[1]中，可以分别输出。

Input

```
result_score = model.evaluate(test_data, test_teacher_labels)

print('测试误差:', result_score[0])
print('测试正确率:', result_score[1])
```

Output

```
10000/10000 [==============================] - 1s 56us/step
测试误差: 0.33514753844738004
测试正确率: 0.8826
```

测试正确率约为88.3%。

8. 预测

下面的程序选择了第5个数据(data_location=4)。也可以任意选择数据进行预测。

检查所选数据的形状。

Input

```
# 从测试数据中显示图像
data_location = 4
img = test_data[data_location]
print(img.shape)
```

Output

```
(28, 28)
```

model.predict()方法所需要的数据是与训练时相同的数据数组(训练时为60000，测试时为10000)。这次选择了一张任意的图像，所以需要把它转换成只有一个元素的数组。它的转换代码为np.expand_dims(img，0) 。

Input

```
img = (np.expand_dims(img, 0))
print(img.shape)
```

Output

```
(1, 28, 28)
```


数据的形状已从(28,28)变为(1,28,28)。第一个1意味着它是只有一个元素的数组。这样才能在model.predict()中正确处理。按原样是28×28的数据，但是没有形成“数组”。model.predict()只接受数组。为此，我们将其转换成数组。但是要明白它只包含一个数据。

Input

```
predictions_result_array = model.predict(img)
print(predictions_result_array)
```

Output

```
[[1.4569540e-01 4.7004029e-08 2.4700942e-03 9.9761109e-04 4.5608971e-04
  2.2974971e-08 8.5037339e-01 5.0583530e-12 7.4235591e-06 7.6162001e-09]]
```

对于此图像，预测结果数组如上面的输出所示。数字表示10个类(T-shirt/top、Trouser、Pullover、Dress、Coat、Sandal、Shirt、Sneaker、Bag、Ankle boot)中的最大可能性。

下面的程序使用np.argmax()方法从数组中获取最大的数值。获得最大值的方法是从10个类中提取最可能的类名数值。

使用该数值从fashion_names中检索并显示相应的名称。

Input

```
number = np.argmax(predictions_result_array[0])
print('预测结果：', fashion_names[number])
```

Output

```
预测结果：Shirt
```

这里的预测结果是Shirt。在这里暂时省略它，先查看图像。

9. 保存预训练模型

然后保存预训练模型（HDF5文件），扩展名为“.h5”。本次练习因为使用预训练模型，所以没有后续工作，但如果想移植其他已学习的模型，请在下面的程序中下载。

Input

```
model.save('keras-fashion-mnist-model.h5')
```

Output

```
无
```

▶ 5.2.3 总结

即使进行了20个纪元的学习，其学习正确率仍仅为88%，略低于4.5节中手写的MNIST学习正确率（注意每次执行程序时，结果值都会有所波动变化）。

原因是什么?

相同的10个类数量，相同的28×28图像数据，但是Fashion MNIST数字具有更多的复杂性。为了了解其特性，可以考虑采取一些措施，如增加训练数据或增加神经网络的层。

同样，本练习和5.1节中的练习具有不同的训练模型结构（例如，5.1节中的练习具有两个dropout层）。

通过查看在两个练习中的model.summary()可以发现，模型的设计也会影响训练结果。model.summary()是按顺序显示从输入层到输出层的每一层的内容，几乎与程序员定义的模型中的内容相同。每层的内容如下。

- Layer(type)：层的类型。
- Output：如果输出为None，则与下一层的输入相同。
- Shape：神经元的数量。
- Param：要学习的参数数量。

通过改变模型的形状来确认训练的正确率和结果的变化，将有助于加深对深度学习模型的理解。

5.3 中级学习

基于TensorFlow的花卉识别网络应用程序

约60分钟 + 约60分钟

Colaboratory + Raspberry Pi

通过5.1节和5.2节操作练习中的MNIST手写数据集和Fashion MNIST数据集，你是否已经习惯了使用TensorFlow和Keras？

在本次练习中，将根据到目前为止学到的知识，制作网络应用程序。上传花卉图片并识别花卉。

在练习的前半部分，让机器学习识别手绘花卉。

在练习的后半部分，将使用4.6节介绍过的上传图片文件的功能，通过机器学习识别花卉的照片。

就像Chainer的练习一样，训练是在Colaboratory中完成的，将训练到的模型复制到Raspberry Pi，然后在Raspberry Pi中实现Web应用程序。

需要准备的环境和工具

- TensorFlow
- 花卉数据
- Colaboratory

本次练习的目的

- 了解迁移学习
- 了解如何制作手绘花卉识别网络应用程序
- 了解如何上传和识别花卉的照片

▶5.3.1 retrain（迁移学习）简介

在本次练习中，不需要构建机器学习神经网络，而是使用样本数据，通过使用现有模型进行“迁移学习”（retrain）来创建学习模型。这比从开始就构建模型和调整参数更有效，而且所需的训练数据更少。

在Colaboratory中执行以下步骤。

1. 下载花卉数据集

获取TensorFlow的样例数据。

Input

```
!curl -LO http://download.tensorflow.org/example_images/flower_photos.tgz
```

Output

```
% Total   % Received % Xferd  Average Speed  Time   Time   Time  Current
                              Dload  Upload  Total  Spent  Left  Speed
100  218M  100  218M   0     0   106M     0  0:00:02  0:00:02 --:--:-- 106M
```

2. 解压缩花卉数据集

解压缩下载的压缩数据。

Input

```
!tar xzf flower_photos.tgz
```

Output

```
无
```

3. 获取训练(retrain)程序

下载TensorFlow的示例代码(image_retraining.py)。

Input

```
!curl -LO https://github.com/tensorflow/hub/raw/master/examples/imag
e_retraining/retrain.py
```

Output

```
% Total   % Received % Xferd  Average Speed   Time    Time     Time  Current
                              Dload  Upload   Total   Spent    Left  Speed
100   158    0   158    0     0   774      0 --:--:-- --:--:-- --:--:--   774
100 54688  100 54688    0     0  140k      0 --:--:-- --:--:-- --:--:--  140k
```

4. 检查文件夹内容

下载完成后，检查文件夹。

Input

```
ls
```

Output

```
flower_photos/  flower_photos.tgz  retrain.py  sample_data/
```

flower_photos.tgz 和 retrain.py 是下载的文件。flower_photos 是一个解压的文件夹，在这个文件夹里，有大量解压后的花卉照片。

名为 retrain.py 的 Python 文件是刚才下载的迁移学习程序。简单地说，迁移学习就是将已经在不同类别中使用的模型直接利用在不同类别中进行学习。在以后的说明中，没有像 5.1 节和 5.2 节中那样的模型定义作业，而是直接利用现有的学习程序进入学习过程。

接下来，检查 flower_photos。

Input

```
ls flower_photos
```

Output

```
daisy/  dandelion/  LICENSE.txt  roses/  sunflowers/  tulips/
```

在输出中，可以看到 5 种花卉的文件夹。每个文件夹里都有和文件夹名对应的花卉的照片文件。此文件夹的名称很重要，它将成为本次学习的教师标签。

- daisy/（雏菊）
- dandelion/（蒲公英）
- roses/（玫瑰）
- sunflowers/（向日葵）
- tulips/（郁金香）

▶5.3.2 操作办法

本次练习的前半部分，也就是直到机器学习处理，都在 Colaboratory 中进行。

1. 开始迁移学习

这是最耗时的步骤（使用 GPU，大约需要 10min）。建议尽可能使用 GPU。

从 Colaboratory 菜单的“編集”（编辑）→“ノートブックの設定”（笔记本设置）→“ハードウェアアクセラレーター”（硬件加速器）下拉菜单中选择 GPU 选项进行配置。有关详细说明，请参阅 2.3 节。

Input

```
!python retrain.py --image_dir ./flower_photos
```

Output

```
INFO:tensorflow:Looking for images in 'daisy'
INFO:tensorflow:Looking for images in 'dandelion'
INFO:tensorflow:Looking for images in 'roses'
INFO:tensorflow:Looking for images in 'sunflowers'
INFO:tensorflow:Looking for images in 'tulips'
INFO:tensorflow:Using /tmp/tfhub_modules to cache modules.
INFO:tensorflow:Downloading TF-Hub Module 'https://tfhub.dev/google/
imagenet/inception_v3/feature_vector/1'.
INFO:tensorflow:Downloaded
--- 以下省略 ---
```

完成这一步后，迁移学习结束。结果是两个文件，稍后说明。

2. 查看训练结果

训练结果存储在/tmp文件夹中，下面浏览该文件夹。

Input

```
cd /
```

Output

```
/
```

由于预训练模型是在tmp文件夹中创建的，所以看一下tmp文件夹的列表。

Input

```
ls tmp
```

Output

```
bottleneck/                                   _retrain_checkpoint.index
checkpoint                                    _retrain_checkpoint.meta
output_graph.pb                               retrain_logs/
output_labels.txt                             tfhub_modules/
_retrain_checkpoint.data-00000-of-00001
```

输出中显示的两个文件为output_graph.pb和output_labels.txt。

这是本次学习的结果。output_lables.txt只是花的名称列表。

然后，将把这两个文件复制到Raspberry Pi，并在花卉识别的网络应用程序中使用。

3. 下载预测程序

然后下载名为label_image.py的程序，命令如下。此程序是TensorFlow的示例代码，可以直接用来测试。

使用curl或wget命令下载。

Input

```
!curl -LO https://github.com/tensorflow/tensorflow/raw/master/tensor
flow/examples/label_image/label_image.py
```

Output

```
% Total    % Received % Xferd  Average Speed   Time    Time     Time  Current
                               Dload  Upload   Total   Spent    Left  Speed
100   175  100   175    0     0    883      0 --:--:-- --:--:-- --:--:--   883
100  4707  100  4707    0     0  14050      0 --:--:-- --:--:-- --:--:-- 14050
```

4. 进行测试

随机选择一个图像文件进行测试。首先，导航到根目录下的content文件夹。content文件夹是在Colaboratory中工作的默认文件夹。

Input

```
cd /content
```

Output

```
/content
```

例如，查看roses文件夹下的文件列表。

Input

```
ls flower_photos/roses
```

Output

```
10090824183_d02c613f10_m.jpg  3494252600_29f26e3ff0_n.jpg
102501987_3cdb8e5394_n.jpg    3500121696_5b6a69effb_n.jpg
10503217854_e66a804309.jpg    3526860692_4c551191b1_m.jpg
10894627425_ec76bbc757_n.jpg  353897245_5453f35a8e.jpg
110472418_87b6a3aa98_m.jpg    3550491463_3eb092054c_m.jpg
11102341464_508d558dfc_n.jpg  3554620445_082dd0bec4_n.jpg
11233672494_d8bf0a3dbf_n.jpg  3556123230_936bf084a5_n.jpg
---以下省略---
```

可以看到这里存储了许多图像(jpg)文件。

让机器学习预测其中的任意图片是什么花[当然，我们是知道答案的——这是“玫瑰”(roses)，因为就是从“玫瑰”(roses)的文件夹中选择的文件]。

label_image.py需要5个参数。

下面看一下程序的输入参数。

- “--graph”是训练过的模型文件的位置，在此设置为/tmp/output_graph.pb(如果训练过的文件在另一个目录中，则相应地设置)。
- “--labels”是已训练模型的标签(正确教师数据)的位置，在此设置为/tmp/output_labels.txt(如果也位于另一个目录中，则进行相应的设置)。
- “--input_layer”在此设置为Placeholder。
- “--output_layer”设置为final_result。
- “--image”是想要预测的图像所在的位置。

在这里，将文件的位置设置为./flower_photos/roses/3556123230_936bf084a5_n.jpg(注意，指定从当前目录到文件的路径时如果错误，程序将出错)。

执行命令后，将在输出中显示结果。

请注意输出的最后5行，预测结果将会出现在那里。

Input

```
!python label_image.py \
--graph=/tmp/output_graph.pb --labels=/tmp/output_labels.txt \
--input_layer=Placeholder \
--output_layer=final_result \
--image=./flower_photos/roses/3556123230_936bf084a5_n.jpg
```

Output

```
2019-01-17 07:14:10.254184: I tensorflow/stream_executor/cuda/cuda_g
pu_executor.cc:964] successful NUMA node read from SysFS had negativ
e value (-1), but there must be at least one NUMA node, so returning
NUMA node zero
2019-01-17 07:14:10.254614: I tensorflow/core/common_runtime/gpu/gp
u_device.cc:1432] Found device 0 with properties:
name: Tesla K80 major: 3 minor: 7 memoryClockRate(GHz): 0.8235
pciBusID: 0000:00:04.0
totalMemory: 11.17GiB freeMemory: 11.10GiB
2019-01-17 07:14:10.254657: I tensorflow/core/common_runtime/gpu/gp
u_device.cc:1511] Adding visible gpu devices: 0
2019-01-17 07:14:10.558301: I tensorflow/core/common_runtime/gpu/gp
u_device.cc:982] Device interconnect StreamExecutor with strength 1
edge matrix:
2019-01-17 07:14:10.558434: I tensorflow/core/common_runtime/gpu/gp
u_device.cc:988]      0
2019-01-17 07:14:10.558472: I tensorflow/core/common_runtime/gpu/gp
u_device.cc:1001] 0:   N
2019-01-17 07:14:10.559033: W tensorflow/core/common_runtime/gpu/gp
u_bfc_allocator.cc:42] Overriding allow_growth setting because the
TF_FORCE_GPU_ALLOW_GROWTH environment variable is set. Original conf
ig value was 0.
2019-01-17 07:14:10.559232: I tensorflow/core/common_runtime/gpu/gpu_d
evice.cc:1115] Created TensorFlow device (/job:localhost/replica:0/tas
k:0/device:GPU:0 with 10758 MB memory) -> physical GPU (device: 0, nam
e: Tesla K80, pci bus id: 0000:00:04.0, compute capability: 3.7)
2019-01-17 07:14:10.587484: I tensorflow/core/common_runtime/gpu/gp
u_device.cc:1511] Adding visible gpu devices: 0
2019-01-17 07:14:10.587556: I tensorflow/core/common_runtime/gpu/gp
u_device.cc:982] Device interconnect StreamExecutor with strength 1
edge matrix:
2019-01-17 07:14:10.587585: I tensorflow/core/common_runtime/gpu/gp
u_device.cc:988]      0
2019-01-17 07:14:10.587608: I tensorflow/core/common_runtime/gpu/gp
u_device.cc:1001] 0:   N
2019-01-17 07:14:10.587859: I tensorflow/core/common_runtime/gpu/gpu_d
evice.cc:1115] Created TensorFlow device (/job:localhost/replica:0/tas
```

```
k:0/device:GPU:0 with 10758 MB memory) -> physical GPU (device: 0, nam
e: Tesla K80, pci bus id: 0000:00:04.0, compute capability: 3.7)
roses 0.9416593
daisy 0.04434164
dandelion 0.006807862
tulips 0.0041018818
sunflowers 0.003089309
```

roses的预测结果值最大，为0.94，所以判定为玫瑰。

5. 上传花卉照片进行测试

在前面的测试中，测试用的照片也是机器学习过程中使用的照片数据。接下来，我们将另一张任意花卉的照片（如自己拍的照片）上传到Colaboratory，测试它是否能准确识别。

按如下方式上传文件。

Input

```
from google.colab import files
uploaded=files.upload()
```

Output

```
无
```

输入上述内容并运行后，输出中会出现“ファイル選択”（选择文件）的按钮，选择预先准备好的花卉照片上传。

在下面的程序中，使用提供的照片的路径“--image”来运行程序。像在测试中一样，程序可以预测图像。

Input

```
!python label_image.py \
--graph=/tmp/output_graph.pb --labels=/tmp/output_labels.txt \
--input_layer=Placeholder \
--output_layer=final_result \
--image=「这里是读者上传照片的路径」
```

Output

省略

上传的照片被正确识别了吗? 笔者这里以相当高的精度对花卉进行了识别(当然是本次学习的5种之一)。

这也可以说是完成了预训练模型的“行为检查”。将该训练过的模型从Colaboratory复制到Raspberry Pi。

6. 下载已训练的文件

下载以下文件，程序如下。

output_graph.pb
output_labels.txt

Input

```
from google.colab import files
files.download('/tmp/output_graph.pb')
```

Output

无

Input

```
from google.colab import files
files.download('/tmp/output_labels.txt')
```

Output

无

这次，预训练模型是两个文件。

7. 在Raspberry Pi中准备手绘输入部分

从这里开始，将在Raspberry Pi端工作。将先前下载的文件复制到Raspberry Pi。有关如何复制的信息，请参阅4.5节。

与此练习相关的程序如下。

- static/js/app.js（通用）

- app.py（通用）
- templates/flower_upload.html
- tensorflow_flower/flowerPredict.py

有关整个文件夹结构的详细信息，请参阅上一个方法。除了通用的部分，这次还有另外两个文件。

通用部分的处理方式是从浏览器将手写数据传递给服务器，让服务器识别这些数据。这里仅简单介绍一下，具体请参阅4.6节和5.1节中的内容。

在Web应用程序文件夹app下，创建一个名为flower的文件夹。

将刚才从Colaboratory下载的两个文件（output_graph.pb和output_labels.txt）放在此flower文件夹下。

然后，将花卉预测程序label_image.py放置在此文件夹中。

这个程序和之前几乎保持不变，但是会根据这个网络应用程序稍微改造一下，并对此进行说明。

首先，将名称设置为flowerPredict.py(当然，这里的文件名可以自由更改)。

将"if__name__=="__main__"："改造为函数。本书的源代码已经为每个练习准备了文件，请参照相应的源代码继续进行。

使用本书的下载文件时不需要改造。

```
def load_graph(model_file):
    graph = tf.Graph()
    graph_def = tf.GraphDef()

    with open(model_file, 'rb') as f:
        graph_def.ParseFromString(f.read())
    with graph.as_default():
        tf.import_graph_def(graph_def)

    return graph


def load_labels(label_file):
    label = []
    proto_as_ascii_lines = tf.gfile.GFile(label_file).readlines()
    for l in proto_as_ascii_lines:
        label.append(l.rstrip())
    return label


# 加载已训练的模型
```

```
model_file = os.path.abspath(os.path.dirname(__file__)) + '/output_graph.pb'
label_file = os.path.abspath(os.path.dirname(__file__)) + '/output_labels.txt'
graph = load_graph(model_file)
labels = load_labels(label_file)
print('TensorFlow Flower model is loaded.')
---以下省略--
```

接下来，在ap.py文件中创建"TensorFlow花卉手绘识别"和"TensorFlow花卉照片上传识别"处理。本书的下载程序已经准备好了。

要添加的处理是以下3个函数。

```
@app.route('/flower', methods=['GET', 'POST'])
def flower():
    if request.method == 'POST':
        result = getAnswerFromFlower(request)
        return jsonify({'result': result})
    else:
        return render_template('flower.html')


# ---------------------------------------------------------------------------
# 获取判断结果
#
def getAnswerFromFlower(req):
    image = prepareFlowerImage(req)
    result = flowerPredict.result(image)
    return result


# ---------------------------------------------------------------------------
#
#
def prepareFlowerImage(req):
    #
    image_string = regexp.search(r'base64,(.*)', req.form['image']).group(1)
    nparray = np.fromstring(base64.b64decode(image_string), np.uint8)
    image_src = cv2.imdecode(nparray, cv2.IMREAD_COLOR)
    cv2.imwrite('images/flower.jpg', image_src)
    return image_src
```

下面来看看这3个函数。

- def flower()函数作为根配置。

- def prepareFlowerImage()函数将从浏览器收到的手绘花卉数据转换为指定的文件夹（服务器端的images文件夹）和文件名（flower.jpg）。
- def getAnswerFromFlower()函数是一个用于预测图像的函数。

详细处理类似于4.5节，请参阅此处。

另外，上传和判断照片的处理程序如下。

```
@app.route('/flowerupload', methods=['GET', 'POST'])
def upload_file_flower():
    return upload_and_save_file(request, 'flower_upload.html', 'flower.jpg')
```

上述程序在服务器端将上传的文件保存为flower.jpg文件。在后续的判断过程中，请参考flower.jpg。注意，照片在下次上传之前将被删除。

有关启动应用程序的详细信息，请参阅4.6节中的练习。在应用程序启动后，从下拉菜单中选择“TensorFlow 花写真アップロード認識”（TensorFlow花卉照片上传识别）选项，界面如下（见图5-3-1）。

▼ 图5-3-1　上传花卉照片的界面

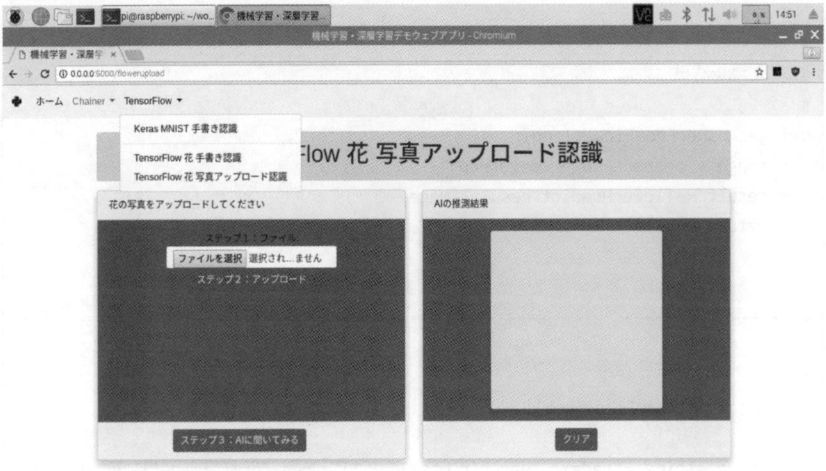

笔者准备了玫瑰花的图片，上传让其辨别，结果识别出了玫瑰花。

另外，虽然是个附加的实验功能，只要参照4.6节的练习进行同样操作，手绘的花卉也能被识别出来。从下拉菜单中选择“TensorFlow花手書き認識”（TensorFlow花卉手绘识别）选项，界面如下（见图5-3-2）。

▼图 5-3-2 手绘花卉识别界面

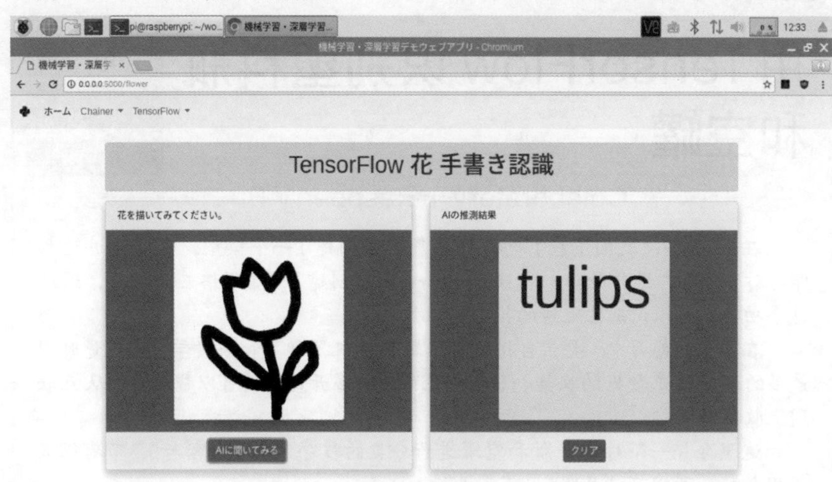

▶5.3.3 总结

手绘花卉图片的识别只是一个附加的功能，毕竟手绘的识别精度很低。因为只有简单的线条和黑白的数据，与学习阶段的清晰的彩色花卉照片的数据量大大不同，所以识别的准确性必然难以保证。如果读者感兴趣，可以试着努力优化手绘，如添加更合理的颜色，或者控制线条的粗细，这样就可以把更像“花”的特征传递给学习模型。

5.4 中级学习

用TensorFlow识别塑料瓶和空罐

约60分钟

Colaboratory＋Raspberry Pi

在5.3节中，我们下载了花卉数据集，并创建了一个模型，可以通过迁移学习对5种花卉进行分类。在Raspberry Pi中创建了一个网络应用程序，通过这个功能，可以识别已上传的花卉的照片。

在本节的练习中，要亲自收集实际数据。机器学习和深度学习中花费时间最多的部分就是数据的收集。目前，已经有许多开源工具可以帮助我们从互联网上收集数据。

这里介绍一下对塑料瓶和空罐进行分类的程序。本节内容与5.3节有很多通用之处，所以可以参照5.3节来进行。

需要准备的环境和工具

- Colaboratory
- Raspberry Pi

本次练习的目的

- 收集图像数据的方法
- 图像数据的清洗
- 图像数据的稀释

▶5.4.1 收集数据

本次练习的目的是对塑料瓶和空罐进行分类。因此，需要塑料瓶和空罐的图像数据。

塑料瓶和空罐的图像数据是利用Google的图像搜索功能获取的。但是，一次搜索下载一张图片可能会花费很长的时间，因此使用了一个名为google_images_download的Python库。使用此库，可以用指定的关键字自动批量下载要搜索的结果。

使用pip命令进行安装。

Input

```
!pip install google_images_download
```

Output

```
Collecting google_images_download
  Downloading https://files.pythonhosted.org/packages/43/51/49ebfd3a
02945974b1d93e34bb96a1f9530a0dde9c2bc022b30fd658edd6/google_images_
download-2.5.0.tar.gz
Collecting selenium (from google_images_download)
  Downloading https://files.pythonhosted.org/packages/80/d6/4294f
0b4bce4de0abf13e17190289f9d0613b0a44e5dd6a7f5ca98459853/selenium-
3.141.0-py2.py3-none-any.whl (904kB)
    100% |████████████████████████████████| 911kB 12.1MB/s
Requirement already satisfied: urllib3 in /usr/local/lib/python3.6/
dist-packages (from selenium->google_images_download) (1.22)
Building wheels for collected packages: google-images-download
  Running setup.py bdist_wheel for google-images-download ... done
  Stored in directory: /root/.cache/pip/wheels/d2/23/84/3cec6d566b88
bef64ad727a7e805f6544b8af4a8f121f9691c
Successfully built google-images-download
Installing collected packages: selenium, google-images-download
Successfully installed google-images-download-2.5.0 selenium-3.141.0
```

google_images_download安装完成后，将可以通过本练习中的Python程序使用它。

1. 准备塑料瓶的图像

首先使用google_images_download下载塑料瓶的图像。这次的关键字是“塑料瓶”，所以用--keywords "塑料瓶" 的格式来设置关键字。使用-f "jpg" 指定文件的格式，这样将只搜索和下载扩展名为.jpg的文件。此外，还有一个名为limit的选项，用于指定要下载的文件数量的上限，如果没有指定，则默认最多下载100个文件。在这里，无须特意指定下载上限，就按默认的最多100张的数量进行下载。

通过以下命令下载文件。

Input

```
!googleimagesdownload --keywords "塑料瓶" -f "jpg"
```

Output

```
Item no.: 1 --> Item name = 塑料瓶
Evaluating...
Starting Download...
Completed Image ====> 1. 105679807.jpg
Completed Image ====> 2. 31ccodwnaal.jpg
Completed Image ====> 3. aseptic_img_01.jpg
Completed Image ====> 4. l_sbf0380-1.jpg
Completed Image ====> 5. 31nqthjtefl.jpg
--- 以下省略 ---
```

2. 准备空罐的图像

用相同的方法下载空罐的图像。

Input

```
!googleimagesdownload --keywords "空罐" -f "jpg"
```

Output

```
Item no.: 1 --> Item name = 空罐
Evaluating...
Starting Download...
Completed Image ====> 1. 961844_27500714.jpg
Completed Image ====> 2. eyes0823.jpg
Completed Image ====> 3. dfd22fe66e892b508b4bdc29b2706b53_s.jpg
Completed Image ====> 4. 28053000126.jpg
--- 以下省略 ---
```

在下载文件时，某些文件由于某种原因而无法下载，则可以跳过无法下载的文件直接继续下载后面的文件，所以结果可能不到100个文件。这里设定的100个文件只是一个标准值，如果不是正好100个文件，也不会影响后续处理。此外，空罐和塑料瓶图像数量不匹配也没有问题。

下载的文件将放置在 /downloads/[关键字]/ 的自动创建文件夹下。

现在来看看下载的图片文件。

Input

```
ls
```

Output

```
downloads/  sample_data/
```

导航到downloads文件夹。

Input

```
cd downloads/
```

Output

```
/content/downloads
```

通过运行ls命令，可以检查刚刚已创建的塑料瓶和空罐的文件夹，如下所示。

Input

```
ls
```

Output

```
塑料瓶/空罐/
```

3. 塑料瓶照片的处理

接下来，要处理塑料瓶的照片。删除不需要的文件，并通过对图像数据的稀释来增加图像数量。

Input

```
cd 塑料瓶/
```

Output

```
/content/downloads/塑料瓶
```

导航到塑料瓶文件夹并列出文件。

Input

```
ls
```

Output

```
'10. carbonated_b_03.jpg'
'1. 105679807.jpg'
'11. 20180718asukl1.jpg'
'12. %e3%83%9a%e3%83%83%e3%83%88%e3%83%9c%e3%83%88%e3%83%ab%e3%81%ae
%e5%86%99%e7%9c%9f.jpg'
'13. pet.jpg'
--- 以下省略 ---
```

下面显示并检查照片。在以下程序中，单引号引起来的文件名部分也就是上述输出中的单引号引起来的部分。查看上面输出的第一部分：它显示为'10. carbonated_b_03.jpg'，每个文件都分别被单引号引起来了。

Input

```
from IPython.display import Image, display_jpeg

display_jpeg(Image('xxxxxxxx.jpg'))
```

Output

※图像已被省略。

这里省略了输出，其内容是塑料瓶的图像。

4. 查看塑料瓶图像

下面查看100张塑料瓶的图片（取决于实际下载的图片数量）。尽管输出省略了图像，但将显示出5列20行的图像编号。

Input

```
from os import listdir
import matplotlib.pyplot as plt
import cv2

path = "/content/downloads/塑料瓶/"
imagesList = listdir(path)
print(cv2.__version__)
```

```
fig = plt.figure(figsize=(20, 100))
columns = 5
rows = 20

i = 1
for file in imagesList:
    img_bgr = cv2.imread(path + file)
    img_rgb = cv2.cvtColor(img_bgr, cv2.COLOR_BGR2RGB)
    fig.add_subplot(rows, columns, i)
    plt.title(i)
    plt.imshow(img_rgb)
    plt.axis('off')
    if i < 99:
        i = i + 1
plt.show()
```

Output

```
3.4.3

1      2      3      4      5
图像   图像   图像   图像   图像
6      7      8      9      10
图像   图像   图像   图像   图像

※图像已被省略。
```

5. 删除非预期的照片文件（清洗过程）

非预期的图像会影响学习结果，请记录不想要的图像的编号，然后使用以下程序将其删除（例如，如果编号为10、18和96的图像不是塑料瓶，则将10替换为xx，18替换为yy，96替换为zz，然后运行程序以删除指定的图像）：不要运行xx、yy或zz。如果不要的图像是4个或更多，请在for语句下添加以下两行。

```
if i == 文件编号:
    os.remove(path + file)
```

Input

```
import os

path = "/content/downloads/塑料瓶/"
imagesList = listdir(path)

i = 1
for file in imagesList:
    if i == xx:
        os.remove(path + file)
    if i == yy:
        os.remove(path + file)
    if i == zz:
        os.remove(path + file)


    i = i + 1
```

Output

```
无
```

删除后，再次显示照片的一览表进行检查。如果有必要，可以再次运行上述程序重复处理，直到非预期的照片都清洗干净。

6. 塑料瓶照片的数据稀释

下面稀释图片数据，先返回到content文件夹。

Input

```
cd /content
```

Output

```
/content
```

下面的命令将创建一个稀释后图像数据的存储文件夹（塑料瓶的英文名称虽然不是petbottle，但为了方便起见，这里使用了这个名称，塑料瓶的英文名称通常是plastic bottle）。

Input

```
!mkdir fake_petbottle_images
```

Output

```
无
```

可以通过以下命令验证是否创建了fake_petbottle_images文件夹。

Input

```
ls /content
```

Output

```
downloads/  fake_petbottle_images/  sample_data/
```

接下来是图像数据稀释程序，有关该程序的详细说明，请参阅4.1节中的OpenCV。简而言之，该程序的原理就是通过图像转换处理操作增加了图像数量。

Input

```
import os

import cv2


def make_image(input_img):
    # 图像尺寸
    img_size = input_img.shape
    filter_one = np.ones((3, 3))

    # 旋转用
    # mat1=cv2.getRotationMatrix2D(tuple(np.array(img_rgb.shap
e[:2])/2),23,1)
    # mat2=cv2.getRotationMatrix2D(tuple(np.array(img_rgb.shap
e[:2])/2),144,0.8)

    # 用于稀释数据的函数
    fake_method_array = np.array([
```

```
        lambda x: cv2.threshold(x, 100, 255, cv2.THRESH_TOZERO)[1],
        lambda x: cv2.GaussianBlur(x, (5, 5), 0),
        lambda x: cv2.resize(cv2.resize(
            x, (img_size[1] // 5, img_size[0] // 5)
        ), (img_size[1], img_size[0])),
        lambda x: cv2.erode(x, filter_one),
        lambda x: cv2.flip(x, 1),
    ])

    # 执行图像转换过程
    images = []

    for method in fake_method_array:
        faked_img = method(input_img)
        images.append(faked_img)

    return images


path = "/content/downloads/塑料瓶/"
imagesList = listdir(path)
i = 1
for file in imagesList:
    target_img = cv2.imread(path + file)
    fake_images = make_image(target_img)
    if not os.path.exists("fake_petbottle_images"):
        os.mkdir("fake_petbottle_images")
    for number, img in enumerate(fake_images):
        # 首先，指定要保存的目录fake_petbottle_images/，将其编号保存
        cv2.imwrite("fake_petbottle_images/" + str(i) + str(number)
+ ".jpg", img)

    i = i + 1
```

Output

```
无
```

用下面的命令查看运行的结果。

Input

```
ls /content/fake_petbottle_images
```

Output

```
100.jpg  184.jpg  273.jpg  362.jpg  451.jpg  541.jpg  631.jpg  721.jpg  811.jpg
101.jpg  190.jpg  274.jpg  363.jpg  452.jpg  542.jpg  632.jpg  722.jpg  812.jpg
--- 以下省略 ---
```

查看输出确认文件是否已增加。

7. 检查经过数据稀释的塑料瓶图像

请确保将path指定为与上面程序中指定的保存文件夹相同的文件夹，代码如下。

```
path = "/content/fake_petbottle_images/"
```

Input

```
from os import listdir
import matplotlib.pyplot as plt
import cv2

path = "/content/fake_petbottle_images/"
imagesList = listdir(path)
print(cv2.__version__)

fig = plt.figure(figsize=(20, 100))
columns = 5
rows = 20

i = 1
for file in imagesList:
    img_bgr = cv2.imread(path + file)
    img_rgb = cv2.cvtColor(img_bgr, cv2.COLOR_BGR2RGB)
    fig.add_subplot(rows, columns, i)
    plt.title(i)
    plt.imshow(img_rgb)
    plt.axis('off')
```

```
    if i < 99:
        i = i + 1
plt.show()
```

Output

```
3.4.3
图像省略
```

现在，我们已经准备了大约500个训练用的塑料瓶数据（各自下载的文件数量以及清洗处理的数量或有不同）。

接着，用同样的步骤，把空罐的数据也准备好。

▶5.4.2 操作办法

从这里开始的操作办法和5.3节的练习基本相同，也可以参考前面的练习流程来执行。与上次不同的是，训练用的数据不是花卉，本次练习准备的图片是空罐和塑料瓶，所以文件夹名称不一样。

1. 下载训练程序

转到content文件夹。

Input

```
cd /content
```

Output

```
/content
```

下载retrain.py程序。得到名为retrain.py的Python文件就是刚才下载的迁移学习程序。简单地说，迁移学习就是将已经在不同类别中使用的模型直接利用在其他类别中进行学习。在这之后的工作和5.1节的操作一样，也没有模型的定义工作，而是直接利用现有的学习程序进入学习。

Input

```
!curl -LO https://github.com/tensorflow/hub/raw/master/examples/image
_retraining/retrain.py
```

Output

```
 % Total    % Received % Xferd  Average Speed   Time    Time     Time  Current
                                 Dload  Upload   Total   Spent    Left  Speed
100   158  100   158    0     0    192      0 --:--:-- --:--:-- --:--:--   192
100 54688  100 54688    0     0  45421      0  0:00:01  0:00:01 --:--:-- 2061k
```

运行以下命令可检查已下载的retrain.py。

Input

```
ls
```

Output

```
downloads/  fake_can_images/  fake_petbottle_images/  retrain.py  sa
mple_data/
```

2. 将准备好的数据复制到target_folder

在运行retrain.py之前准备好文件夹。首先，将创建一个存储训练对象的文件夹target_folder。

Input

```
!mkdir target_folder
```

Output

```
无
```

3. 复制塑料瓶数据

然后，将稀释后的塑料瓶数据复制到target_folder/petbottle中。在target_folder下面的名为petbottle的文件夹本身就是教师标签。

Input

```
cp -a ./fake_petbottle_images/. ./target_folder/petbottle
```

Output

```
无
```

4. 复制空罐的数据

类似地，将稀释后的数据复制到targe_folder/can。

Input

```
cp -a ./fake_can_images/. ./target_folder/can
```

Output

```
无
```

现在，数据已经准备好。

5. 开始迁移学习

执行retrain.py，与5.3节中的方法相同，只是文件夹不同。这个学习也需要10 ~ 20分钟的时间。通过这里的学习，可以创建一个预训练模型。

Input

```
!python retrain.py --image_dir /content/target_folder
```

Output

```
INFO:tensorflow:Looking for images in 'can'
INFO:tensorflow:Looking for images in 'petbottle'
INFO:tensorflow:Using /tmp/tfhub_modules to cache modules.
INFO:tensorflow:Downloading TF-Hub Module 'https://tfhub.dev/google/
imagenet/inception_v3/feature_vector/1'.
INFO:tensorflow:Downloaded https://tfhub.dev/google/imagenet/incepti
on_v3/feature_vector/1, Total size: 86.32MB
INFO:tensorflow:Downloaded TF-Hub Module 'https://tfhub.dev/google/i
magenet/inception_v3/feature_vector/1'.

---省略---
Instructions for updating:
Use tf.gfile.GFile.
INFO:tensorflow:Creating bottleneck at /tmp/bottleneck/can/170.jpg_h
ttps~tfhub.dev~google~imagenet~inception_v3~feature_vector~1.txt
--- 以下省略 ---
```

训练模型已创建好了。

6. 下载预测程序

然后下载预测程序label_image.py。

Input

```
!curl -LO https://github.com/tensorflow/tensorflow/raw/master/
tensorflow/examples/label_image/label_image.py
```

Output

```
  % Total    % Received % Xferd  Average Speed   Time    Time     Time  Current
                                 Dload  Upload   Total   Spent    Left  Speed
100   175  100   175    0     0    211      0 --:--:-- --:--:-- --:--:--   211
100  4707  100  4707    0     0   4128      0  0:00:01  0:00:01 --:--:--  4128
```

可以运行以下程序验证label_image.py是否已下载。

Input

```
ls
```

Output

```
downloads/          fake_petbottle_images/  retrain.py     target_folder/
fake_can_images/    label_image.py          sample_data/
```

7. 使用学习模型

已经创建了预训练模型，请从target_folder/petbottle文件夹中选择任意图像进行预测（已知道正确答案）。在这里选择了290.jpg这个文件，请大家根据自己的环境对这里进行适当的改写。

Input

```
!python label_image.py \
--graph=/tmp/output_graph.pb --labels=/tmp/output_labels.txt \
--input_layer=Placeholder \
--output_layer=final_result \
--image=./target_folder/petbottle/290.jpg
```

Output

```
2019-01-05 07:26:10.824034: I tensorflow/stream_executor/cuda/cuda_g
pu_executor.cc:964] successful NUMA node read from SysFS had negativ
e value (-1), but there must be at least one NUMA node, so returning
NUMA node zero
2019-01-05 07:26:10.824662: I tensorflow/core/common_runtime/gpu/gp
u_device.cc:1432] Found device 0 with properties:
name: Tesla K80 major: 3 minor: 7 memoryClockRate(GHz): 0.8235
pciBusID: 0000:00:04.0
totalMemory: 11.17GiB freeMemory: 11.10GiB
2019-01-05 07:26:10.824706: I tensorflow/core/common_runtime/gpu/gp
u_device.cc:1511] Adding visible gpu devices: 0
2019-01-05 07:26:11.122854: I tensorflow/core/common_runtime/gpu/gp
u_device.cc:982] Device interconnect StreamExecutor with strength 1
edge matrix:

---省略---
2019-01-05 07:26:11.141733: I tensorflow/core/common_runtime/gpu/gpu_d
evice.cc:1115] Created TensorFlow device (/job:localhost/replica:0/tas
k:0/device:GPU:0 with 10758 MB memory) -> physical GPU (device: 0, nam
e: Tesla K80, pci bus id: 0000:00:04.0, compute capability: 3.7)
petbottle 0.9999691
can 3.0870364e-05
```

很明显，这是一个塑料瓶，因为在输出结果中，petbottle为0.9999691，而can为3.0870364e-05。预测的结果是正确的。

还可以上传大家自己准备的照片，判断是塑料瓶还是空罐。详细情况请参考5.3节的操作。

8. 下载已学习的模型文件（预训练模型）

这与5.3节也是相同的，请参照前面的内容操作。

现在，我们得到了一个已学习的模型（预训练模型），可以将塑料瓶和空罐进行辨别分类。

使用这种预训练模型，还可以通过Raspberry Pi等小型设备与伺服和电机联动，制作人工智能垃圾分类处理机器。

笔者在Raspberry Pi中进行了实验，发现可以准确地检测出塑料瓶。

供参考的代码位于本书数据文件夹的Python文件夹下的5.4文件夹中。

启动app.py的配置几乎与4.2节练习中的人脸识别程序配置相同，请确认

app.py的处理流程。将app.py中提取的frame数据传递给garbageDetector.py，并通过在garbageDetector.py中的预训练模型判断是塑料瓶还是空罐。

图5-4-1显示了在Raspberry Pi中运行上述程序时的状态。可见塑料瓶已被识别。

▼图5-4-1　当检测到塑料瓶时

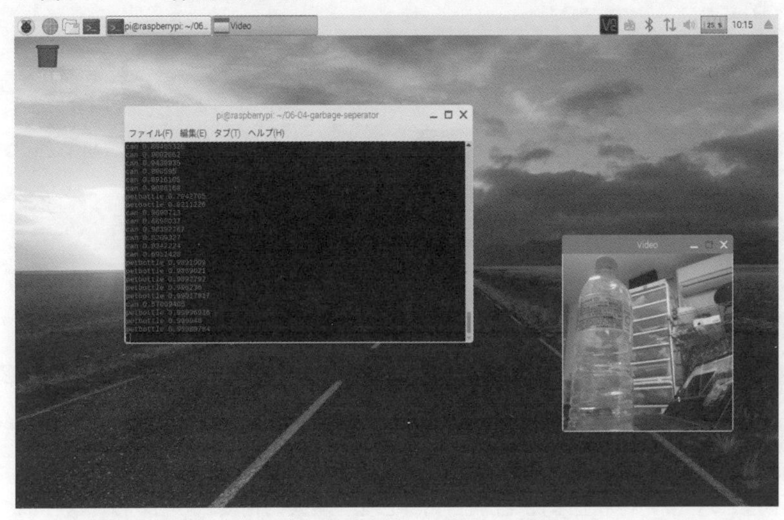

撕下塑料薄膜商标纸的塑料瓶也可以检测（见图5-4-2）。

▼图5-4-2　当检测到透明的塑料瓶时

两者都能以非常高的精度检测出来。

尽管照片背景中存在货架等各种干扰因素，但仍能检测到透明塑料瓶。另外，即使图像非常模糊，也能正常地进行检测(见图5-4-3)。

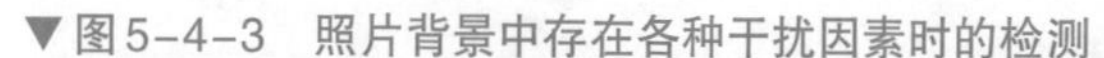
▼图5-4-3 照片背景中存在各种干扰因素时的检测

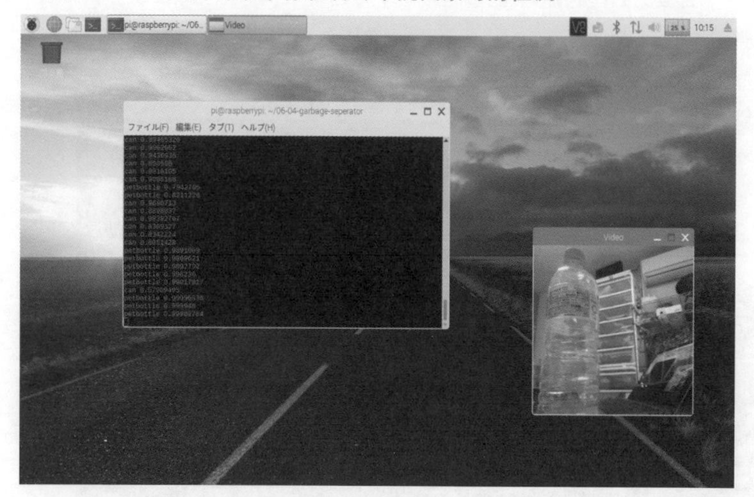

不过，这是一个完全未优化的程序，处理一帧大约需要10 ~ 20秒。这样的话，很难实用。如果读者感兴趣，请尝试改进源代码。另外，使用TensorFlow的Lite等功能可以提高辨识性能。

还有比这更快的检测方法吗?下面将介绍如何提高物体检测和Raspberry Pi的处理速度。

▶5.4.3 总结

本练习中的大多数内容都遵循5.3节中的操作。其中手工收集数据以及清洗无效数据的部分花费了很多时间。你是否也感觉到，深度学习中的数据准备是一个很麻烦的工作。

反过来说，如果事先为预期的处理准备好数据，能否使学习更方便?在深度学习中，该方法相对是固定的，且可以创建高精度的预训练模型。

作为本次练习的升级形式，一种是与电子部件结合，根据认识的结果在Raspberry Pi方面与伺服电机等联动，可以制作搭载人工智能功能的垃圾分类机器。

另一个发展方向是不再停留在空罐和塑料瓶上。例如，准备了另一个类别的图片数据库(如成熟的苹果和不成熟的苹果)，就可以创建另一种用途的分类器。制作的步骤和想法是一样的。欢迎尝试一下。

5.5 中级学习

用YOLO检测物体

约30分钟

Colaboratory

之前的练习本质上都是提供一张图片，然后对图片“是什么”进行分类。

例如，在5.4节的练习中，Raspberry Pi使用TensorFlow的预训练模型，对塑料瓶和空罐进行了分类。塑料瓶和空罐在图片中任何地方都可以被检测出来。

我们在这些练习中体验到了“物体检测”。物体检测（object detection）是一种从图像中定位物体的方法。

在本次练习中，将介绍和体验一种叫作YOLO的物体检测算法。本次练习将在Colaboratory中实施。

需要准备的环境和工具

- Colaboratory
- YOLO 3

本次练习的目的

- 了解物体检测的基础知识
- 体验一种叫作YOLO的物体检测算法

▶5.5.1 物体检测简介

物体检测是深度学习的重要应用之一，是一种从图像中确定物体位置的方法，具代表性的有行人检测、人脸检测等。作为自动驾驶技术发展的基础支撑，物体检测技术十分重要。

目前，一般的物体检测已经达到超越人类识别能力的水平。可以在一个屏幕上同时检测多个物体，而不再限于“一屏对一物”。这个领域使用了卷积神经网络。

为了解决物体检测这一难题，已经提出了一些方法。下面列举的就是这些方法的经典案例，这次以YOLO为代表，介绍一下物体检测的原理。

- R-CNN
- Fast R-CNN
- Faster R-CNN
- You Only Look Once(YOLO)
- Single Shot Multibox Detector(SSD)

YOLO（https://pjreddie.com/darknet/yolo）是You Only Look Once的缩写。如果说R-CNN和FastR-CNN的流程是使用卷积神经网络进行物体检测，将输入图像

细分后逐渐错开位置，以判断是否为物体并输出，那么采用YOLO就是整个图像只需要输入一次即可计算出某物体所在的位置。

目前，YOLO的版本为v2和v3。此外还开发了一个名为Tiny YOLO的小版本。这次，将采用YOLO3（撰写本书时为最新版本），据说它是最快的目标检测算法，可实现更高的速度和准确性。

▶5.5.2 操作办法

首先，需要安装所需的软件包。

1. 安装dask

导入dask包。dask是用于并行计算的Python库。它是YOLO必需的，务必安装。

Input

```
!pip install dask -upgrade
```

Output

```
Collecting dask
  Downloading https://files.pythonhosted.org/packages/7c/2b/cf9e5477
bec3bd3b4687719876ea38e9d8c9dc9d3526365c74e836e6a650/dask-1.1.1-py2.
py3-none-any.whl (701kB)
    100% |████████████████████████████████| 706kB 22.2MB/s
featuretools 0.4.1 has requirement pandas>=0.23.0, but you'll have p
andas 0.22.0 which is incompatible.
Installing collected packages: dask
  Found existing installation: dask 0.20.2
    Uninstalling dask-0.20.2:
      Successfully uninstalled dask-0.20.2
Successfully installed dask-1.1.1
```

在读者的环境中，可能会看到一条信息 :featuretools 0.4.1 has requirement pandas >= 0.23.0，but you‘ll have pandas 0.22.0 which is incompatible.，这点不用特别在意。

2. 安装CPython

编译时需要CPython。它是用C语言编写的Python，因为需要编译YOLO的软件包，所以请确认安装好。

根据读者的环境，有时会出现Requirement already satisfied : Cython in/usr/local/lib/python3.6/dist-packages(0.29.6)的消息。请不必在意，跳过这个步骤也没有问题。

Input

```
!pip install Cython
```

Output

```
省略
```

3. darknet的复制

接下来，下载要编译的YOLO源代码。

Input

```
!git clone https://github.com/pjreddie/darknet
```

Output

```
Cloning into 'darknet'...
remote: Enumerating objects: 5901, done.
remote: Total 5901 (delta 0), reused 0 (delta 0), pack-reused 5901
Receiving objects: 100% (5901/5901), 6.15 MiB | 4.75 MiB/s, done.
Resolving deltas: 100% (3938/3938), done.
```

4. 移动工作位置

导航到下载的darknet文件夹下。

Input

```
cd darknet/
```

Output

```
/content/darknet
```

5. 编译YOLO

要运行YOLO，必须对其进行编译。在4.2节中，使用Raspberry Pi编译OpenCV时，其中的make命令再次出现。利用Colaboratory会迅速完成编译。

Input

```
!make
```

Output

```
mkdir -p obj
mkdir -p backup
mkdir -p results
gcc -Iinclude/ -Isrc/ -Wall -Wno-unused-result -Wno-unknown-pragmas
-Wfatal-errors -fPIC -Ofast -c ./src/gemm.c -o obj/gemm.o

--- 省略 ---

gcc -Iinclude/ -Isrc/ -Wall -Wno-unused-result -Wno-unknown-pragmas
-Wfatal-errors -fPIC -Ofast -c ./examples/darknet.c -o obj/darknet.o
gcc -Iinclude/ -Isrc/ -Wall -Wno-unused-result -Wno-unknown-pragmas
-Wfatal-errors -fPIC -Ofast obj/captcha.o obj/lsd.o obj/super.o obj/
art.o obj/tag.o obj/cifar.o obj/go.o obj/rnn.o obj/segmenter.o obj/
regressor.o obj/classifier.o obj/coco.o obj/yolo.o obj/detector.o ob
j/nightmare.o obj/instance-segmenter.o obj/darknet.o libdarknet.a -o
darknet -lm -pthread  libdarknet.a
```

6. 下载YOLO3模型

编译完成后，下载目标识别所需的“权重”（预训练模型）文件。这个yolo3.weights就是所谓的预训练模型（已学习的模型）。它已通过YOLO3算法进行过学习，可以识别20种不同的东西。

Input

```
!wget https://pjreddie.com/media/files/yolov3.weights
```

Output

```
--2019-01-08 08:42:43--  https://pjreddie.com/media/files/yolov3.weights
Resolving pjreddie.com (pjreddie.com)... 128.208.3.39
Connecting to pjreddie.com (pjreddie.com)|128.208.3.39|:443... connected.
```

```
HTTP request sent, awaiting response... 200 OK
Length: 248007048 (237M) [application/octet-stream]
Saving to: ‘yolov3.weights’

yolov3.weights      100%[] 236.52M  23.0MB/s    in 11s

2019-01-08 08:42:55 (21.4 MB/s) - ‘yolov3.weights’ saved
[248007048/248007048]
```

7. 尝试物体检测

下面先来看一下data文件夹中的图片dog.jpg。

Input

```
import matplotlib.pyplot as plt
from PIL import Image

# 导入图像
im = Image.open("data/dog.jpg")
#
plt.imshow(im)
# 表示
plt.show()
```

Output

这是一张狗和自行车的图片。

把这个图片传给YOLO3，进行物体识别。

Input

```
! ./darknet detect cfg/yolov3.cfg yolov3.weights data/dog.jpg
```

Output

```
layer     filters    size              input                output
    0 conv     32  3 x 3 / 1   608 x 608 x   3   ->   608 x 608 x  32  0.639 BFLOPs
    1 conv     64  3 x 3 / 2   608 x 608 x  32   ->   304 x 304 x  64  3.407 BFLOPs
    2 conv     32  1 x 1 / 1   304 x 304 x  64   ->   304 x 304 x  32  0.379 BFLOPs
    3 conv     64  3 x 3 / 1   304 x 304 x  32   ->   304 x 304 x  64  3.407 BFLOPs
    4 res    1                 304 x 304 x  64   ->   304 x 304 x  64

---省略---
  100 conv    256  3 x 3 / 1    76 x  76 x 128   ->    76 x  76 x 256  3.407 BFLOPs
  101 conv    128  1 x 1 / 1    76 x  76 x 256   ->    76 x  76 x 128  0.379 BFLOPs
  102 conv    256  3 x 3 / 1    76 x  76 x 128   ->    76 x  76 x 256  3.407 BFLOPs
  103 conv    128  1 x 1 / 1    76 x  76 x 256   ->    76 x  76 x 128  0.379 BFLOPs
  104 conv    256  3 x 3 / 1    76 x  76 x 128   ->    76 x  76 x 256  3.407 BFLOPs
  105 conv    255  1 x 1 / 1    76 x  76 x 256   ->    76 x  76 x 255  0.754 BFLOPs
  106 yolo
Loading weights from yolov3.weights...Done!
data/dog.jpg: Predicted in 19.928651 seconds.
dog: 100%
truck: 92%
bicycle: 99%
```

结果显示，dog为100% ;truck为92% ;bicycle为99%。

从执行的结果来看，检测的对象上面被创建了一个图像文件，该文件带有一个矩形框架和一个标签，显示该对象是如何被检测出的。下面把它显示出来。

Input

```
from PIL import Image
import matplotlib.pyplot as plt
```

```
# 导入图像
im = Image.open("predictions.jpg")
#
plt.imshow(im)
plt.grid(False)
# 显示
plt.show()
```

Output

位于图像前方的dog和bicycle及后方的truck都很好地被识别出来。此外，物体在图像中的位置也被不同颜色的矩形框选出。

8. 再测试一张

这次，上传自己准备的图片来测试一下。上传图片时请运行以下程序。

将其上传到运行 Colaboratory Notebook 的虚拟环境中。

Input

```
from google.colab import files
files.upload()
```

Output

```
安装程序完成后，将显示“文件选择”按钮，可单击该按钮以上传文件。
```

上传文件后，文件会直接位于根目录下，因此请通过以下程序检查文件路径。笔者上传了名为test.jpg的文件，因此它在程序中显示如下。

运行该程序。

Input

```
! ./darknet detect cfg/yolov3.cfg yolov3.weights test.jpg
```

Output

```
layer     filters    size              input                output
    0 conv     32  3 x 3 / 1   608 x 608 x   3   ->   608 x 608 x  32  0.639 BFLOPs
    1 conv     64  3 x 3 / 2   608 x 608 x  32   ->   304 x 304 x  64  3.407 BFLOPs
    2 conv     32  1 x 1 / 1   304 x 304 x  64   ->   304 x 304 x  32  0.379 BFLOPs
    3 conv     64  3 x 3 / 1   304 x 304 x  32   ->   304 x 304 x  64  3.407 BFLOPs
    4 res    1                 304 x 304 x  64   ->   304 x 304 x  64

---省略---
test03.jpg: Predicted in 19.444533 seconds.
laptop: 65%
pottedplant: 54%
chair: 95%
chair: 92%
chair: 89%
chair: 84%
chair: 83%
chair: 81%
chair: 72%
chair: 61%
chair: 57%
chair: 55%
chair: 52%
person: 99%
person: 99%
person: 99%
person: 98%
```

```
person: 98%
person: 95%
person: 92%
person: 92%
person: 92%
person: 89%
person: 89%
person: 85%
person: 82%
person: 82%
person: 74%
person: 57%
person: 55%
person: 55%
person: 53%
person: 53%
```

程序的执行结果表示检测到laptop(笔记本电脑)、pottedplant(观叶植物)、chair(椅子)和person(人)。下面显示结果图像。

结果图像会自动命名为predictions.jpg。如果执行多次程序，则predictions.jpg将被覆盖。

Input

```
from PIL import Image
import matplotlib.pyplot as plt

# 读取图像
im = Image.open("predictions.jpg")
#
plt.imshow(im)
plt.grid(False)
# 显示
plt.show()
```

Output

与数据一样，通过反馈的检测结果图片，发现已经检测到的laptop（笔记本电脑）、pottedplant（观叶植物）、chair（椅子）和person（人），并用不同颜色的矩形框标记出来。虽然其中有一个过大的chair矩形框，但也认为这属于可容许的误差范围。

其他图片文件也可以通过上述的操作步骤，重复上传，测试多次以观察结果。

下面还有另一张图片的识别结果（见图5-5-1）。

位于图5-5-1深处的汽车和前排的人拎着的包都能被识别出来，这个结果给人留下惊人的印象。此外，还有一个过大的person矩形框，但也认为这符合容许误差范围。读者们也可以把自己拍的照片上传到Colaboratory并进行识别。

▼图 5-5-1　使用YOLO识别多个物体的示例

▶5.5.3 总结

普通的YOLO3在Raspberry Pi中检测物体有时需要十几分钟。有一个名为Tiny YOLOv3的YOLO3轻盈版，或许可以期待它在性能上能提升一点，

因此，笔者认为这本书的诀窍就在于如何仅使用YOLO算法在Colaboratory中完成操作。

在深度学习的重要应用之一——物体识别中，即使是目前以速度著称的YOLO3算法，如果不利用GPU，仅在Raspberry Pi中运行程序，其负载也是过大的。

因为在Raspberry Pi中运行YOLO3，需要十几分钟才能识别出物体，所以实际应用可能就不现实了。为了解决这个问题，请参考后面将介绍的两种方式。

5.6 高级学习

基于硬件扩展的人物检测

约60分钟

Raspberry Pi + Intel Movidius

5.5节介绍了物体识别的基本内容，并在Colaboratory中使用YOLO3算法体验了物体识别。

本次练习将在Raspberry Pi中进行。

在5.5节中发现，对于物体识别任务，仅靠Raspberry Pi来执行负荷过大。

这次，我们将使用Intel的产品Movidius NCS(Movidius Neural Compute Stick)来体验高效的物体识别。

在Raspberry Pi的USB上安装Movidius NCS，就可以轻松流畅地体验人工智能物体识别，这一点非常有趣。它可以实现在实际播放视频内容时，从视频中获取的图像数据中检测对象，并用关键字显示出视频中的对象。

Movidius NCS还可以兼容TensorFlow和OpenCV。

需要准备的环境和工具

- Movidius NCS
- Raspberry Pi 3B/3B+
- 适用于操作系统的MicroSD卡（建议32GB）
- Raspberry Pi摄像头模块或USB网络摄像头

本次练习的目的

- 如何使用Movidius NCS
- 理解通过扩展硬件提高Raspberry Pi的处理能力

▶ 5.6.1 Movidius NCS简介

Movidius NCS（见图5-6-1）利用Intel开发的视觉处理单元（VPU, Vision Processing Unit）。Movidius NCS可以在VPU上部署和执行数据规划神经网络，如TensorFlow。

Movidius NCS的后继产品，即NCS 2（Intel Neural Compute Stick2）在本书撰写期间已发布。 NCS 2的性能较于前代有所提高，其速度提高了8倍。 NCS 2也可以与Raspberry Pi一起使用，因此，如果有兴趣，请尝试一下。

Movidius NCS可以从EC网站（如Amazon或电子零件零售商）购买。

▼图5-6-1 Movidius NCS(Movidius Neural Compute Stick)

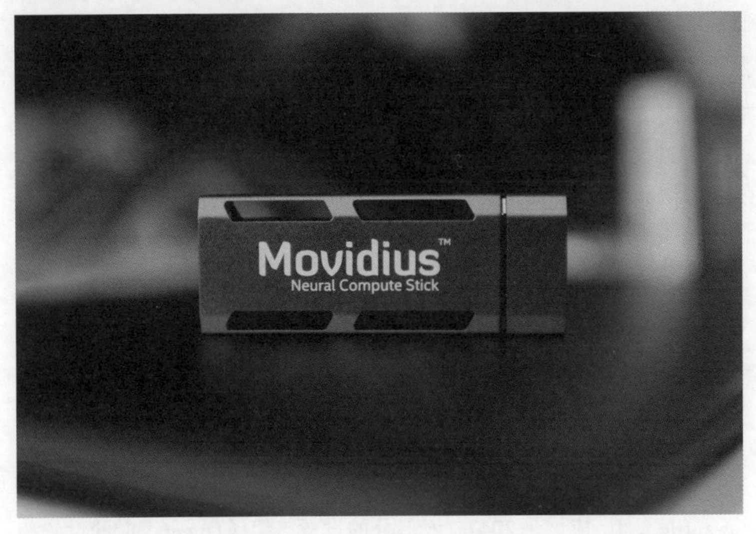

▶ 5.6.2 操作办法

运行Movidius NCS需要做一些准备。首先，准备软件。

1. 保持系统最新

首先，更新Raspberry Pi系统。

```
$ sudo apt-get update ©
$ sudo apt-get upgrade ©
```

用于操作系统的microSD卡的容量可以为16GB，但是笔者使用的是32GB microSD卡。如果有足够预算，则建议使用32GB。

2. 增大swapfile(交换区)

同4.2节编译OpenCV时一样，先增大swapfile。在安装ncsdk之前，请执行以下命令来增大swapfile。

```
$ sudo nano /etc/dphys-swapfile ©
```

使用上面的命令将打开dphys-swapfile。

找到CONF_SWAPSIZE并进行如下设置。

```
CONF_SWAPSIZE=2048
```

按l+x组合键关闭编辑界面。系统将询问是否要保留设置，此时请输入y+©，保存它，然后将关闭界面。

运行以下命令使新设置生效。

```
$ sudo /etc/init.d/dphys-swapfile restart ©
```

然后运行以下命令查看设置是否得到响应。

```
$ free -m ©
```

检查swapfile大小，应该是2047。该部分的设置与编译OpenCV时的设置相同，因此有关详细信息，请参阅4.2节。

如果在此处未设置swapfile大小，直接进行安装，进度最多达到CONF_SWAPSIZE = 100，则安装过程将停止并发生错误。为了能够成功安装它，请确保执行此步骤。

3. 安装ncsdk

在写作本书时，ncsdk已经发布了v2.x版本，但是在本次练习中使用的是ncsdk的1.x版本。在目前的Raspberry Pi中，ncsdk的2.x可能无法正常工作。

首先，创建一个用于安装和工作的文件夹。此处可以使用任何文件夹名称。那么，暂且以workspace文件夹名称进行。如果尚未创建，请使用以下命令创建。

```
$ mkdir workspace ©
```

接下来，将移动到创建的workspace文件夹并进行工作。TensorFlow和OpenCV的安装工作也将在此文件夹中完成。

```
$ cd workspace ©
```

接下来，从GitHub复制ncsdk源代码。

```
$ git clone http://github.com/Movidius/ncsdk ©
```

完成ncsdk存储库的复制后，用以下命令将其移动到ncsdk文件夹，开始编译（见图5-6-2）。

```
$ cd ncsdk ©
$ make install ©
```

Raspberry Pi 3B可能需要几个小时。Raspberry Pi 3B+只需1小时。

▼图5-6-2 ncsdk的安装界面

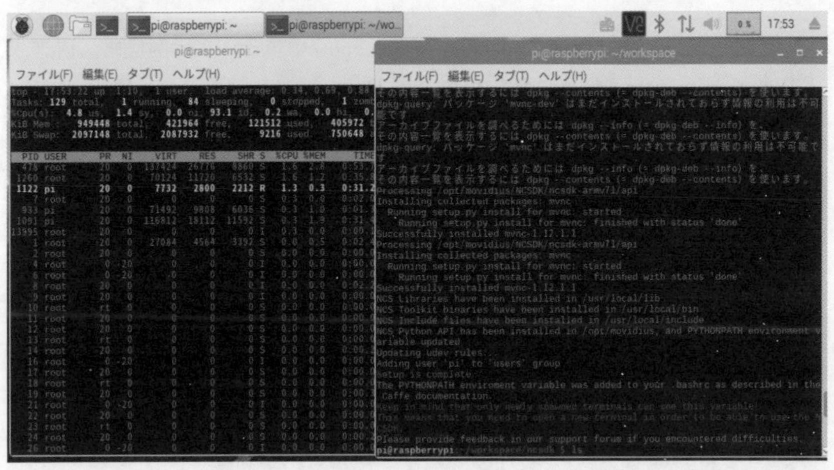

完成make install后，由于安装的模块路径（path）未启用，终端（Terminal）还无法直接执行示例代码。

请确保通过打开另一个新的终端窗口来输入后续命令（因为新的终端窗口将初始化路径设置以刷新出上面安装的内容）。

4. 安装TensorFlow

现在，TensorFlow还可以支持Raspberry Pi，因此可以使用pip轻松地安装它。运行以下命令安装TensorFlow。

```
$ sudo pip3 install tensorflow ©
```

5. 安装OpenCV

请参阅4.2节中的练习安装OpenCV。如果已安装，则跳过此步骤。

6. 示例代码的执行

本练习中使用的示例代码可从以下URL获得。

https://github.com/movidius/ncappzoo

正如刚才描述的，注意请使用v1.x系统版本，而不是v2.x。在复制之前，请确保当前目录是workspace文件夹。

执行以下命令以复制ncappzoo源代码。

```
$ git clone https://github.com/movidius/ncappzoo.git ©
```

复制完成后，会发现workspace/ncappzoo/apps/中包含许多示例代码。请进入其中的security-cam文件夹，然后执行下列命令。

在运行之前，请先连接网络摄像头。

```
$ python3 security-cam.py ©
```

如果使用PiCamera，请运行以下命令。

```
$ python3 security-picam.py ©
```

如图5-6-3所示，打开摄像头就能检测到人物。为了方便操作，笔者用与Raspberry Pi相连的相机拍摄iPad上的照片截图。大家如果直接把相机对准自己，就会被检测出“person：人”。

由于使用了Movidius，视频画面非常流畅，对人物的检测也非常快。这个速度足够实用化了。可以确定这里的人物检测机制是在Movidius NCS上运行的，它利用了基于TensorFlow的深度学习的模型。可以把自己的人物视频放进去测试，当张开双手时，你一定会被准确地识别为一个整体的人物，外框也会变化以适应它所识别的人物的宽度。

▼ 图5-6-3 执行security-cam.py/security-picam.py的结果

▶5.6.3 总结

仅靠Raspberry Pi进行物体识别会有一点处理能力不足。然而，通过使用Movidius NCS扩展Raspberry Pi的硬件处理能力，神经网络的执行部分将在Movidius NCS中进行，从而在Raspberry Pi中实现了平滑流畅的物体识别。

接下来，将介绍一个使用Google AIY Vision Kit的案例，它使用的是性能稍低的Raspberry Pi Zero WH。Raspberry Pi Zero WH的性能比Raspberry Pi 3B+低得多，读者可能会质疑这是否可行，这将在下一个练习中真相大白。

5.7 高级学习

通过Google AIY Vision Kit进行微笑识别

约60分钟

Google AIY Vision Kit

Google在AIY的项目中发布了Google AIY Vision Kit。Google AIY Vision Kit采用了与5.6节中的Movidius NCS相同的图像处理芯片VPU。关于Raspberry Pi Zero WH的价格在5000日元(人民币350元)左右。感兴趣的读者可以参考本次练习内容进行各种实验，如人脸检测、物体检测等。

需要准备的环境和工具

Google AIY Vision Kit(包括Raspberry Pi Zero WH)

本次练习的目的

- 体验Google AIY Vision Kit
- 验证Raspberry Pi的硬件扩展能力

▶ 5.7.1 组装Google AIY Vision Kit

下面将说明如何组装Google AIY Vision Kit以及运行简单的示例代码。

然后在Raspberry Pi Zero WH中运行Google AIY Vision Kit附带的示例代码。

这其中最重要的特征是Vision Bonnet(见图5-7-1)。Vision Bonnet配备了Intel Movidius MA2450低功耗VPU，可以直接在其芯片上部署和运行神经网络。

与Google Vision Kit一起提供的软件是基于TensorFlow的Vision应用程序，该应用程序拥有以下3个神经网络。

- 物体识别。可以识别近1000个基于MobileNets的日常对象。
- 人脸识别。支持多面孔的同框识别，还可以识别表情。通过练习实验会发现可以识别出笑容和悲伤的表情。
- 还有一个可以识别人、猫和狗的应用。

  此外，还提供了用于为Vision Kit编译模型的工具。

  如果有需要，则可以利用TensorFlow在云端或工作站上完成模型的学习和迁移学习。

可以说这是一个很好的深度学习的周边设备。

▼ 图5-7-1　Google AIY Vision Kit附带的Vision Bonnet主板

1. Google AIY Vision Kit的内容

Google AIY Vision Kit的包装如图5-7-2所示。

▼ 图5-7-2　Google AIY Vision Kit 的包装

组装Google AIY Vision Kit所需的部件如图5-7-3所示。包装盒可作为零件收纳盒，还能作为机体外壳。

▼ 图5-7-3 Google AIY Vision Kit包装里的部件

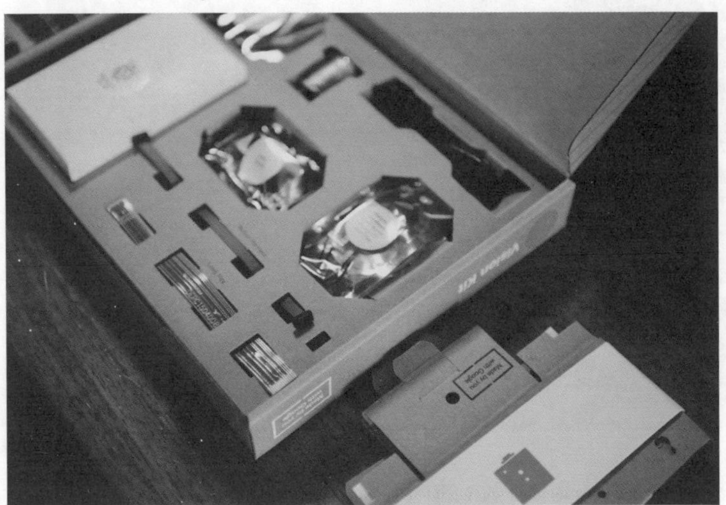

属于核心部件的Raspberry Pi Zero WH和Raspberry Pi Camera2如图5-7-4所示。

▼ 图5-7-4 Google AIY Vision Kit 的核心部件

2. Google AIY Vision Kit的组装

在Goolge Vision Kit主页上详细描述了如何组装。参照以下网页可以顺利组装起来。

https://aiyprojects.withgoogle.com/vision/#assembly-guide

将Raspberry Pi Zero WH与Vision Bonnet组装在一起，如图5-7-5所示。组装时需要合适的力度。

Vision Bonnet的主板更薄，甚至让人担心它会“折断”，注意小心组装。

▼ 图5-7-5 Raspberry Pi Zero WH和Vision Bonnet组合

组装完成后，所有的部件都被集中在一个紧凑的盒子里，如图5-7-6所示。

▼ 图5-7-6 组装完成后的Google AIY Vision Kit

▶ 5.7.2 操作办法

首先，通电并尝试第一次启动。

1. 首次启动Google AIT Vision Kit

用普通的移动电源就可以启动装置，Raspberry Pi Zero WH可以连续运行几个小时，常见的智能手机用的充电宝即可（当然通过随机附送的适配器直接连接电源也没有问题）。

当插入随附的microSD卡并接通电源时，背面的LED会亮起（见图5-7-7）。随附的microSD卡已经包含Raspbian，Raspbian也包含必要的命令和源代码。无须准备操作系统或下载源代码。

首次启动将花费一些时间，通常需要几分钟。

如果想要连接显示器，那么最好也准备一个micro HDMI和HDMI适配器，如图5-7-8所示。

▼ 图 5-7-7　启动时指示灯亮起

▼ 图 5-7-8　micro HDMI-HDMI 转换适配器

打开电源并完成引导过程后，Google AIY Vision Kit 的默认程序将启动。请直接对着镜头微笑，然后 Google AIY Vision Kit 就会做出反应。

2. 使用Google AIY Vision Kit识别人脸和表情

当相机识别到笑脸时，带有指示灯的按钮从蓝色逐渐变为粉红色和黄色(见图5-7-9)。这个仅以文字叙述很难理解(请实际操作体会)。

如果之前一系列操作没有问题，它将正确识别人脸及其表情。

▼ 图5-7-9 识别到微笑表情时的LED显示

相反，如果你的表情看起来很悲伤，LED按钮就会变成蓝色(见图5-7-10)。

▼ 图5-7-10 识别到悲伤表情时的LED显示

笑容满面的时候，按下按钮就能拍照。稍后，可以在文件浏览器中查看拍摄的照片，如图5–7–11所示。

▼ 图5–7–11　用照相机拍摄的照片

这里有一个示例代码，可以让机器在检测到一个人的微笑时自动按下快门。感兴趣的朋友，也可以尝试一下。

没有特别麻烦的设置，就可以很便捷地开始深度学习的人脸识别、笑脸检测程序。这是一个比想象中更容易切身体会到人工智能的设备。对于想接触人工智能领域的人来说是很好的入门选择之一。

该示例程序也作为Raspberry Pi中的Python程序提供，因此可以修改该程序并尝试各种扩展。

▶ 5.7.3 总结

本节组装Google AIY Vision Kit并运行了示例代码。

我们认识了一台Raspberry Pi Zero WH小型计算机，尽管它的性能并不出众，但当它与Google Vision Bonnet相结合时，就能够如此简单和迅速地让人体验到人工智能的工作效果，这令人相当意外！

如果能够将AIY项目中提供的工具很好地结合和实现，就会得到很多拓展功能。

- 动物和植物识别应用程序
- 判断猫和狗现在是否在院子里
- 监控车库里的车辆
- 检查顾客是否对自己的服务满意
- 非法入侵检测

另外，还可以从Google Vision Kit网站下载预训练模型。

https://aiyprojects.withgoogle.com/models/

5.6节中练习的代码是基于Intel的Movidius NCS，但实际上里面搭载了同样的Intel Movidius Myriad VPU芯片。因此，可以将通过TensorFlow获得的预训练模型移植到Movidius NCS和Google Vision Kit中。感兴趣的读者不妨一试，速度应该比Raspberry Pi的CPU快得多。

5.8 高级练习

利用人工智能Cloud API制作字幕

约15分钟

—— Colaboratory＋Microsoft Azure＋Raspberry Pi ——

终于要开始本书的最后一个练习了。到目前为止，我们已经在Raspberry Pi上体验过各种机器学习的案例。虽然学习/训练部分需要具有相当强的计算能力的计算机，但可以通过Raspberry Pi、借助预训练模型轻松完成工作。另外，将Movidius NCS等带有VPU的模块一起并用，Raspberry Pi的现场实际工作将变得更加容易。

最近，与人工智能相关的Cloud API也发展得相当成熟，因此可以将需要相当硬件运算能力的检测和分类工作交给云端，而无须再等待Raspberry Pi等边缘设备及其模型的开发。可以说，通过将“大脑”放在云端，与云端合作，Raspberry Pi可以更容易地实现图像识别、分类等各种应用。本节将通过一个简单的练习案例让大家了解在现有配置中，可以做到什么。具体而言，本次练习将使用Microsoft公司Azure云服务ComputerVision的API，在识别图像内容的基础上创建图像字幕。

需要准备的环境和工具

- Microsoft Azure账户
- Raspberry Pi或PC

本次练习的目的

了解人工智能相关的Cloud API的使用方法

▶5.8.1 利用云端的API进行分类、检测工作

与以往的练习不同，本次练习不会使用大量的数据来训练。不需要预训练模型，而是利用云端的API，只将想要分类和检测的目标数据传递给云端的API，然后根据接收到的结果进行必要的操作（见图5-8-1）。首先，为简单起见，通过Colaboratory处理从Raspberry Pi调用Cloud API的过程。原理是一样的。

▼ 图5-8-1 本练习的流程概念图

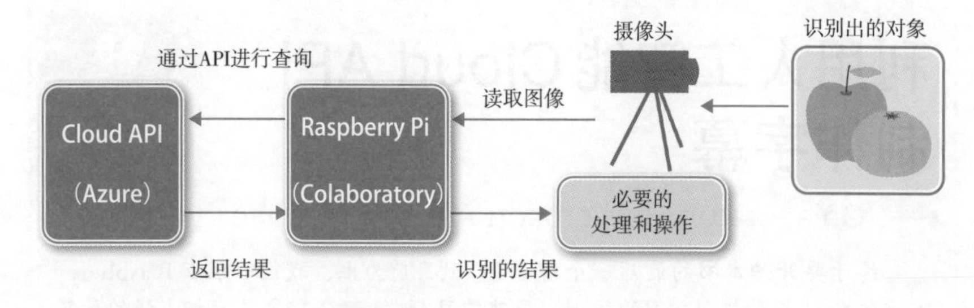

1. 获取一个Azure账户

现在，将利用Microsoft Azure的API。请确认已注册过Microsoft Azure账户。因为有免费体验功能，所以可以马上开始工作。如果打算长期使用，则可以申请付费账户。当然不仅是Azure，类似的服务在其他提供商(如Google Cloud Platform和Amazon Web Service)也有提供，有兴趣也可以注册它们。

此外，将使用Azure提供的Cognitive Services(认知服务)功能来识别其中的图像(Vision)并创建图像的标题。认知服务包括Vision(图像)、Decision(决策)、Speech(语音)、Language(语言)和Search(搜索)。这次使用的是Vision(图像)。

2. 创建Computer Vision项目

登录Microsoft Azure后，在控制面板中，通过在顶部的搜索框中输入cognitive来查找Cognitive Services。

确定找到Cognitive Services后，请单击“添加”按钮创建一个新项目，或者单击图5-8-2顶部以Virtual Machine开头的图标行中最右侧的Cognitive Services图标。

▼ 图5-8-2 Azure主界面的控制面板

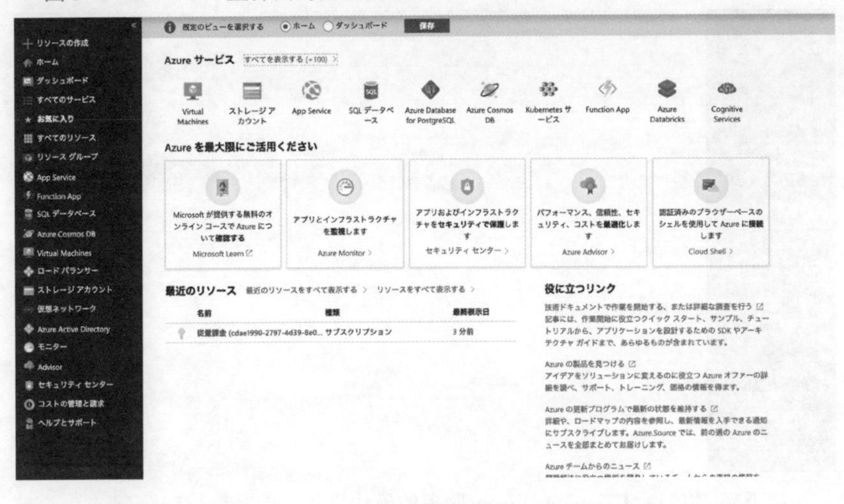

单击图5-8-3中的“cognitive serviceの作成”（创建cognitive service）按钮，转到下一页。

▼ 图5-8-3 创建新的Cognitive Service时的界面

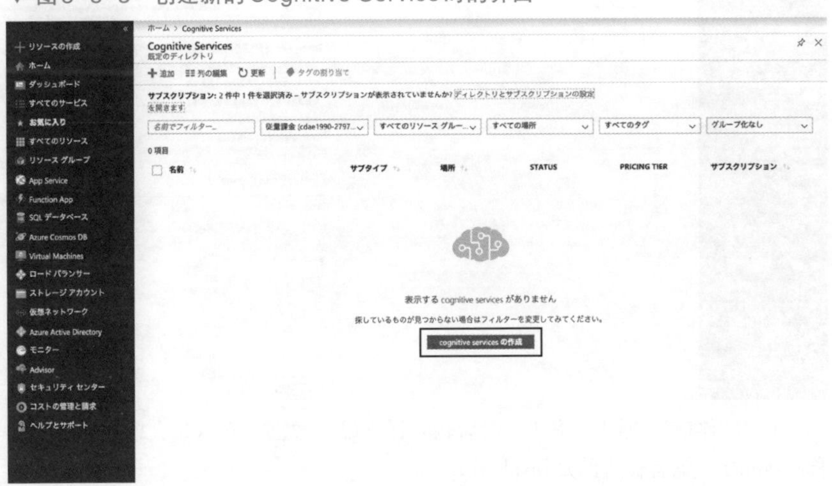

导航到Marketplace并在搜索栏中输入Computer Vision，将显示一个推荐选项。选择推荐的Computer Vision选项（见图5-8-4）。

▼ 图5-8-4　Computer Vision服务的界面

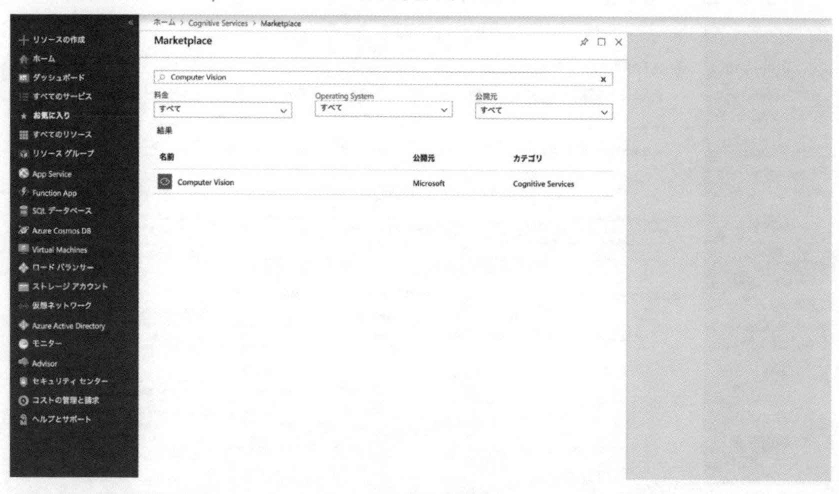

接下来，将显示Computer Vision服务的确认界面(见图5-8-5)。

▼ 图5-8-5　Computer Vision服务的确认界面

单击“作成”(创建)按钮，然后转到详细输入界面。在这里，输入项目的名称(Name)。笔者输入的是raspberrypi。

根据需要输入其他项目(见图5-8-6)。如果尚未创建Resource Group(资源组)，则可以通过单击下面的“新规作成”(新建)链接来创建，无须进行屏幕转换。这里正在使用的是即用即付的服务方式，但是如果是第一次创建Azure账户，则可以选择“免费订阅一个月”这个选项。注意，免费订阅期到期后，所有的功能将停止服务并且不再可用。笔者在撰写本书此处内容时，是免费期限已经到期的状态。所以各位请确认自己目前的服务是否会自动产生费用或考虑是否应该修改使用协约等问题。因此，如果不准备使用本次练习中介绍的服务，则可以停止使用或取消该服务。总之，尝试本次练习之前，请自担风险，务必进行付费服务状态的确认检查。

最后，单击“作成”(创建)按钮，完成项目创建。

▼ 图5-8-6 Computer Vision 创建详细信息输入的界面

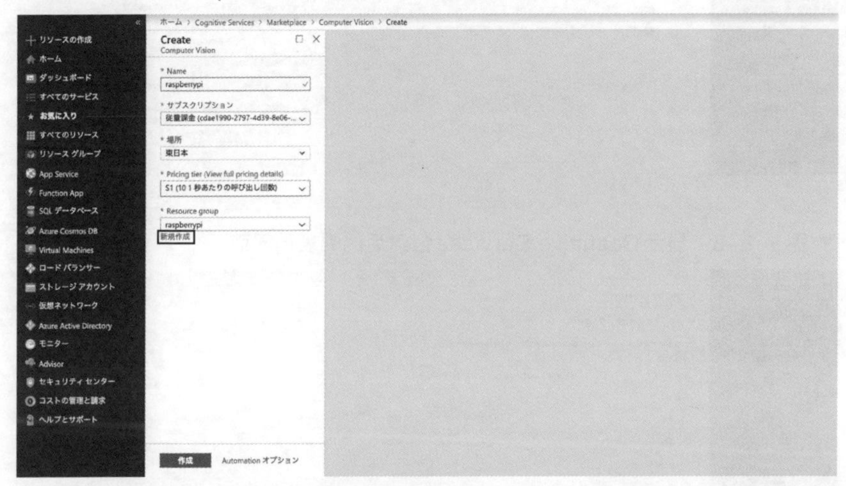

过了一段时间，屏幕右上角出现“展開が成功しました”(部署成功)的消息，准备就绪(见图5-8-7)。

如果转到Cognitive Services列表，会看到一个名为raspberrypi(刚刚输入的名称)的服务，那么，单击raspberypi(见图5-8-8)。

当界面显示raspberrypi的详细信息时，单击Overview(见图5-8-9)。

在此界面中，将看到端点(Endpoint)的URL。当使用API时，该端点是程序在使用API时调用云端功能的URL。

笔者使用的URL是https://japaneast.api.cognitive.microsoft.com/。别忘了在后面添加一个“vision/v2.0/”以用于此程序(注意：很容易忘记末尾的“/”，但这是必需的，如果没有“/”，将导致错误，并且无法正常工作)。免费获得端点的URL可能与笔者的不同，请各自检查确认并使用获得的URL。

▼ 图5-8-7　Computer Vision服务已成功创建的界面

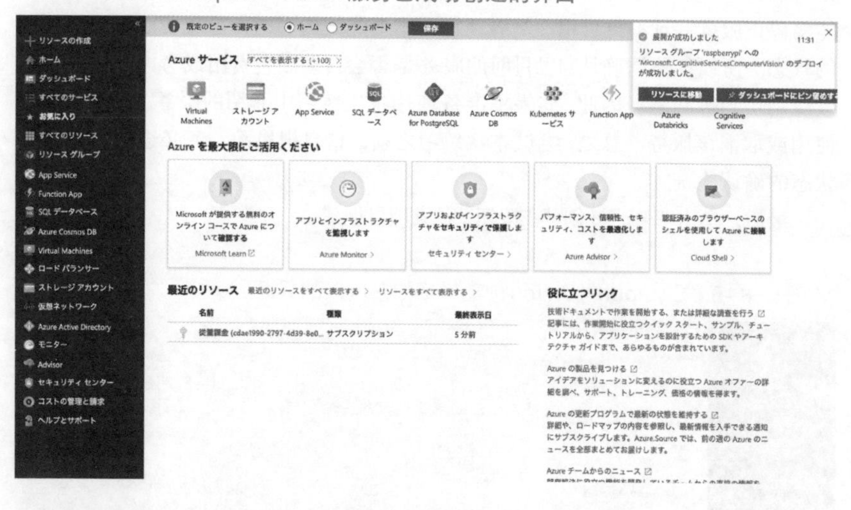

▼ 图5-8-8　显示Cognitive Services创建后的列表的界面

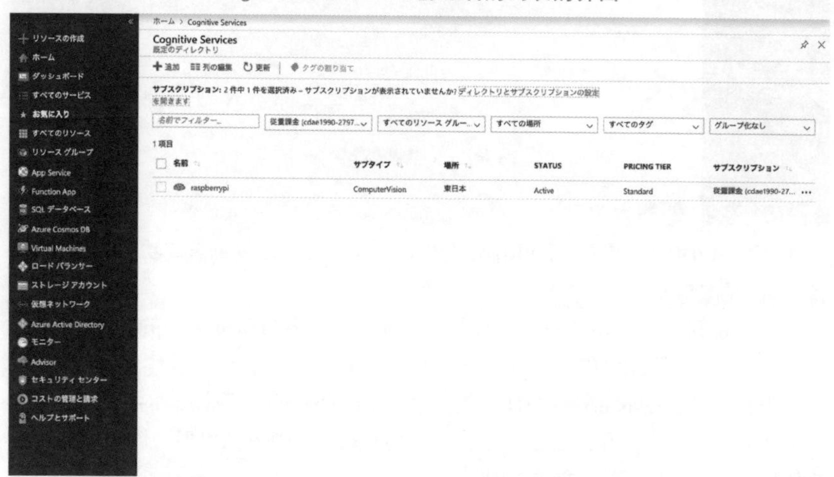

同样，在使用付费版本的情况下，端点URL可能会根据创建时用户所在的国家和地区而改变。由于笔者在日本创建了一个账户，因此URL为 https://japaneast.api.cognitive.microsoft.com/。笔者认为在日本应该是相同的端点URL，但以防万一，请检查每个URL是否可用(见图5-8-10)。

▼ 图5-8-9　Computer Vision(raspberrypi) 的 Quick Start 界面

▼ 图5-8-10　在Overview界面上检查确认端点的URL

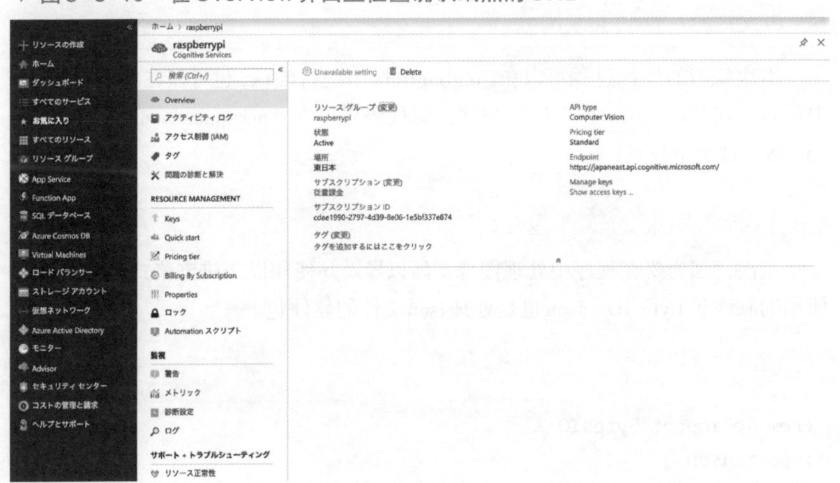

接下来，请在raspberrypi项目的“密钥(keys)”选项卡上确认subscription_key(见图5-8-11)。此subscription_key在程序中会被用到。

有key1和key2，都可以使用。

这样，我们就准备好了。接下来，进入程序练习。

▼ 图5-8-11　查看API密钥的界面

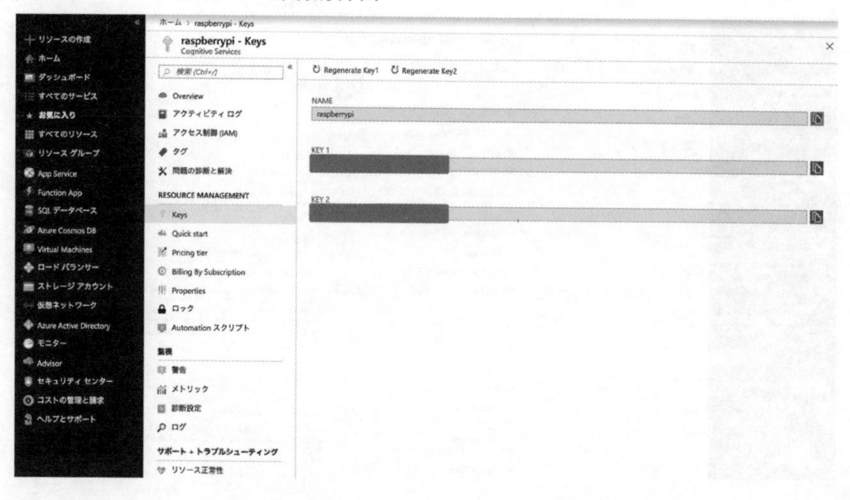

▶5.8.2 操作办法

本次练习的操作过程可以在Colaboratory中进行确认，也可以在Raspberry Pi中运行。在Raspberry Pi中运行程序，源代码可以在Workspace/book-ml/python/05-08文件夹下找到。

1. 导入所需的软件包

这次，因为要在程序中处理图像，所以导入并使用以二进制格式处理文件时使用的软件包BytesIO。json也是处理json文件的软件包。

Input

```
from io import BytesIO
import json
import requests
```

Output

```
无
```

2. 初始设定

对于subscription_key，输入在上一步中确认的key1或key2。

另外，vision_base_url可能会根据是免费计划还是付费计划而更改。检查正在使用的区域并在此处进行设置。

由于笔者使用日语区域，所以该URL以japaneast.api开头。

Input

```
subscription_key = "xxxxxxxxx"
assert subscription_key
vision_base_url = "https://japaneast.api.cognitive.microsoft.com/vis
ion/v2.0/"
```

Output

```
无
```

3. 获取图像标题的函数

函数getImageCaption()中包含传递图像的URL和显示图像的标题的过程。在这里，进行必要的设置以正确调用Azure提供的API。设置用于分析图像的API网址（analyze_url =vision_base_url + "analyze"），HTTP协议的标头（headers={'Ocp-Apim-Subscription-Key': subscription_key}），参数（data= {'visualFeatures': 'Categories,Description,Color'}）等。有关详细信息，请参阅以下程序。

传递给此函数的参数是图像URL（data= {'URL' : image_url}）。通过调用API，图像数据将传输到Azure服务器，并在Azure服务器端对图像进行分析。之后，分析结果将以json文件格式返回（返回到Colaboratory，因为这是这次的执行环境）。

从返回的json数据中，提取必要的数据（analysis["description"]["captions"][0]["text"]）并将其作为文本返回。

Input

```
def getImageCaption(image_url):
    analyze_url = vision_base_url + "analyze"
    headers = {'Ocp-Apim-Subscription-Key': subscription_key}
    params = {'visualFeatures': 'Categories,Description,Color'}
    data = {'url': image_url}
    response = requests.post(analyze_url, headers=headers, params=params,
json=data)
    response.raise_for_status()
```

```
    analysis = response.json()
    image_caption = analysis["description"]["captions"][0]["text"].
capitalize()
    return image_caption
```

Output

```
无
```

4. 指定图像

该练习通过调用Azure API将图像发送到Azure服务器，分析图像中内容，然后生成图像标题。

图像是什么无所谓。在这里使用笔者公司的技术博客文章中的照片。

Input

```
image_url = "https://kokensha.xyz/wp-content/uploads/2018/05/IM
G_5338_small-768x576.png"
```

Output

```
无
```

5. 显示结果

使用getImageCaption()方法获取并输出结果的标题字符串。

Input

```
print(getImageCaption(image_url))
```

Output

```
A group of people on a city street
```

结果是：A group of people on a city street。

6. 显示图片

下面看一下这是一张怎样的图片。

Input

```
from PIL import Image
import matplotlib.pyplot as plt

image = Image.open(BytesIO(requests.get(image_url).content))
plt.imshow(image)
plt.axis("off")
plt.show()
```

Output

这是笔者去秋叶原买 Raspberry Pi Zero 时拍的秋叶原街头照片。

A group of people on a city street的结果，很好地抓住了“group of people（人），city（城市/都市），street（街道/街头）”这几个要点。

难得到这一步，下面再看一张。

Input

```
image_url = "https://kokensha.xyz/wp-content/uploads/2018/04/IM
G_1237_small.jpg"
```

Output

```
A close up of a device on a table
```

结果为 :A close up of a device on a table。得到这样的标题 :这是一张放在桌子上的电子零件的特写照片。实际的照片如图5-8-12所示。

▼ 图5-8-12　测试图像

这是笔者使用Raspberry Pi Zero WH组装的互联网收音机。
可以说，识别的结果是正确的。

▶5.8.3 总结

使用10行左右的代码实现了相当“高级”的功能。这不需要在Raspberry Pi中安装特殊的软件(TensorFlow、NumPy、OpenCV等)，只要连接到Internet，就能迅速返回识别的结果。全程不需要大量复杂的处理，也不需要机器学习和深度学习等过程就实现快速响应和准确识别。看来，将“大脑”部分放在Raspberry Pi之外的方法也是可行的，当然这取决于所选的应用程序。

我们已经在Colaboratory中完成了上述练习，实际上，在Raspberry Pi中同样也可以完成。有关该程序的信息，可参阅本书的数据文件夹下Python中的05-08/cloudapi.py。内容与上述相同。大家使用各种照片体验一下吧。

第3部分

基于Python的面向对象编程和用Python建立Web服务器

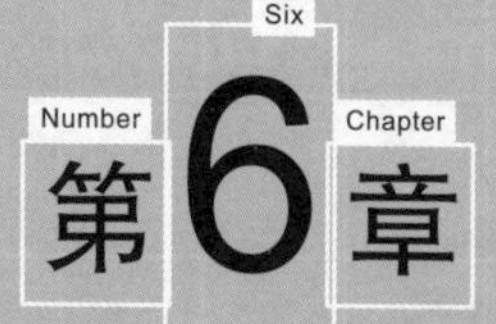

第6章 基于Python的面向对象编程

在Python 中，面向对象的程序设计是随着软件大规模化而产生的软件工程新方法，是软件工程历史中的一大盛事。

除了Python之外，许多语言都支持面向对象的编程，所以理解面向对象编程是十分必要的。

面向对象编程的概念和程序也出现在第4章和第5章中。如果那时没有充分理解，可以在本章中对面向对象编程的概念进行一次彻底的学习，特别是对于那些计划在IT世界中发展事业的人，最好对面向对象编程的功能、基本概念和思想理念有透彻的理解。

6.1 面向对象编程概述

你听说过面向对象编程(OOP, Object Oriented Programing)这个词吗?面向对象编程的语言有很多种。

有的语言是从一开始就把面向对象的编程作为基础理念而设计的，也有的语言在编程语言的进化过程中为了满足面向对象编程而扩展了语言规范。

▶6.1.1 为什么要进行面向对象编程

面向对象编程诞生的原因之一是20世纪60年代的软件危机(software crisis)。随着软件规模的不断扩大，传统的编程方法已无法跟上。

请试想一下，如果是10行的程序，想修改它的功能时，基本上马上就能修改。几乎没有心理负担，也几乎没有成本，很快就能完成。这里几乎不需要什么手法和概念，但是软件会变得低效，发展将成为障碍。

与此相对，如果不是10行，而是10亿行的巨大金融系统的程序代码，会怎么样呢?在想修改它的功能时，首先，从调查这个功能具体是什么功能开始，然后到说明书、文档(当然，这些文件也要在做到清晰地管理、维护的前提下)的点检确认，还要向有经验的人咨询，以及验证环境和实际环境现状的调查、影响范围的调查、修改位置的核定、测试样例的制作(修正后，其他的功能还能否正常工作也是个大问题)。因为是10亿行代码的庞大项目，如果变更了一个地方，牵一发而动全身，则可能会在各种各样的位置产生掣肘。写到这里，笔者渐渐不想思考了。也就是说，程序规模越大，其手法、概念等就越重要。这好比是人际中，如果是10个人的团体，约定一下规矩就可以共事了，但是如果变成10亿人的规模，就像没有体系化的法律、法令的社会就无法维持秩序一样的道理。

因此，软件工程(software engineering)诞生了，它开发了一种系统，使软件的可重用性、组件化、易于维护和可扩展性成为可能，并使软件开发过程系统化。在这种趋势下，面向对象编程的方法和思想也逐渐成熟。

20世纪90年代以后，Java语言出现了，它可以说是面向对象编程方法的代名词。以此为契机，从20世纪90年代后半期开始，面向对象编程开始普及。

正如Java的标语“Write once，run anywhere”所暗示的那样，它是当时一种创新的编程语言，可用于多种平台。顺便说一句，当笔者在东北大学读研时，也被Java语言和面向对象编程迷住了，在研究中使用的语言完全是Java，笔者是Java的信徒。

到2019年，主要的编程语言基本都是面向对象的编程语言，如Java、Ruby、

PHP、JavaScript和Swift。

1990年，Python也成为第一个面向对象编程的脚本语言。虽然它们在语言规范上存在差异，但作为面向对象编程的概念是通用的。

在当今时代，如果进行编程，几乎肯定会遇到面向对象编程这个词。第4章、第5章的机器学习中出现的深度学习框架也是面向对象的程序。

毕竟，它是一种随着软件的大规模发展而设计的编程方法，因此，如果不是开发大型软件，很难感觉到面向对象编程的优缺点。确实，如果没有一些开发大型软件的经验，就很难理解面向对象编程的价值。

读者们，即使一时无法理解“面向对象”这个概念，也不要放弃，希望各位能在积累实践经验的过程中加深对它的理解。

现在一起了解一下Python的面向对象编程的基础。

▶ 6.1.2 对象

面向对象编程与传统的过程编程（procedural programming）形成鲜明对比，两者经常相互比较。那么两者有何不同？

过程编程，非常简单化地说，就是一行一行把程序写好，再一行一行运行下去。程序无论是1万行、1000万行、一个文件、拆分成1000个文件，基本都是一个一行一个运行的图像。有时会以处理的数据结构和例程单元来考虑；有时会对程序进行拆分，但没有更多的模块性。程序的可重用性也很差（见图6-1-1）。

▼ 图6-1-1　过程编程和面向对象编程的概念

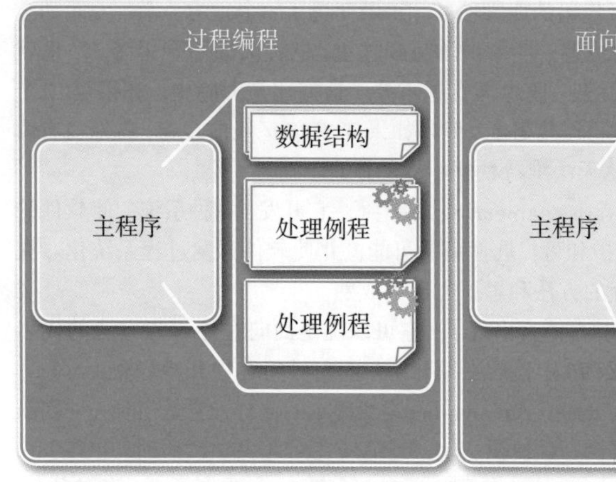

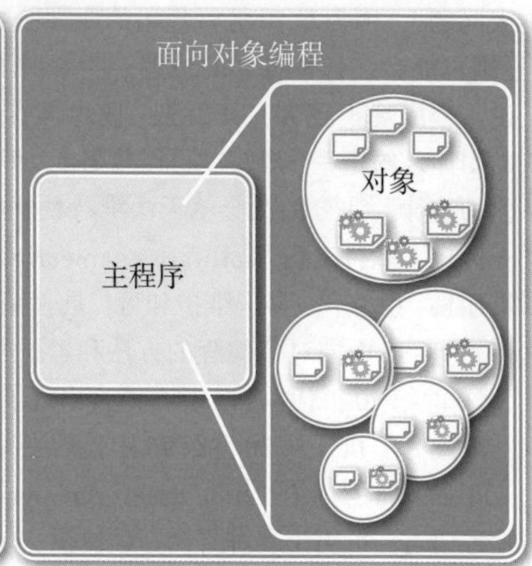

即使是面向对象编程，当然也是逐行运行程序（在机器语言层面没有特别的区别），但决定性的区别是在编写程序时。

正如面向对象编程中所描述的那样，“对象”的概念是最重要的。

在面向对象的程序设计中，在一个分类中仍然逐行地思考和编写处理程序，但是从更抽象的角度来看，理念是在“对象”的级别上。实际上，Python编程中所面对的都是“对象”。NumPy、Pandas、Matplotlib等也是可以以各种方式处理的对象的集合。

面向对象编程更多的是关于如何设计对象和构建对象，而不是逐行构建程序。同样，执行维护时，将在此对象单元中进行思考和执行。

在面向对象编程中，有传统编程的字符串、整数、排列等类型，除此之外，也有对象的类型。

字符串或整数等类型的定义非常简单，但对象需要自己定义。

当然，在使用第三方软件包提供的对象时，对象已经被定义，因此可以直接使用该对象的类型。

例如，假设有一个OpenCV软件包，如第4章所述，可以导入它，然后使用OpenCV中的不同对象作为它们的类型。

当然，也可以创建自己的对象，而不使用第三方软件包。

创建对象就是定义对象。就像要制作机器人，最好先作设计图。这是因为，在制造实际的物理部件之前，可以进行理论上的验证，一旦完成，就可以从这张设计图中“批量生产”机器人。

绘制机器人的设计图（即定义对象）在面向对象的编程中称为类。

▶ 6.1.3 类

类是对象的设计图，就像类型作为其对象一样。但是，它的结构比类型（如整数和字符串）稍微复杂一些。就像机器人一样复杂。

机器人具有各种属性，如机器人的名称、制造日期、机器人上安装的传感器数量、机器人的当前状态和机器人的剩余电池电量等。

另外，机器人可以做各种事情，如搬运东西、报时、打招呼等。最近出现了如果提供合理的食材，就可以为你做饭或调制鸡尾酒的机器人。输入什么（或者没有输入什么），机器人就会相应地去做什么动作，从而得到相应的结果（如做了好吃的炒饭）。

6.2 实际制作一个类

下面介绍的面向对象编程会出现多关键字。虽然Python的编程方式是特定的，但与其他语言通用了很多概念和关键字。在此，将以6.1节中的机器人为例，在创建类的同时，对面向对象编程进行介绍。

▶6.2.1 尝试制作机器人的类

尝试制作一种机器人的类型。将机器人命名(机器人1号)，该机器人可以说出自己的名字，也可以向呼唤它的名字的人打招呼，是一种简单的机器人。

Input

```
class Robot:
    # 构造函数
    def __init__(self, robot_name, life):
        self.name = robot_name
        self.life = life

    # 问候方法
    def sayHello(self, guest_name):
        print('Hello, ' + guest_name)

    # 呼唤机器人名称的方法
    def sayRobotName(self):
        print('My name is, ' + self.name)


my_robot = Robot('机器人1号', 100) # 呼唤机器人的名称)
# 机器人打招呼
my_robot.sayRobotName()
# 机器人1号
my_robot.sayHello('Kawashima')
```

Output

```
My name is, 机器人1号
Hello, Kawashima
```

下面看看定义这个机器人的类是什么。

▶6.2.2 类的定义

```
class Robot:
```

如上所述，类的定义非常简单。这意味着将定义一个名为Robot的类。

▶6.2.3 构造函数

以下部分称为构造函数（构造器）。构造函数（constructor）是在创建类时自动调用的特殊函数。Python约定构造函数为__init__。必须确保在构造函数的第一个参数中设置一个特殊的自定义变量self。

Input

```
def __init__(self, robot_name, life):
    self.name = robot_name
    self.life = life
```

Output

```
无
```

▶6.2.4 方法

方法（method）是机器人可以执行的操作。一般而言，这是类所能做的处理。与函数相同，但可以将类中的函数理解为方法（在其他语言中也有把方法称为signature的）。

该机器人的类有两种方法。以下方法只是输入来宾姓名和反馈问候的一种方法。

```
def sayHello(self,guest_name):
```

以下方法只是反馈机器人本身名称的方法。

```
def sayRobotName(self):
```

在定义方法时，必须将第一个参数设置为self。self仅在定义时使用，在使用方法时不需要。创建其他方法的方式与创建函数的方式相同。

▶6.2.5 属性

属性(property)是上面提到的机器人的名称，以及电池剩余电量等机器人类所具有的属性。将类中的变量理解为属性可能更好。这里有两个属性：name和life(假设是电池电量)。在定义属性时，它保证在属性前加上"self."。如果想在类中使用名称属性，请使用self.name。

▶6.2.6 实例

继续看刚才的内容。在类的定义结束后，再实际使用机器人的类(设计图)制作机器人，命令行如下：

```
my_robot=Robot('机器人1号',100)
```

代入了名为my_robot的变量，制作了新的机器人。制作my_robot时，使用了Robot这个设计图(如果想象是使用了一个叫作Robot的模板，则可能更容易理解)。只要对Robot的设计图进行必要的初始设置，机器人就会按照设计进行制作(目前信息是，机器人的名字:机器人1号和初始电池电量100)。

当机器人从类(设计图)变成实际内存中的实体机器人时，称为实例化(instantiate)。做出来的机器人将不再是设计图，而是实体实例。在这里，即使是称之为实体，它也是只在计算机的内存上存在的。

▶6.2.7 调用方法

成为实例(实例化)的对象将能够使用该对象的方法。

调用对象的方法：方法的调用使用点"."，以对象名+"."的方法名称的形式调用该方法。

```
my_robot.sayRobotName()
my_robot.sayHello('Kawashima')
```

这里不需要 self。名为 my_robot 的实例将执行其方法（函数）。

创建一张设计图，就可以创建许多实例（直到计算机内存耗尽）。这里做了一个机器人，当然可以需要多少就做多少。

其实这一段包含面向对象编程的重要设计思想。

首先，将能够区分出制作设计图的人和利用设计图的人。

其次，即使是不会设计机器人，只要有设计图就能造出机器人。

在大型软件开发中引入面向对象编程，允许在每个对象上进行责任隔离，并允许在每个对象上进行质量保证、维护和测试。

虽然我们想要的设计图不一定是由预先安排好的某人全权制作完成的，但如果不使用预制好的设计图而是从零开始制作任何东西，那么面向对象编程的优点几乎就消失了。

在这种情况下出现的概念就是类的继承。

▶6.2.8 类的继承

再次回到机器人的话题。例如，假设有人已经创建了一个非常高质量的通用机器人的类（Robot）。但是，那个类没有制作章鱼烧的功能，而笔者却无论如何都想要一个能做章鱼烧的机器人。此时，希望尽可能地利用现有 Robot 的类，而不是从零开始设计机器人。

这时候，面向对象编程就可以实现继承它。下面做一个会做章鱼烧的机器人。

Input

```
class TakoRobot(Robot):
    def __init__(self, robot_name, life):
        # 不需要self，因为它调用父类构造函数
        super().__init__(robot_name, life)

    def do_takoyaki(self):
        print('章鱼烧做好了。')


my_tako_robot = TakoRobot('能做章鱼烧的机器人', 100)
```

```
# 呼唤机器人的名字
my_tako_robot.sayRobotName()
# 机器人打招呼
my_tako_robot.sayHello('Kawashima')
#
my_tako_robot.do_takoyaki()
```

Output

```
My name is, 能做章鱼烧的机器人
Hello, Kawashima
章鱼烧做好了。
```

▶6.2.9 父类

首先，定义新机器人，但继承Robot。请按如下代码进行描述。

```
class TakoRobot(Robot):
```

TakoRobot这个机器人继承了Robot的所有功能，并在此基础上制作新的设计图。

在这里，Robot作为参数传递，表示继承（有些语言记叙为class TakoRobot extends Robot）。

接下来，定义了TakoRobot的构造函数，但与之前不同的是，它是继承父类（parent class）的构造函数。

```
def __init__(self, robot_name, life):
    # 不需要self，因为它调用父类构造函数
    super().__init__(robot_name, life)
```

TakoRobot不指定机器人的名称，也不指定电池电量的初始值，而是将其直接传递给父类并请求父类。因为这些已经可以在父类中完成了。用super()指定父类。

▶6.2.10 扩展（添加方法）

TakoRobot有一个新方法。

```
def do_takoyaki(self):
    print('章鱼烧做好了。')
```

这是一个不在父类Robot中的方法。通过这种方式，可以在继承父类优点的基础上，扩展自己的功能。

还可以改进父类中的方法。

▶6.2.11 方法覆盖

可以添加父类中没有的方法，但如果希望使用相同的方法名称（签名），则可以用重写的方法覆盖（method override）父类中原有的方法。

在什么情况下会需要使用相同的方法名称？例如，想改变do takoyaki()这个方法的内部处理时，如果换成别的方法名称，调用这个方法的链接就必须全部修正。如果仅有几个链接还可以，但是如果大规模的系统、有几万个链接怎么办？还要修改分散在数百、数千个文件中的数万个方法名称吗？那么一旦漏掉一个地方，就会造成系统故障。倒不如让方法名不变，只修改内部的处理，在替换刷新时，继承合适的那个类，这样方法重写起来快且安全，而且维护性也很好，从某种意义上来说也很容易理解。

下面来看一个例子。假设，到现在为止一直在使用TakoRobot，而到了5月，在一个宣传活动中需要提供新风味的章鱼烧。TakoRobot的类是另一个开发人员写的，无法再联络他请求修改。退一步说，就算是可以联系委托他修改，而这时期有的开发人员可能在其他地方还在使用目前的TakoRobot，因为他们并没有做5月促销活动中的新风味章鱼烧，如果修改变成仅我们需要的5月新风味促销版章鱼烧，他们就会遇到麻烦。

因此，最好的办法是我们自己做一个机器人，把制作5月的新风味章鱼烧的功能扩展进去。因为TakoRobot的设计图已经有了。

Input

```
class MayTakoRobot(TakoRobot):
    def __init__(self, robot_name, life):
        # 不需要self，因为它调用父类构造函数
        super().__init__(robot_name, life)

    def do_takoyaki(self):
        print('制作了5月新风味的章鱼烧。')
```

```
my_tako_robot = MayTakoRobot('章鱼烧机器人', 100)
# 呼唤机器人的名字
my_tako_robot.sayRobotName()
# 机器人回复问候
my_tako_robot.sayHello('Kawashima')
#
my_tako_robot.do_takoyaki()
```

Output

```
My name is, 章鱼烧机器人
Hello, Kawashima
制作了5月新风味的章鱼烧。
```

在继承TakoRoboto的基础上，制作了MayTakoRobot。

```
class MayTakoRobot(TakoRobot):
```

现在，MayTakoRobot也有一个do_takoyaki()方法，只需继承它即可。

我们不是在用相同的名称创建另一个方法吗? 那么接下来的内容一定注意看。

方法名称完全相同，但内部处理不同(尽管这里的内部处理只是“显示不同的消息”)。这就是方法的覆盖。覆盖也有重写的含义，这意味着方法的名称保持不变，但行为发生了变化，导致行为的结果发生了变化(这里是显示不同的消息)。

```
def do_takoyaki(self):
    print('制作了5月新风味的章鱼烧。')
```

因此，只需修改这一行，就可以从TakoRobot创建MayTakoRobot。此外，后续程序保持不变，执行新方法。

```
my_tako_robot=TakoRobot('章鱼烧机器人',100)
my_tako_robot=MayTakoRobot('章鱼烧机器人',100)
```

虽然这里是个简单的例子，但是用在更加复杂的大规模系统时，才能真实感受到它的价值。

在面向对象编程中，同样的方法do_takoyaki()在不同的类中具有不同的行为，被称为多态性(polymorphism)。

再发散思维一下。即使do_takoyaki()的方法不变，也可以事先制作许多诸如TakoRobot、MayTakoRobot、NewFumiTakoRobot、TakoRobot002等章鱼烧机器人，然后根据需要在合适的类型中通过最低限度的程序修正来替换提供的服务。这对于经常有宣传活动的公司的软件开发人员来说是非常开心的。可以说收到“改变章鱼烧的种类”命令时，马上就能回复“是的，做好了”。

因此，从抽象的角度来说，这种通用的do_takoyaki()也可以理解为一种接口(interface)。

如do_takoyaki()，如果预先定义了接口，那么使用do_takoyaki()的人和创建dotakoyaki()的人在不同的位置和不同的时间分别开发和维护也不会发生问题。通过导入定义共同的界面，可以明确责任的所在，处理的内容也可以更加明文规定。

本书简要介绍了Python的基本知识和面向对象的Python编程，因为我们的目的是使用Python体验机器学习和深度学习的案例。实际上Python语言和面向对象编程是很深奥的话题。本书只接触了一部分，有兴趣的读者请通过各自的专业书籍进一步加深理解。

▶6.2.12 总结

本节出乎意料地直观吧。读者一开始可能会有抵触，它有很多抽象的概念且很难理解，但如果亲手运行程序，并对其加以深入体会，那么面向对象编程将变得容易理解。不要放弃，继续积累编程的经验，进一步熟悉面向对象编程。

Number Seven Chapter

第7章

Title

用Python建立Web服务器

在Python中有若干个Web服务器框架可以使用，如Django、Flask和Bottle。

本章将介绍如何使用Python制作简单的Web服务器。为了简化任务，下面是使用Flask的Web应用程序框架的示例代码。

7.1 为Flask应用程序开发做准备

Flask是用于Python的轻量级Web应用程序框架。下面介绍如何使用Flask创建一个简单的Web应用程序。

▶7.1.1 Flask Web应用框架

顾名思义，Web应用程序框架提供了一个框架，这些框架以不同的语言为基础，使开发Web应用程序变得更容易，如下所示。

- Java：Spring、Play。
- PHP：Laravel、Symphony、CakePHP、Slim、Lumen。
- Node.js：express、Koa、Hapi。
- Ruby：Ruby on Rails。
- Python：Flask、Django。

这次，将使用Python语言Flask进行操作。

▶7.1.2 安装Flask

接下来的操作将在Raspberry Pi中执行（在PC中也以相同的方式工作）。

首先，安装Flask。在没有pip的环境下，请参阅2.1节的说明进行安装。

学习了4.5节的读者已经完成环境构建，所以Flask应该也已经安装了。

7.2 安装应用程序

请在指定的地方创建文件夹，并创建app.py文件。

笔者已经在本书的共享下载文件中准备了程序。程序位于python/07-02/app.py文件夹中。

▶7.2.1 创建文件夹并安装app.py

在workspace的主目录下创建一个名为flaskweb的文件夹。

在编辑器中打开app.py，输入并保存以下内容。程序位于python/07-02/app.py。

```
# -*- coding: utf-8 -*-
import flask

app = flask.Flask(__name__)



#
@app.route('/')
def index():
    return "Hello, World!"


if __name__ == '__main__':
    app.run(debug=False, host='0.0.0.0', port=5000)
```

现在，可以创建一个简单的Python Web应用程序。

这个Web应用程序只需要在网页上显示“Hello World！”。

▶7.2.2 启动网络应用程序

打开终端并转到app.py文件所在的目录。当执行以下命令时，结果如图7-2-1所示。

```
$ python3 app.py ©
```

▼图7-2-1 启动Web应用程序

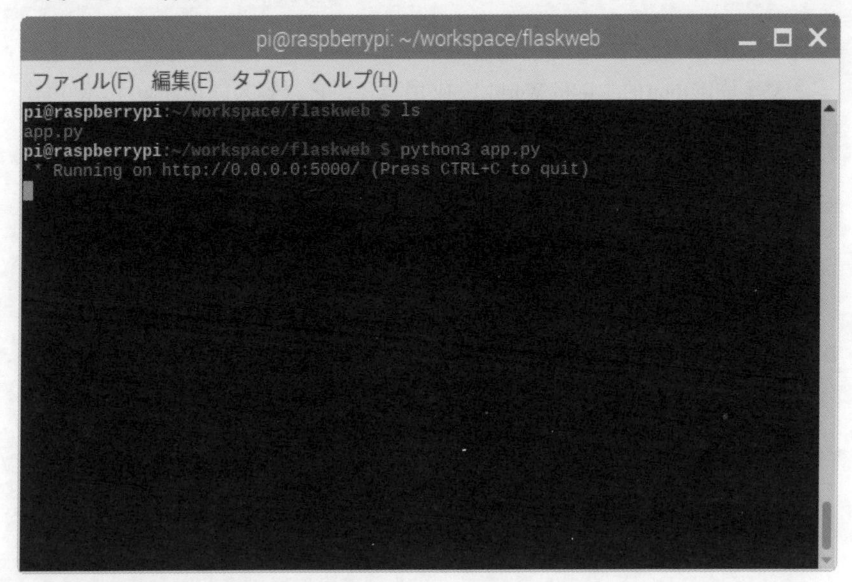

当运行程序时，会看到以下消息。

```
* Running on http://0.0.0.0:5000/ (Press CTRL+C to quit)
```

打开浏览器并在URL字段中输入http://localhost:5000。然后，将看到一个如图7-2-2所示的网页。

▼图7-2-2 Flask Web应用程序的“Hello World !”

← → C ⌂ ⓘ localhost:5000

Hello, World!

使用Flask，可以非常容易地创建Web应用程序。

本书中提供的一些源代码也以Web应用程序的形式提供，以说明程序的行为。

▶7.2.3 总结

这就是Python的“Hello World！”应用程序，它很容易就创建好了。使用像Flask这样的Web应用程序框架能够轻松地创建Web应用程序。

当然，一个完整的Web应用程序需要各种功能和设计，包括UI/UX、验证、安全、登录管理、用户管理、数据库管理、管理员功能、性能监控、日志和备份。

开发一个完善的、高性能的Web应用程序需要严格的需求定义、设计和操作经验。

在本节的例子中，只介绍了一些入门知识，但是开发Web应用程序也是非常深奥的，所以请参考其他专业书籍来提高开发Web应用程序的技能。

结 语

机器学习、深度学习的世界，是一个非常深奥的世界，第2部分作为本书核心内容提供的16个练习，只能说是起了一个“师父领进门”的作用。

但是，通过这16个练习，足以让大家掌握关于机器学习和深度学习的初步知识和概念。在众多的机器学习和深度学习的程序库和程序框架中，我们选择介绍了TensorFlow、Keras、PyTorch、Chainer和scikit-learn，这几个工具都非常强大，但重点不是使用哪种工具，而是要结合具体在解决什么问题，需要提供什么价值，来灵活选择使用具体的工具，这点非常重要。

在第4章和第5章中，将一些实际已经训练过的模型导入Raspberry Pi，实现了在Raspberry Pi中对图像进行分类和识别。至于训练阶段，可以在配备了GPU的计算机上或在云端运行。本书还介绍了在Raspberry Pi中运用预训练模型的方法，虽然目前的Raspberry Pi还不适合进行需要大量运算的数据训练，但作为一种日趋成熟的现场终端设备，笔者认为其潜力是显而易见的。

在第5章的两个练习中，通过添加外部硬件（如来自Google AIY Vision Kit的Movidius NCS和Vision Bonnet），能够直观地体验到神经网络处理速度和性能的明显提高。此类“专用于深度学习的GPU”和“专用于神经网络的半导体芯片”的开发竞争也已开始了，人工智能领域的硬件技术也必将在未来加速发展。

就像第5章最后一个练习的结论一样：只要连接了互联网，任何性能的设备都可以使用云端AI 提供的API；只要有通信工具，就可以轻松地让任何终端拥有人工智能的强大功能，也就是可以共享云端的“聪明大脑”。

机器学习和深度学习作为人工智能的新路标，让我们看到令人兴奋的未来。不仅仅是单纯的图像处理和物体识别，在各个领域都在冲击着未知世界的大门。

很荣幸，本书能成为读者们满怀期望踏上机器学习、深度学习之旅的入门教程。